300MW级火力发电厂培训丛书

锅炉设备及系统

山西漳泽电力股份有限公司 编

U0300145

中国电力出版社

CHINA ELECTRIC POWER PRESS

内 容 提 要

20 世纪 80 年代开始,国产和引进的 300MW 级火力发电机组就陆续成为我国电力生产中的主力机组。由于已投入运行 30 多年,涉及机组运行、检修、技术改造和节能减排、脱硫脱硝等要求越来越严,以及急需提高实际运行、检修人员的操作技能水平,组织编写了一套《300MW 级火力发电厂培训丛书》,分为《汽轮机设备及系统》《锅炉设备及系统》《热控设备及系统》《电气设备及系统》《电气控制及保护》《集控运行》《化学设备及系统》《输煤设备及系统》《环保设备及系统》9 册。

本书为《300MW 级火力发电厂培训丛书 锅炉设备及系统》,共十二章,主要内容包括锅炉概述,给水、蒸发系统及设备,过热器、再热器系统及设备,煤粉燃烧和燃烧设备,制粉系统及设备,风、烟系统及设备,吹灰系统及设备,Dresser 1700 系列安全阀,炉水循环泵,锅炉防磨防爆,金属材料基础知识,锅炉事故分析及预防。

本书既可作为全国 300MW 级火力发电机组锅炉设备系统运行、检修、维护及管理等生产人员、技术人员和管理人员等的培训用书,也可作为高等院校相关专业师生的参考用书。

图书在版编目(CIP)数据

锅炉设备及系统/山西漳泽电力股份有限公司编. —北京:
中国电力出版社,2015.7
(300MW 级火力发电厂培训丛书)
ISBN 978-7-5123-7181-1

Ⅰ.①锅… Ⅱ.①山… Ⅲ.①火电厂-锅炉 Ⅳ.①TM621.2

中国版本图书馆 CIP 数据核字(2015)第 025241 号

中国电力出版社出版、发行
(北京市东城区北京站西街 19 号 100005 http://www.cepp.sgcc.com.cn)
北京市同江印刷厂印刷
各地新华书店经售

*

2015 年 7 月第一版 2015 年 7 月北京第一次印刷
787 毫米×1092 毫米 16 开本 15.5 印张 358 千字
印数 0001—3000 册 定价 **48.00** 元

前 言

随着我国国民经济的飞速发展，电力需求也急速增长，电力工业进入了快速发展的新时期，电源建设和技术装备水平都有了较大的提高。

由于引进型300MW级火力发电机组具有调峰性能好、安全可靠性高、经济性能好、负荷适应性广及自动化水平高等特点，早已成为我国火力发电机组中的主力机型。国产300MW级火力发电机组在我国也得到广泛使用和发展，对我国电力发展起到了积极的作用。

为了帮助有关工程技术人员、现场生产人员更好地了解和掌握机组的结构、性能和操作程序等，提高员工的业务水平，满足电力行业对人才技能、安全运行以及改革发展之所需，河津发电分公司按照山西漳泽电力股份有限公司的要求，在总结多年工作经验的基础上，组织专业技术人员编写了本套培训丛书。

《300MW级火力发电厂培训丛书》分为《汽轮机设备及系统》《锅炉设备及系统》《热控设备及系统》《电气设备及系统》《电气控制及保护》《集控运行》《化学设备及系统》《输煤设备及系统》《环保设备及系统》9册。

本书为《300MW级火力发电厂培训丛书 锅炉设备及系统》，共十二章，主要内容包括锅炉概述，给水、蒸发系统及设备，过热器、再热器系统及设备，煤粉燃烧和燃烧设备，制粉系统及设备，风、烟系统及设备，吹灰系统及设备，Dresser1700系列安全阀，炉水循环泵，锅炉防磨防爆，金属材料基础知识，锅炉事故分析及预防。

本书由山西漳泽电力股份有限公司河津发电分公司郭起旺主编，其中第一章由王赵群编写，第二章由景江峰编写，第三章由朱建强编写，第四章由张跃丰编写，第五章由金维编写，第六章由张玉俊、杨国礼编写，第七章由范志刚编写，第八、十章由王赵群、范志刚编写，第九章由金维编写，第十一章由陆军编写，第十二章由贾震、贾小平编写。

由于编者的水平、经验有限，且编写时间仓促，书中难免有疏漏和不足之处，恳请读者批评指正。

编 者

2015 年 4 月

300MW级火力发电厂培训丛书
——锅炉设备及系统

目 录

第一章

锅 炉 概 述

本书以某电厂 350MW 机组（1、2 号机组）和 300MW 机组（3、4 号机组）为例，对锅炉设备及系统进行说明。

第一节 锅 炉 基 本 性 能

一、锅炉型号及类型

1205t/h MB-FRR "Π" 型锅炉为亚临界、弹制循环、单炉膛、一次中间再热、平衡通风、固态排渣、露天布置汽包锅炉。

HG-1056/17.5-YM21 "Π" 型锅炉为亚临界、一次中间再热、平衡通风、固态排渣、全露天单炉膛、自然循环汽包锅炉。

二、锅炉主要设计参数

1205t/h MB-FRR "Π" 型锅炉主要设计参数见表 1-1，HG-1056/17.5-YM21 "Π" 型锅炉主要设计参数见表 1-2。

表 1-1　　　　　　　1205t/h MB-FRR "Π" 型锅炉主要设计参数

项目	单位	参数
最大连续蒸发量	t/h	1205
过热蒸汽压力	MPa	17.36
过热蒸汽温度	℃	541
再热蒸汽入口压力/出口压力	MPa	4.34/4.17
再热蒸汽入口温度/出口温度	℃	338/541
再热蒸汽流量	t/h	943
给水温度	℃	292
冷风温度	℃	13.1
热风温度（二次风/一次风）	℃	290/275
炉膛出口烟气温度	℃	986

续表

项目	单位	参数
排烟温度（对漏风修正）	℃	115
锅炉效率	%	92.96
燃煤量	t/h	153.5

表 1-2 　　　　　　　HG-1056/17.5-YM21"Π"型锅炉主要设计参数

项目	单位	参数
最大连续蒸发量	t/h	1056
过热蒸汽压力	MPa	17.5
过热蒸汽温度	℃	540
再热蒸汽入口压力/出口压力	MPa	3.993/3.817
再热蒸汽入口温度/出口温度	℃	331.4/541
再热蒸汽流量	t/h	876.31
给水温度	℃	281.5
炉膛出口烟气温度	℃	986
排烟温度（对漏风修正）	℃	135
锅炉效率	%	93.0
燃煤量	t/h	145.97

第二节　锅炉整体设备及系统

一、锅炉整体简介

（一）1205t/h MB-FRR"Π"型锅炉

1. 炉膛和燃烧器

锅炉炉膛由膜式水冷壁围成，炉膛截面积为 14 442mm×12 430mm（宽×深），高度为 48.6m（从水包中心线至顶棚过中心线），炉膛有效容积为 7570m³。燃烧器布置于炉膛四角，采用四角双切圆燃烧方式，假想切圆直径分别为 φ1470、φ1327，整组燃烧器为一、二次风间隔布置。为降低 NOₓ 的生成，采用了低污染（Pollution Minimum，PM）煤粉燃烧器，对煤粉进行浓淡分离，在燃烧器顶部分别布置了一层 OFA（炉顶风）喷嘴和两层附加风（Additional Air，AA）喷嘴。整组燃烧器可上、下摆动±30°。锅炉自下而上设有 A、B、C、D 四层共 16 台煤粉燃烧器及 AB、CD 两层共 8 支油枪，每台燃烧器（油和煤）均装有独立的火焰检测器。油枪采用蒸汽雾化，最大出力为 30%BMCR（锅炉最大连续蒸发量），供锅炉启动及稳定燃烧使用，每支油枪均配有高能电子点火器。整个炉膛布置 56 台墙式吹灰器。

2．循环回路及蒸发受热面

锅炉水循环的设计采用了强制循环技术，在炉膛的高热负荷区使用了抑制膜态沸腾性能优异的内螺纹管水冷壁。

三台炉水循环泵的流量为 2050 m^3/h，两台泵运行可带 100%BMCR 负荷。

蒸发受热面采用膜式水冷壁结构，以保证炉膛严密性。水冷壁采用无缝钢管和内螺纹管，管子外径均为 $\phi45.0$。水包代替全部下联箱，前、后水冷壁下部组成内 80° 的 V 形炉底。水冷壁上联箱有 40 根 $\phi168.3$ 的导汽管与汽包相连，4 根 $\phi406.4$ 的集中下降管汇集于 $\phi508$ 的炉水循环泵入口联箱。为了控制每根水冷壁管的流量以及相应的出口含汽率和膜态沸腾的裕度，确保水冷壁的安全，每根水冷壁管均装有不同孔径的节流孔板。

汽包筒体长 15.84m，总长度 18.04m，上半部分内径为 1669mm，下半部内径为 1675mm。由于采用炉水循环泵后循环系统各部分允许有较高的阻力，汽包内设有夹层结构并使用高效旋风分离器。该设计使汽包长度大大缩短且汽包上、下壁温一致，金属耗量减少，启停速度加快。

3．过热器、再热器和省煤器

为提高主蒸汽、再热蒸汽温度对燃烧器摆角变化的敏感性，大部分过热器和再热器布置在高烟温区，在炉膛上部前墙和上部左右两侧墙布置了壁式再热器。这样使锅炉结构简化、蒸汽温度特性平坦。

过热器主要由一级过热器、二级过热器、三级过热器组成。一级过热器位于尾部烟道省煤器的上方，二、三级过热器布置于炉膛顶部高烟温区。过热蒸汽温度采用二级喷水减温控制，减温器分别布置于二级过热器入口及出口，二级过热器出口至三级过热器入口导汽管进行一次交叉，以减少左、右侧蒸汽温度偏差。

再热器主要由一级再热器、二级再热器、三级再热器组成。一级再热器为壁式再热器，布置在炉膛上部水冷壁内壁；二级再热器布置于炉膛折焰角上方；三级再热器布置于水平烟道，位于水冷壁后墙悬吊管与后墙屏之间。为减小再热蒸汽的流动阻力和压降，二、三级再热器之间未设联箱。再热蒸汽温度通过改变燃烧器摆角来调节，再热器入口设有喷水减温器作为事故备用。

三级过热器和二、三级再热器采用蒸汽冷却的定位管，保证运行的可靠性。

炉顶及尾部烟道敷设了轻型炉墙，采用悬吊结构，设置了包覆过热器，所有包覆过热器均采用了膜式结构，以提高锅炉密封性能。

所有受热面采用顺列布置，为防止结渣和积灰，二、三级过热器分别采用了 2088mm 和 522mm 的特宽节距；烟气温度较高的二、三级再热器也采用了较宽的节距。整个对流受热面还布置了 20 台吹灰器。

省煤器为顺列逆流非沸腾式，布置于尾部烟道内，由水平蛇形管和垂直悬吊管组成。

垂直悬吊管用于承受省煤器及一级过热器的全部重量。蛇形管采用 $\phi45$ 的螺旋鳍片管，共 330 根，悬吊管采用 165 根 $\phi57.1$ 和 165 根 $\phi50.8$ 的钢管。

（二）HG-1056/17.5-YM21"Π"型锅炉

1. 炉膛和燃烧器

锅炉炉膛截面积为 14 048mm×12 468mm（宽×深），高度为 53.86m（从水包中心线至顶棚过中心线），有效容积为 7570m³。燃烧器采用四角切圆燃烧方式，逆时针旋转的假想切圆直径为 $\phi880$。整组燃烧器为一、二次风间隔布置，四角均等配风。为降低 NO_x 的生成、减少烟气温度偏差、防止炉膛结焦，采用了水平浓淡煤粉燃烧器，对煤粉进行浓淡分离。在燃烧器顶部分别布置了两层 OFA（燃尽风）喷嘴反向切入，实现分级送风和减弱烟气残余旋转。整组燃烧器可上、下摆动 30°（除两层 OFA 喷嘴外）。锅炉采用三台双进双出钢球磨煤机，锅炉自下而上共布置有 AA、AB、BC、BD、CE、CF 六层（每台磨煤机带两层一次风喷口）四角共 24 台煤粉燃烧器及 AB、CD、EF 三层共 12 支油枪，每台燃烧器（油和煤）均装有独立的火焰检测器。油枪采用蒸汽雾化，最大出力为 30% BMCR，供锅炉启动及稳定燃烧使用，油枪均配有高能电子点火器。整个炉膛布置 60 台墙式吹灰器。

2. 循环回路及蒸发受热面

锅炉水循环的设计采用了自然循环锅炉技术，炉膛采用全焊接膜式水冷壁结构，以保证炉膛严密性。为确保炉水循环的安全，水循环系统采用大流通截面，以减少系统阻力。炉膛四壁的管子外径均为 $\phi63.5$。水冷壁上联箱有 98 根 $\phi159$ 的导汽管与汽包相连，4 根 $\phi559$ 的集中下降管再通过 72 根 $\phi159$ 的供水管与水冷壁的下联箱相连。为了控制每根水冷壁管的流量以及相应的出口含汽率和膜态沸腾的裕度，系统设计了 28 个水循环回路，并进行了精确的水循环计算，在炉膛的高热负荷区及部分上炉膛水冷壁使用了抑制膜态沸腾性能优异的内螺纹管，确保了水循环的安全。在 BMCR 工况下，炉水平均质量流速达 1030kg/（m²·s），炉水循环倍率达 4.4。

汽包筒体长 18 000mm，总长度 20 184mm，内径为 1778mm，外径为 2148mm。为了避免炉水和进入汽包的给水与温度较高的汽包内壁直接接触，以降低汽包壁温差和热应力，水冷壁引出的汽水混合物从汽包侧面引入，省煤器引出的给水从汽包下面引入。汽包内壁上半部与饱和蒸汽接触，下半部与炉水接触，存在一定的温差，在启停时需对汽包上、下壁温差进行监视。汽包内部设置 84 台轴流式旋风分离器和立式百叶窗，确保了汽水品质合格。

3. 过热器、再热器和省煤器

为增加过热器与再热器的辐射特性，并起到切割旋转烟气流，减少进入过热器炉宽方向烟气温度偏差的作用，在炉膛上部布置壁式辐射再热器和大节距的分隔屏、后屏过热器。这样主蒸汽、再热蒸汽温度对燃烧器摆角的变化较敏感，使锅炉结构简化、蒸汽温度特性平坦。

过热器由末级过热器、后屏过热器、分隔屏过热器、低温过热器、后烟道包墙和顶棚过热器五个主要部分组成，均沿炉宽方向布置。末级过热器位于水冷壁后墙排管后方的水平烟道内，后屏过热器位于炉膛上方折焰角前，分隔屏过热器位于炉膛上方，低温过热器位于尾部烟道内，后烟道包墙和顶棚过热器部分由侧墙、前墙、后墙及顶棚组成，形成一个垂直下行烟道；后烟道延伸包墙形成了一部分水平烟道；炉膛顶棚管形成了炉膛和水平烟道部分的顶棚。后屏过热器出口至末级过热器入口进行一次交叉，以减少左、右侧蒸汽温度偏差。过热器采用二级三点喷水，第一级喷水减温器位于低温过热器出口联箱到分隔屏入口联箱的大直径连接管上，第二级喷水减温器位于过热器后屏出口联箱和末级过热器入口联箱之间的大直径连接管上。减温器采用笛管式，设计喷水量为 BMCR 工况下主蒸汽流量的 10%，其中一级减温器设计喷水量为总喷水量的 67%，二级减温器设计喷水量为总喷水量的 33%。

再热器由末级再热器、屏式再热器、墙式辐射再热器三个主要部分组成。末级再热器位于炉膛折焰角后的水平烟道内，在水冷壁后墙悬吊管和水冷壁后墙排管之间。屏式再热器位于过热器后屏和后墙水冷壁悬吊管之间。墙式辐射再热器布置在水冷壁前墙上部和水冷壁侧墙上部靠近前墙的部分。后屏再热器出口至末级再热器入口进行一次交叉，以减少左、右侧蒸汽温度偏差。再热蒸汽温度通过改变燃烧器摆角来调节；再热器有两台喷水减温器，安装在再热器冷端入口管道上，作为事故备用。

省煤器布置在锅炉尾部竖井后烟道下部，在锅炉宽度方向由 86 排顺列布置的水平蛇形管组成。在省煤器入口联箱端部和集中下降管之间连有省煤器再循环管。锅炉停止上水时，依靠下降管与省煤器中水的重度差可以形成流动循环，防止省煤器中的水处于静止状态后吸热汽化。

屏式过热器、屏式再热器以及末级再热器采用蒸汽冷却的定位管，低温过热器和省煤器采用蒸汽冷却的悬吊管，保证运行的可靠性。各级过热器和再热器均采用较大直径的管子，降低了过热器和再热器的阻力，同时降低了管子的烟气磨损。各级过热器、再热器之间采用单根或数量很少的大直径导汽管相连接，对蒸汽起到良好的混合作用，以消除偏差。各联箱与大直径导汽管相连处均采用大口径三通。整个对流受热面布置了 30 台蒸汽吹灰器。

二、主要部件简介

（一）1205t/h MB-FRR "Ⅱ" 型锅炉主要部件简介

1. 炉膛

炉膛为矩形，宽 14 442mm，深 12 430mm，四周布置 890 根膜式水冷壁，前、后两侧水冷壁下部内折形成渣斗，后墙上部折成折焰角。所有水冷壁通过联箱吊耳、吊杆悬吊在炉顶钢架上，水冷壁的刚度由特制工字梁组成的横箍刚性带来保证。刚性带将炉膛四周包围起来，并沿高度按一定间距装设，刚性带与水冷壁之间用特殊紧固件连接，以使水冷壁管受热膨胀时相对于刚性带允许有一定位移。炉膛设计抗爆能力为85 358Pa。

2. 汽包及内部设备

汽包也称汽鼓，是锅炉汇集炉水给水和饱和蒸汽的圆筒形容器，与省煤器给水管、下降管、汽水混合物引入管、饱和蒸汽引出管相连接，它既是一个平衡容器，同时也是加热、蒸发、过热三个过程的连接枢纽。在强制循环汽包炉中，汽水混合物密度差产生的压头加上强制循环泵的压头保证形成稳定的汽水循环。

汽包本身质量大，内部储存着一定的汽水，具有一定的蓄热能力，在运行工况变化时起到蓄热、蓄水的作用，减缓蒸汽压力的变化速度。

给水由省煤器出来后经 2 根 $\phi323.9\times31.8mm$ 的给水连接管，从汽包下部进入汽包水侧，由 4 根 $\phi406.4\times42mm$ 下降管引出至炉水循环泵入口联箱。

汽水混合物由水冷壁上联箱出来，经 40 根 $\phi168.3\times17.5mm$ 汽水混合物引入管由上部进入汽包，经过汽包上部夹层，从夹层内向下流动，沿切线方向向下与水平呈 15°夹角进入 66 个汽水旋风分离器中，在每个旋风分离器中，分离出的水由旋风筒下部进入汽包水侧，汽经过旋风分离器上部 18 片旋流叶片后进入汽侧，汽侧顶部布置 52 套波纹板分离器，进一步降低蒸汽携带湿分。

汽包筒体直段由六块钢板卷成圆筒形共三节焊在一起，两端有球形封头，封头上各设有一个 $\phi407$ 的圆形人孔。汽包沿左、右方向布置在锅炉顶部前侧，中心标高 56 800mm，安装在左、右两个 U 形吊杆上，汽包筒体下两侧各有一个导向钢架，可以保证受热时自由膨胀。

汽包上装有很多管座连接着各种管道，如省煤器给水管、下降管、汽水混合物引入管、饱和蒸汽引出管、事故放水管、连续排污管、安全阀入口管、排空管、水位计来汽/来水管、充 N_2 保护装置及压力表管。

汽包上装有水位计、压力计、安全阀等安全附件以监视、控制水位和压力，保证锅炉安全运行。

3. 过热器、再热器和省煤器

过热器是锅炉用于将饱和蒸汽加热到具有一定过热度的热交换器。其主要作用是提高发电厂经济性，降低汽耗，避免汽轮机叶片被水蚀和水击，减少管道凝结水损失。过热器有多种结构形式，按传热方式可分为对流式、辐射式与半辐射式。

锅炉过热器由四段组成，分别是顶棚与包墙过热器、一级过热器、二级过热器和三级过热器。蒸汽流程为汽包→顶棚后包墙过热器（顺流）→尾部烟道前、左、右包墙过热器（逆流）→一级过热器（逆流）→一级喷水减温器→二级过热器→二级喷水减温器（左、右交叉）→三级过热器（顺流）。

高参数、大容量锅炉均装设再热器，对高压缸膨胀做功后的蒸汽进行再加热，提高蒸汽温度后送往中压缸做功，提高整个热力循环的经济性。1205t/h MB-FRR "Ⅱ"型锅炉再热器分三段布置，一级为辐射式，布置于炉内前墙及侧墙的水冷壁内壁上部，遮挡住部分水冷壁。二级和三级再热器分别布置于折焰角上方及水平烟道内。再热器系统流程为汽轮机高压缸排汽管→再热器冷段→事故喷水减温→一级再热器入口联箱→一级再热器→一级再热器出口联箱→二级再热器入口联箱→二级再热器（顺流）→三级再热器（顺流）→三级再热器出口联箱→再热器热段→汽轮机中压缸。

省煤器是利用锅炉尾部烟气的余热加热锅炉给水的设备，采用省煤器降低排烟温度，提高燃烧效率，降低燃料消耗，同时由于提高了进入汽包的水温，大大减小了汽包进水引起的热应力，改善了汽包工作条件，延长汽包寿命。

锅炉省煤器为非沸腾式，布置在锅炉尾部烟道内。分为水平蛇形管省煤器和悬吊管省煤器两部分。给水进入省煤器入口联箱，经蛇形管省煤器进入中间联箱，由悬吊管省煤器引至出口联箱。

蛇形管省煤器为低温省煤器，分上、下两层，中间为检修层。现役蛇形管省煤器由H形鳍片管及少量光管组成，110排、每排3管圈，共330根，布置于一级过热器下方，管排为顺排、逆流。

省煤器悬吊管为高温省煤器，垂直布置于尾部烟道，悬吊管省煤器不仅作为受热面，而且用来承受蛇形管省煤器和一级过热器的重量。

4. 燃烧器

燃烧器的作用是组织燃料与空气在炉内燃烧，一般可分为直流与旋流两大类。锅炉采用四角直流燃烧器。此燃烧器称作 PM（低污染）燃烧器，其生成的 NO_x（氮氧化物）浓度较低。

每台锅炉有六层共 24 台燃烧器，其中两层油燃烧器共 8 台，四层煤粉燃烧器共 16 台。每台煤粉燃烧器分为浓粉和淡粉两个喷嘴。在煤粉燃烧器之间布置有二次风，称为辅助风 2（Aux-2）。油燃烧器的上、下布置有二次风，称为辅助风 1（Aux-1）。煤粉燃烧器由下向上编号依次为 A、B、C、D。A、B 层之间布置的油燃烧器称为 AB 层油燃烧器，C、D 层之间布置的油燃烧器称为 CD 层油燃烧器。油燃烧器附近布置为煤浓粉喷嘴。在所有燃烧器喷口周围布置有周界二次风。整个燃烧器组件的上、下部有炉顶二次风 OFA 和炉底二次风 LFA。从炉膛 26 165.5～17 482.5mm 依次布置炉顶风 OFA、辅助风 2、D 层淡粉、D 层浓粉、辅助风 1、CD 层油枪、辅助风 1、C 层浓粉、C 层淡粉、辅助风 2、B 层淡粉、B 层浓粉、辅助风 1、AB 层油枪、辅助风 1、A 层浓粉、A 层淡粉、炉底风 LFA，共十八层。

在燃烧器组件中的二次风量约占全部二次风量的 65%，另外，约 35% 的二次风经过附加风（AA 风）进入炉内。附加风共分两层，下层为角部 AA 风，上层为炉墙中部 AA 风。两层附加风在炉内形成与燃烧器相同的切圆。角部 AA 风口标高 28 216～29 522mm，炉墙中部 AA 风口标高 29 522～30 830mm。

辅助风 1、辅助风 2、附加风、每个燃烧器喷口的周界二次风入口均装有挡板，用来调节风量。每个浓粉喷嘴进口均装有稳燃钝体，进口段周围敷设耐磨陶瓷。在炉膛的每个角燃烧器组件中，除炉顶风（OFA）外，其余所有的辅助风口、燃烧喷口均有上、下摆动调节机构并连接在一起，同角度摆动。每组附加风口均由四层风口组成，最上部风口上、下手动调节，其余三个风口联成一组，由执行机构统一上、下调节，调节角度均为 $-30°～+30°$。每组附加风口还装有左、右调节机构，上部两层风口组成一组，下部两层风口组成一组，各自独立手动调节，调节角度为 $-5°～+5°$。

油燃烧器配有电子打火装置和气动伸缩装置，点火时伸入，熄火后退出。油燃烧器气动伸缩装置和电子打火装置均由压缩空气进行冷却，空气从风箱间隙流入炉内。油枪采用 M 形蒸汽雾化喷头，油燃烧器喷口及辅助风 1 喷口内皆设有火焰检测器，有冷却空气进入，以保护火焰检测器探头。

5. 空气预热器

锅炉均配有两台 50%BMCR 容量、三分仓受热面转子转动式空气预热器。转子直径

10.8m、高度 2.6m，整个转子用径向隔板分成 48 个扇形框架。空气预热器冷端采用耐腐蚀的考登钢制成的双波纹板换热元件，热端采用碳素钢换热元件，均可进行更换。空气预热器的二次风入口还装有暖风器，以防止空气预热器冷端腐蚀。

为减少空气预热器泄漏造成压力下降、效率降低，采用了防止泄漏措施。

（1）增加密封条数。

（2）采用单叶密封条。

每台空气预热器的低温烟气侧装有一台摆动式蒸汽吹灰器和一台脉冲爆震吹灰器。两台炉还配备了一套固定式水洗装置，可实施冲洗水的升压、加热和加药处理，对空气预热器进行水冲洗，提高运行经济性。每台空气预热器配有一台电动马达，作为正常时驱动马达，配备一台气动马达作为事故备用。电动、气动马达均装于空气预热器上轴承顶部。空气预热器二次风侧还装有火警探头。空气预热器烟、风侧均配有消防水管，供空气预热器发生火灾时使用。

6. 风烟系统

风烟系统按平衡通风设计，送风机与引风机采用串联系统，每台炉配 2×50% 容量动叶可调轴流式送风机和 2×50% 容量双级双速离心式引风机，送风机设有独立的控制/润滑油系统。

7. 制粉系统及设备

采用正压冷一次风直吹式制粉系统，一次风机采用两台 60% 容量高效离心式风机，接于送风机出口。原煤仓采用钢制结构的圆筒仓，内衬不锈钢板，出口漏斗为圆锥形。

每台锅炉配有四台 FW-D11D 型的双进双出钢球磨，磨制设计煤种时，四台磨煤机运行可带 120% BMCR 负荷。

给煤机为 EG-2690 型电子称重式皮带给煤机，实现高精度煤量称量（0.5 级），采用正压密封式、无级变速，同时给煤机还设有断煤信号和自校验装置。

（二）HG-1056/17.5-YM21"∏"型锅炉主要部件简介

1. 炉膛与水冷壁

炉膛出口设计烟气温度低于灰的变形温度 100℃，炉膛及对流受热面设置足够数量的吹灰器和观察孔。炉膛采用全焊接的膜式水冷壁，膜式水冷壁由 φ63.5 的管子和 12.7mm 的鳍片焊接而成，充分保证炉膛的严密性，完全适应变压运行的工况。折焰角及水平烟道的设计充分考虑防止积灰。水冷壁管内的水流分配和受热合理，保证沿炉膛宽度均匀产汽、沿汽包全长的水位均衡，防止发生水循环不良现象。水冷壁在热负荷高的区段采用内螺纹管，并确保内螺纹管的材质和制造质量，内螺纹管的管径为 φ63.5、壁厚为 7mm、数量为 668 根、材质为 SA-210C，内螺纹管主要布置在冷灰斗拐点以上到壁式再热器的水冷壁高温区，前墙及两侧墙布置高度约为 28.5m，后墙布置高度约为 33m。对水冷壁进行传热恶化的验算，传热恶化的临界热负荷与设计选用的最大热负荷的比值大于 1.25。对于水冷壁管及鳍片均进行温度和应力验算，无论在锅炉启动、停炉和各种负荷工况时，管壁和鳍片的温度均低于钢材许用值，应力水平也低于许用应力，使用寿命不低于 30 年。壁温计算结果：水冷壁管壁最高温度为 395℃，最高鳍片温度为 427℃。锅炉设有膨胀中心，炉顶密封按引进新型的安全可靠的二次密封技术制造。比较难于安装的金属密封件在制造厂内完成，以确保各受热面膨胀自由，金属密封件不开裂，避免炉顶漏烟和漏灰。水冷壁设置必要的观测孔、热工测量孔、人孔、打渣孔、足够数量的吹灰孔。炉顶设有沿整个炉膛截面内部检修时装设临时升降机具用的预留孔。水冷壁与灰渣斗接合处有良好的密封结构，水封槽结构与燃烧系统的压力相匹配，以保证水冷壁能自由膨胀并不漏风。水冷壁下联箱的标高为 6.5m，并设有不锈钢密封板及不锈钢挡渣网。

冷灰斗角度为 55°。炉膛及冷灰斗的结构具有足够的强度与稳定性，冷灰斗处的水冷壁管和支持结构能够承受大块焦渣的坠落撞击和异常运行时焦渣大量堆积的荷重。冷灰斗设有观察孔以便检查积渣情况。水冷壁的放水点装在最低处，确保将水冷壁管及其联箱内的积水能完全放空。

2. 汽包及内部设备

汽包的设计、制造运用先进技术，质量达到 ASME（美国机械工程师协会标准）和国内法规有关要求。选用具有成熟经验的钢材 SA-299 作为制造汽包的材料。汽包内部结构采取合理措施，避免炉水和进入汽包的给水与温度较高的汽包壁直接接触，以降低汽包壁温差和热应力。该锅炉采用的是自然循环方式，由水冷壁引出的汽水混合物从汽包侧面引入，汽包内壁上半部与饱和蒸汽接触，下半部与炉水接触，存在一定的温差，在启、停时需对汽包上、下壁温差进行监视。汽包内部采用先进成熟的汽水分离装置，确保汽水品质合格。汽包水室壁面的下降管孔、进水管孔以及其他可能出现温差的管孔，均采取合理的管孔结构形式和配水方式，防止管孔附近的热疲劳裂纹。汽包的水位计安全可靠，便于观察，指示正确。同一汽包上两端就地水位计的指示偏差不大于 20mm，采用无盲区双色水位计并装设工业电视监视系统。远传的汽包水位测孔为相互独立的 4 对，并分别配有一次阀门和平衡容器，平衡容器形式与电气补偿方式相匹配，测点位置反映真实汽包水位，误差不大于 10mm。汽包上设有供热工测量、停炉保护、加药、连续排污、紧急放水、炉水及蒸汽取样、安全阀、空气阀等的管座和相应的阀门。

3. 过热器、再热器及省煤器

过热器和再热器的设计保证各段受热面在启动、停炉、蒸汽温度自动控制失灵、事故跳闸、高压加热器全停以及事故后恢复到额定负荷过程中不超温过热。为防止爆管，各过热器、再热器管段均进行热力偏差计算，合理选择偏差系数，并在选用管材时，在壁温验算基础上留有足够的安全裕度。所有奥氏体钢与珠光体钢之间进行异种钢焊接，均配有专门的工艺措施，焊接工作全部在制造厂内完成。为消除蒸汽侧和烟气侧的热力偏差，过热器、再热器各段进、出口联箱间的连接采取大口径连接管，并采取一级交叉等平衡措施，以消除偏差。为了防止吹灰器吹损管子，处于吹灰器有效范围内的过热器、再热器管束设有耐高温的防磨护板，防磨护板有可靠的固定和防滑措施。

过热器设有两级喷水减温调节器，减温水总量控制在设计值的 50%～150% 以内。再热蒸汽温度采用摆动燃烧器调节，并保证在热态下能灵活操作和长期可靠运行。当摆动火嘴处于水平位置时，再热蒸汽温度达到额定值。再热蒸汽的喷水减温仅用于蒸汽温度微调及事故工况。

锅炉省煤器为非沸腾式光管省煤器,布置在锅炉尾部烟道内。为提高省煤器的抗磨损能力,省煤器管束采用 φ51 较大管径顺列布置、较低的烟气流速(在 BMCR 工况下,省煤器平均烟气流速为设计煤 8.29m/s)。在吹灰器有效范围内,省煤器管束设有防磨护板,以防吹坏管子。省煤器设置有充氮及排放空气的管座和阀门。

4. 燃烧器

锅炉采用四角切向布置的全摆动燃烧器,在热态运行中,一、二次风喷口均可上、下摆动,喷口的摆动由电信号气动执行器来实现,气动执行器有足够的扭矩,摆动灵活,四角同步。燃烧器上设摆动角度指示标志和远方指示。在实际运行中,燃烧器可做整体 ±30° 的上、下摆动。

燃烧器上排一次风喷口到屏式过热器底部距离为 18.5m,下排一次风喷口到冷灰斗弯管处距离为 5.052m,均有足够的距离确保不出现火焰直接冲刷受热面,以保证锅炉安全经济运行。燃烧器的一次风喷口采用防止烧坏和磨损的耐磨铸钢合金材料。燃烧器处设有观测孔和打焦孔。

5. 空气预热器

每台锅炉均配有两台 60%BMCR 容量、三分仓受热面转子转动式空气预热器。转子直径 9.97m,高度 2.885m,整个转子用径向隔板分成 48 个扇形框架。空气预热器冷端采用耐腐蚀的考登钢制成的双波纹板换热元件,热端、中段采用碳素钢换热元件,均可进行更换。空气预热器的二次风入口还装有暖风器,以防止空气预热器冷端腐蚀。

每台空气预热器的高、低温烟气侧各装有一台伸缩式蒸汽吹灰器和一台脉冲爆震吹灰器。伸缩式吹灰器在低温烟气侧为单枪管吹灰器,高温烟气侧为双枪管吹灰器,其中一个枪管用于空气预热器吹灰,另一个枪管用于空气预热器停运后的水冲洗。空气预热器配有两台电动马达,均装于空气预热器上轴承顶部,正常时一台运行、一台备用。空气预热器二次风侧还装有火警探头,空气预热器烟、风侧均配有消防水管,供空气预热器发生火灾时使用。另外,空气预热器装有失速监测报警装置。

空气预热器采用可靠的支承轴承和导向轴承,结构便于更换。每台空气预热器除配备主驱动装置外,还配有辅助驱动装置及手动盘车装置。

空气预热器采用可靠的径向、轴向、环向和中心筒密封系统,保证空气预热器的漏风系数在合适范围内。在转子外沿设有完整连续的轴向密封条,与弧形轴向挡板形成密封,在任一时刻,转子的径向、轴向密封为双重密封。

6. 制粉系统及设备

锅炉采用正压直吹式制粉系统,一次风机采用两台 60% 容量高效离心式风机,原煤仓采用钢制结构的圆筒仓,内衬不锈钢板,出口漏斗为圆锥形。

每台锅炉配有三台 FW-D11D 型的双进双出钢球磨煤机,磨煤机只设容量备用,不考虑台数备用。设计煤粉细度 R_{90} 取 15%。

磨煤机专门设置两台 100% 容量的密封风机,作为磨煤机筒体、热风挡板及给煤机的密封风,正常时密封风机一台运行,一台备用。

给煤机为 CS2024HP 型电子称重式皮带给煤机,实现高精度煤量称量(0.5 级),采用正压密封式、无级变速，同时给煤机还设有断煤信号和自校验装置。

7. 风烟系统

风烟系统按平衡通风设计，每台炉配 $2\times50\%$ 容量动叶可调轴流式送风机和 $2\times50\%$ 容量静叶可调轴流式引风机。送风机设有独立的控制/润滑油系统。引风机电动机轴承设有独立的润滑油站。另外，引风机设有两台轴承冷却风机。

第三节 锅炉膨胀简介

1205t/h MB-FRR "Ⅱ" 型锅炉及 HG-1056/17.5-YM21 "Ⅱ" 型锅炉均采用全悬吊结构。全悬吊锅炉好像一摆钟，即使锅炉与下部的外界之间没有连接件，锅炉也随着温度的变化而改变位置。运行中，大部分悬吊杆会改变角度或弯曲，准确地确定其位置很困难。实际上，锅炉下部有很多接口或连接管，如锅炉与汽轮机的连接管道、一次风管、烟气管道、疏水管、导汽管和吹灰器管道等，这些管道大部分均对锅炉施加水平力，力的大小和偏差一般不能准确的测量。各连接管的膨胀量不一样，强度较大的管道支配锅炉的位移，有可能损坏较弱的连接杆。为了防止锅炉连接管的损坏，设置了锅炉膨胀系统。

下面以 HG-1056/17.5-YM21 "Ⅱ" 型锅炉为例介绍锅炉膨胀系统。

为了进行比较精确的热膨胀位移计算，需要有一个在各种工况下都保持不变的膨胀中心，作为热膨胀位移计算的零点。这个膨胀中心就是所谓的人为膨胀零点。对于该单炉膛锅炉，膨胀中心位置设置在炉深方向的炉膛中心线上。

在膜式水冷壁上焊有槽钢，在槽钢上每隔一定长度焊有弯板，在弯板顶部焊有角钢，这就是典型的蹬形夹结构。借助于蹬形夹，刚性梁可以承受炉膛正压或负压造成的不同方向的荷载，弯板与刚性梁之间允许有相对滑动，满足膨胀要求。但设置在零膨胀线上的弯板与刚性梁不允许相对滑动。为了将风荷载、地震荷载和导向荷载传给锅炉构架，在零膨胀点处设有导向装置，有导向装置的地方装有承剪支座，其余为固定蹬形夹。采用这一套结构来实现膨胀中心的要求。

炉顶包覆框架四周的立柱以耳板悬挂在顶罩支撑圈梁上，该高度方向的膨胀零点在炉顶小室上部的保温层上标高处。炉顶小室内的温度，启动时取为260℃（无介质流动）和371℃（有介质流动），运行时取为427℃。小室内各联箱及联箱到顶棚管间管子温度不同，由于管子在穿顶棚处为封焊结构，这样联箱对于顶棚管还有一个向上的膨胀量，顶棚管为向下膨胀，因此，在每一工况下都应考虑联箱在这两种不同方向膨胀量的叠加，算出它的实际位移方向和位移量，并由炉顶的弹簧吊架或恒力吊架吸收位移量，顶棚管以下的各部件则以它们的相应温度向下膨胀。

墙式再热器的入口联箱固定在刚性梁的支架上，随刚性梁一起向下膨胀，但启动时墙式再热器与水冷壁有较大的膨胀差，为此在墙式再热器穿入炉膛前设计了较大的弯头，以管子的柔性来补偿这一膨胀差。

在炉宽方向上以锅炉中心线为膨胀零点，按各自的相应温度向两侧膨胀。但位于炉顶在锅炉中心线上断开的联箱，则要以炉宽1/4处作零点，按联箱温度计算的膨胀量与以锅炉中心为零点、对 1/4 处按饱和温度计算出的膨胀量进行叠加。

在烟风道中，温度较高、位移量较大的为二次风热风道和空气预热器前的连接烟道。二次风热风道一端与炉膛的大风箱连接，随炉膛向下移动，同时向炉后膨胀；另一端与较为固定的回转式空气预热器连接。连接烟道与此类似，为此在连接烟道上设有两道膨胀节，并按它们的位移量来选定每个膨胀节所用的全波双节胀缩节的节数和两道膨胀节之间的长度。同时对它们的吊挂均采用了可满足较大位移量的恒力吊架。对其余的冷、热风道也都应在相应位置装设胀缩节头，以满足机组在冷态和运行时的膨胀量。

锅炉配置的两台回转式空气预热器，每台都有 4 个支座（8 个支撑点），搁置在标高为 12 110mm 的水平梁上，每个支座与支撑梁之间均垫有一个膨胀装置，其摩擦系数为 0.1，以减小空气预热器在水平方向上膨胀的摩擦力，因此，水平方向上以每台空气预热器的转子中心向各侧按温度的不同自由膨胀，高度方向上以支座面为准，向上、下自由膨胀，它与烟风道的接口处均应装有胀缩节头，这样烟风道的膨胀力就不会传递给回转式空气预热器。

HG-1056/17.5-YM21 "Ⅱ" 型锅炉膨胀示意如图 1-1 所示，图 1-2～图 1-4 表示 1205t/h MB-FRR "Ⅱ" 型锅炉各部位的膨胀情况。箭头方向表示膨胀方向，箭头旁的数字表示这个方向上的膨胀量。

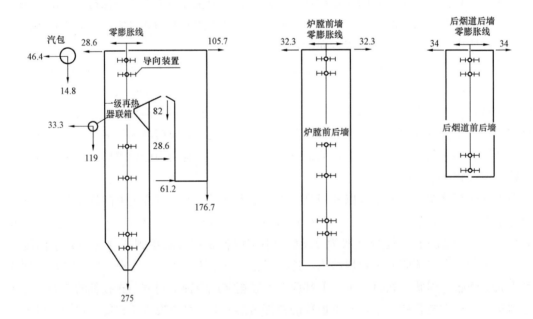

图 1-1　HG-1056/17.5-YM21 "Ⅱ" 型锅炉
膨胀示意图（单位：mm）

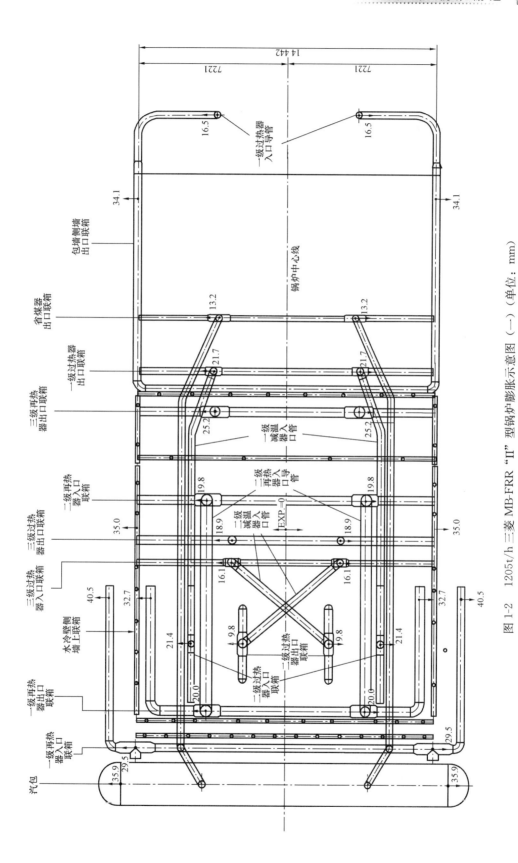

图 1-2 1205t/h 三菱 MB-FRR "II" 型锅炉膨胀示意图（一）（单位：mm）

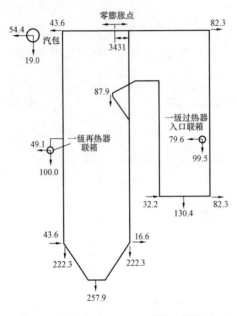

图 1-3　1205t/h MB-FRR "Ⅱ"型锅炉膨胀示意图（二）（单位：mm）

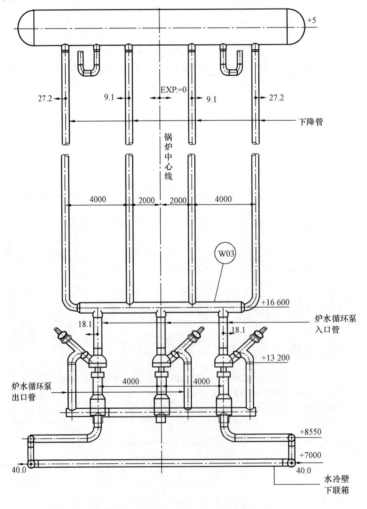

图 1-4　1205t/h MB-FRR "Ⅱ"型锅炉膨胀示意图（三）（单位：mm）

第四节　锅炉结构设计主要特点

以 HG-1056/17.5-YM21"Ⅱ"型锅炉为例，介绍该锅炉结构设计主要特点。

（1）锅炉采用了四角单切圆燃烧方式，整组燃烧器为一、二次风间隔布置，四角均等配风。为降低 NO_x 的生成、减小烟气温度偏差、防止炉膛结焦，采用了水平浓淡煤粉燃烧器，对煤粉进行浓淡分离。在燃烧器顶部分别布置了两层 OFA 喷嘴反向切入，实现分级送风和削减烟气残余旋转。整组燃烧器可上、下摆动±30°，其燃烧技术具有以下优点：

1）将整个炉膛作为一个大燃烧器组织燃烧，因此，对每只燃烧器的风量、粉量的要求不太严格，操作简单。

2）锅炉负荷变化时，燃烧器按层切换，使炉膛各水平截面热负荷分布均匀。

3）对煤种适应性强，可用于几乎所有煤种，包括烟煤、贫煤、褐煤及无烟煤。

4）NO_x 排放量较低，按 NO_x 许可生成量为 0.45lb/106BTU（193.5g/109J）设计。

5）沿炉宽按烟气流旋转方向，布置于水平烟道中的高温再热器和过热器右侧 1/4 炉宽处出现烟气温度与壁温的峰值。

6）由于炉膛内气流旋转强烈，空气与煤粉颗粒混合好，而且延长了煤粉颗粒在炉内流动路程，有利于低挥发分煤的燃尽。

（2）采用了 D11D 双进双出钢球磨煤机。双进双出球磨机除具有普通磨煤机所具有的优点外，皆具以下一些优点：

1）由于磨煤机进口装设螺旋输送装置，所以避免了由于燃煤水分过高而引起磨煤机进口的堵塞，增加了运行的可靠性。

2）双进双出大大缩小了磨煤机的体积，降低了磨煤机功率消耗。

3）D11D 磨煤机内能储煤约 8t，当磨煤机两侧给煤机停止给煤后，能继续保持 10min 的锅炉满负荷所需煤粉的输出量。

4）该磨煤机的出力能够精确地配合锅炉负荷的变化，并且对锅炉负荷变化的适应能力很强，它可使锅炉负荷变化率达 20％/min，即每 15s 可改变锅炉负荷 5％。

5）双进双出球磨机采用正压直吹式制粉系统，这不仅使系统变得简单而又紧凑，而且可采用冷一次风机，从而提高了一次风机运行的安全经济性。

6）可以保证在燃用低挥发分煤时达到所要求的煤粉细度。

（3）每炉配备 3 台双进双出磨煤机，与之对应锅炉设 6 层一次风喷口，且双进双出磨煤机具有半磨运行的能力和特点，使得各负荷的磨煤机及燃烧器的切、投组合非常灵活，同时双进双出磨煤机又有较高的运行可靠性，对煤质变化的敏感程度低，有利于提高系统对煤质变化的适应能力，为保证机组长期连续安全稳定运行创造了良好的基础。

（4）炉顶密封按引进新型的安全可靠的二次密封技术制造，比较难于安装的金属密封件在制造厂内完成，以确保各受热面膨胀自由，金属密封件不开裂，避免炉顶漏烟和漏灰。

（5）在全部高压加热器停用时，锅炉的蒸汽参数保证在额定值，各受热面不超温，蒸发量满足汽轮机在此条件下达到额定出力。

（6）锅炉燃用设计煤种，在不小于锅炉 40%BMCR 负荷时，可不投油、全投自动、长期安全稳定地运行（锅炉最低不投油稳燃负荷的保证值为 40%BMCR）。

（7）过热器和再热器温度控制范围：在锅炉定压运行时，保证在 60%～100%BMCR 负荷内过热蒸汽和再热蒸汽温度达到额定值；在锅炉滑压运行时，保证在 50%～100% BMCR 负荷内过热蒸汽和再热蒸汽温度达到额定值；蒸汽温度允许偏差为 ±5℃。

（8）锅炉炉膛的设计压力不小于 ±5.2kPa，当炉膛突然灭火或送风机全部跳闸，引风机出现瞬间最大抽力时，炉墙及支撑件不产生永久变形。短时不变形承载能力为 ±8.7kPa。

（9）因燃烧室空气动力场分布不均或旋转烟气流未能有效衰减产生的烟气温度偏差，在转向室两侧不超过 50℃。

（10）过热器和再热器两侧出口的蒸汽温度偏差分别小于 5℃ 和 10℃。

（11）炉墙表面温度在锅炉正常运行条件下，环境温度为 27℃ 时，锅炉的炉墙表面设计温度不超过 50℃，散热量不超过 290W/m²。

（12）锅炉两次大修间隔大于 4 年，小修间隔大于 6000 运行小时。在过热器出口、再热器进口、再热器出口设置水压试验检修堵阀。

（13）燃烧器的检修周期大于 4 年，省煤器防磨设施的检修周期大于 4 年。

（14）锅炉各主要承压部件的使用寿命大于 30 年，受烟气磨损的低温对流受热面的使用寿命达 100 000h，空气预热器冷段蓄热元件的使用寿命不低于 50 000h，喷水减温器喷嘴的使用寿命大于 80 000h。

（15）锅炉烟气系统的设计满足单台回转式空气预热器启动、运行的要求。单台空气预热器运行可带 60% 锅炉额定负荷。

（16）锅炉从点火到带满负荷的时间，在正常启动情况下达到以下要求：

1）冷态启动为 6～8h。

2）温态启动为 3～4h。

3）热态启动为 1.5～2h。

（17）锅炉再热器设计满足机组不带旁路的情况下，在点火、冲转、升速和并网带一定负荷的启动过程中，允许再热器干烧的运行要求。

（18）合理选择不同温度的受热面所采用的管材，以确保锅炉承压部件不爆管。在计算各受热面管子壁温时，充分考虑了同屏管子间烟气侧和工质侧偏差；材料的选择方面，在壁温计算的基础上留有足够的安全裕量；对于屏式受热面（如过热器分隔屏、过热器后屏及屏式再热器），无论其壁温计算的结果如何，其外几圈管均采用 TP304H 或 TP347H 奥氏体不锈钢材料；过热器、再热器受热面均不采用钢研 102 材料，再热器受热面最低档材料为 12Cr1MoVG。

（19）锅炉结构和设备能够承受地震荷载。抗震设防烈度为 7 度，抗震措施按 8 度设防。设备、管道和支吊架等能在指定的地震荷载作用下保持结构的整体性。

（20）锅炉钢结构与主厂房结构分开。锅炉构架除承受锅炉本体荷载外，还承受锅炉范围内的各种汽水管道、烟风煤粉管道、吹灰设备、12.50m 锅炉运转层平台等的荷载，电梯井、炉前平台等传来的荷载，炉顶部检修起吊设施及起吊部件等的荷载，安装单位在安装时设置的炉顶吊自重及吊装部件的荷载，风荷载及地震作用的荷载。

（21）各承重梁的挠度与本身跨度的比值不超过以下数值：

1）大板梁为 1/850。

2）次梁为 1/750。

3）一般梁为 1/500。

空气预热器支承大梁的挠度与本身跨度的比值不超过 1/1000。

（22）选用具有经过成熟试验的钢材 SA-299 作为制造汽包的材料。

（23）汽包内部结构采取合理措施，避免炉水和进入汽包的给水与温度较高的汽包壁直接接触，以降低汽包壁温差和热应力。该锅炉采用的是自然循环方式，由水冷壁引出的汽水混合物从汽包侧面引入，汽包内壁上半部与饱和蒸汽接触，下半部与炉水接触，存在一定的温差，在启停时需对汽包上、下壁温差进行监视。

（24）汽包水室壁面的下降管孔、进水管孔以及其他可能出现温差的管孔，均采取合理的管孔结构形式和配水方式，防止管孔附近的热疲劳裂纹。

（25）汽包的水位计安全可靠，便于观察，指示正确。同一汽包上两端就地水位计的指示偏差不大于 20mm，采用无盲区双色水位计并装设工业电视监视系统。远传的汽包水位测孔为相互独立的 4 对，并分别配有一次阀门和平衡容器，平衡容器形式与电气补偿方式相匹配，测点位置反映真实汽包水位，误差不大于 10mm。

（26）炉膛采用全焊接的膜式水冷壁，充分保证炉膛的严密性，完全适应变压运行的工况。折焰角及水平烟道的设计充分考虑防止积灰。

（27）水冷壁管内的水流分配和受热合理，保证沿炉膛宽度均匀产汽、沿汽包全长的水位均衡，防止发生水循环不良现象。

（28）水冷壁在热负荷高的区段采用内螺纹管，内螺纹管主要布置在冷灰斗拐点以上到屏的水冷壁高温区。前墙及两侧墙布置高度约 28.5m，后墙布置高度约 33m。

（29）水冷壁与灰渣斗接合处有良好的密封结构，水封槽结构与燃烧系统的压力相匹配，以保证水冷壁能自由膨胀并不漏风。水冷壁下联箱的标高为 6.5m，并设有不锈钢密封板及不锈钢挡渣网。

（30）过热器和再热器的设计保证各段受热面在启动、停炉、蒸汽温度自动控制失灵、事故跳闸、高压加热器全停以及事故后恢复到额定负荷过程中不超温过热。

（31）为防止爆管，各过热器、再热器管段均进行热力偏差计算，合理选择偏差系数，并在选用管材时，在壁温验算基础上留有足够的安全裕度。

（32）为消除蒸汽侧和烟气侧的热力偏差，过热器、再热器各段进、出口联箱间的连接采取大口径连接管，并采取一级交叉等平衡措施，以消除偏差。

（33）处于吹灰器有效范围内的过热器、再热器管束设有耐高温的防磨护板，以防吹损管子；并制订高温区域防磨护板的固定、防滑措施。

（34）过热器设两级喷水减温调节。减温水总量控制在设计值的 50%～150% 以内。再热器采用摆动燃烧器，并保证在热态下能灵活操作和长期可靠运行。当摆动喷嘴处于水平位置时，再热蒸汽温度达到额定值，再热器及过热器管壁不超温。再热蒸汽的喷水减温仅用于蒸汽温度微调及事故工况。

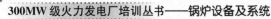

（35）省煤器管束采用顺列布置，管材经 100％涡流探伤，焊口 100％无损探伤。省煤器设计中考虑灰粒磨损保护措施（加防磨护板和烟气阻流板），为提高省煤器的抗磨损能力，受热面采用较大直径的管子、较低的烟气流速（在 BMCR 工况下，省煤器平均烟气流速为设计煤 8.29m/s）。

（36）锅炉汽包、过热器、再热器上设有足够数量的安全阀，其要求符合 DL 612—1996《电力工业锅炉压力容器监察规程》。安全阀不出现拒动作和拒回座，起跳高度符合设计值。起跳与回座间压力差不大于起跳压力的 4％～7％。

（37）锅炉钢结构的主要构件材料，采用抗腐蚀、性能好且工艺成熟的高强度低合金钢。对大板梁等重要构件的材料及焊口进行 100％无损探伤。

（38）锅炉设置膨胀中心。膨胀中心由导向装置实现，通过导向装置的约束来传递水平和垂直方向的荷载及保证膨胀中心的零位原点，防止炉顶、炉墙开裂和受热面变形。

第二章
给水、蒸发系统及设备

第一节 给 水 系 统 简 介

在热力系统中，通常将除氧器出口到锅炉省煤器之间的供水管道及所属设备称为给水系统。给水系统的主要设备有除氧器、给水泵前置泵、给水泵、高压加热器、给水操作台等。

一、1205t/h MB-FRR"Ⅱ"型锅炉给水系统

1205t/h MB-FRR"Ⅱ"型锅炉给水系统如图 2-1 所示。由除氧器出来的除氧水，经给水泵前置泵、汽动给水泵或电动给水泵升压后经 3 号高压加热器、2 号高压加热器、1号高压加热器、给水操作台进入锅炉省煤器。三台高压加热器设有一套大旁路，给水可不经高压加热器，经给水操作台进入锅炉省煤器。在高压加热器后有一路给水去锅炉过热器系统，作为过热器一、二级减温器用水；高压加热器前有一路去高压旁路阀，作为高压旁

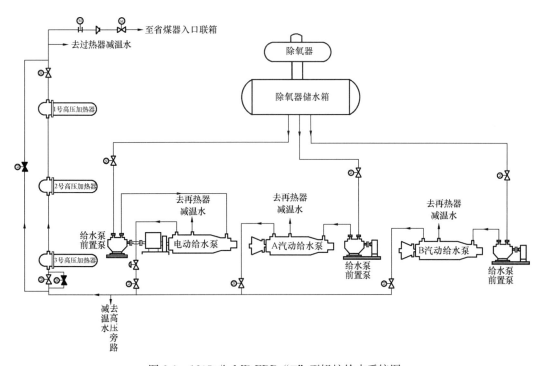

图 2-1 1205t/h MB-FRR"Ⅱ"型锅炉给水系统图

路减温用水；再热器事故减温水来自锅炉给水泵的中间抽头；省煤器入口布置一台止回阀，用于在事故状态下保护锅炉省煤器，防止省煤器断水；给水管路布置一台可调缩孔，用于在低负荷时保证锅炉减温水的压力满足要求。

二、HG-1056/17.5-YM21"Π"型锅炉给水系统

HG-1056/17.5-YM21"Π"型锅炉给水系统如图 2-2 所示。由除氧器出来的除氧水，经给水泵前置泵、电动给水泵升压后经 3 号高压加热器、2 号高压加热器、1 号高压加热器、给水操作台进入锅炉省煤器。锅炉过热器的减温水及高压旁路减温水均来自高压加热器入口；再热器事故减温水来自锅炉给水泵的中间抽头；省煤器入口布置一台止回阀，用于在事故状态下保护锅炉省煤器，防止省煤器断水。

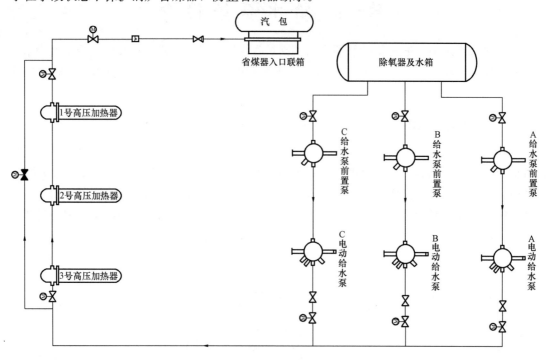

图 2-2　HG-1056/17.5-YM21"Π"型锅炉给水系统图

第二节　汽　　包

一、汽包的作用

汽包在汽包型锅炉中具有很重要的作用，其主要作用如下。

1. 与受热面和管道连接

给水经省煤器加热后送入汽包，汽包向过热器系统输送饱和蒸汽。同时汽包还与下降管、水冷壁连接，形成循环回路。汽包将省煤器、水冷壁、过热器三种受热面严格分开，且保证了进入过热器系统的工质为饱和蒸汽，使过热器受热面界限明确，这也是汽包锅炉不同于直流锅炉的基本原因。汽包是汽包锅炉内工质加热、蒸发、过热三个过程的连接中心，也是这三个过程的分界点。

此外，还有一些辅助管道与汽包连接，如加药管、连续排污管、给水再循环管、事故放水管等。

2. 增加锅炉水位平衡和蓄热能力

汽包中存有一定水量，因而具有一定的蓄热能力和水位平衡能力。在锅炉负荷变化时起到了蓄热器和储水器的作用，可以延缓蒸汽压力和汽包水位的变化速度。

蓄热能力是指工况变化，而燃烧条件不变时，锅炉工质及受热面、联箱、连接管道、炉墙等所吸收或放出热量的能力。如当锅炉负荷增加而燃烧未及时调整时，锅炉蒸汽压力下降，饱和温度也相应降低，原压力下的饱和水以及与蒸发系统连接的金属壁、炉墙、构架等的温度也随着降低，它们必将放出蓄热，用来加热锅水，从而产生附加蒸汽量。附加蒸汽量的产生，弥补了部分蒸汽量的不足，使蒸汽压力下降的速度减慢；相反，在锅炉负荷降低时，锅水、金属壁、炉墙等则会吸收热量，使蒸汽压力上升的速度减慢。汽包水容积越大，蓄热能力越大，则自行保持锅炉负荷与参数的能力越强。这一特点对锅炉运行调节是有利的。

3. 汽水分离和改善蒸汽品质

由水冷壁进入汽包的工质是汽水混合物，利用汽包内部的蒸汽空间和汽水分离元件对其进行汽水分离，使离开汽包的饱和蒸汽中的水分减少到最低值。对于超高压以上的锅炉，汽包内还装有蒸汽清洗装置，利用一部分给水清洗蒸汽，减少蒸汽直接溶解的盐分。但是有的大型锅炉在其给水除盐品质提高后，不再在汽包内装设蒸汽清洗装置。另外，汽包内还装有排污和加药装置等，从而改善了蒸汽品质和锅水品质。

4. 装有安全附件，保证了锅炉安全

汽包上装有许多温度测点、压力表、水位计和安全门等附件，保证了锅炉安全工作。

二、汽包结构及附件

（一）1205t/h MB-FRR"Ⅱ"型锅炉汽包内部结构

1205t/h MB-FRR"Ⅱ"型锅炉汽包参数见表2-1。

表2-1　　　　　　　　　　　1205t/h MB-FRR"Ⅱ"型锅炉汽包参数

项目	参数	项目	参数
上内半径	837.5mm	下内半径	834.5mm
上壁厚	173mm	下壁厚	167mm
总长度	18 040mm	直段长	15 840mm
总容积	34m³	中心标高	56 800mm
正常水位	中心线下110mm（零位）	旋风分离器66个	旋风分离器内径230mm

在强制循环汽包炉中，汽水混合物密度差产生的压头加上强制循环泵的压头保证形成稳定的汽水循环。

汽包筒体直段由六块钢板卷成圆筒形共三节焊在一起，两端有球形封头，封头上各设有一个 φ407 的圆形人孔，检修时可从人孔进入内部工作。汽包沿左、右方向布置在锅炉顶部前侧，中心标高 56 800mm，安装在左、右两个 U 形吊杆上，汽包筒体下两侧各有一个导向钢架，可以保证受热时自由膨胀。

汽包上装有很多管座连接着各种管道，如省煤器给水管、下降管、汽水混合物引入管、饱和蒸汽引出管、事故放水管、连接排污管、安全阀入口管、排空管、水位计来汽/来水管、充 N_2 保护及压力表管等。

汽包上装有水位计、压力计、安全阀等安全附件以监视、控制水位和压力，保证锅炉安全运行。

汽包内部还设置了给水管、事故放水管、连续排污管等。1205t/h MB-FRR "Ⅱ" 型锅炉汽包内部结构如图 2-3 所示。

1. 汽包内部汽水分离器工作原理

给水由省煤器出来后经 2 根 $\phi 323.9 \times 31.8mm$ 的给水连接管从汽包下部进入汽包水侧，由 4 根 $\phi 406.4 \times 42mm$ 下降管引出至炉水循环泵入口联箱。

水冷壁上联箱出来的汽水混合物，经引入管由顶侧部进入汽包，先经过汽包上部夹层，从夹层内向下流动，沿切线方向向下与水平呈 15° 夹角进入汽水旋风分离器中，在每个旋风分离器中，分离出的水由旋风筒下部进入汽包水侧，汽经过旋风分离器上部旋流叶片后进入汽侧，这是第一次分离。汽侧顶部布置有波纹板分离器，汽水混合物在沿波形轨道做曲线运动时，多次改变方向，依靠惯性力将水滴再次分离出来而吸附在波形板表面。由于吸附在波形板表面水的速度比蒸汽速度低，水在板面上形成水膜，流向下方，进入汽包水空间，蒸汽则穿过波形板流出，这是第二次分离。合格品质的蒸汽由顶部经饱和蒸汽引出管接至顶棚过热器入口联箱。

2. 汽水分离装置结构

（1）旋风分离器。旋风分离器是一种分离效果很好的粗分离器装置，1205t/h MB-FRR "Ⅱ" 型锅炉布置了 66 只旋风分离器，分前、后并列布置。旋风分离器主要由筒体、排汽通道、排水导向板及排水通道组成。这种分离装置具有分离效果好、安装简便、不易故障等优点。因汽水混合物是由旋风筒切向引入、上部引出，故蒸汽旋转速度较大，轴向速度较低，可允许提高其蒸汽负荷，但蒸汽空间小，重力分离条件差，汽包水位波动时，分离工况不稳定。

（2）波形板分离器。经旋风分离器后的蒸汽中仍带有许多细小的水滴，由于细小的水滴的质量轻，难以用重力和离心力将其从蒸汽中分离出来，因此，采用波纹板作为二次分离元件。它由许多波形板相间组成，每块波形板由钢板压制成圆角波浪形。组成时波浪板间距均匀，没有直角部分，边框也由钢板制成，用以固定波形板。每台锅炉汽包内共有 52 只波纹板分离器，布置于旋风分离器上部。

旋风分离器分离后的蒸汽，由汽包的有效空间低速进入波形板组成的通道，在弯曲的通道中做曲线运动，水分在重力、离心力和分子摩擦力的作用下，附着在波形板上，形成水膜，靠水膜自重下落至汽包水空间。

3. 汽包内部的其他装置结构特点

（1）给水管。省煤器出口有两根 $\phi 323.9 \times 31.8mm$ 管子分别从汽包底部第 1、2 和第 3、4 根下降管间引入汽包，在汽包内两侧各由 $\phi 169 \times 13mm$ 的两根配水管相连接，在配水管两侧与垂直方向成 45° 角处开一排给水孔。给水管在通过汽包壁时，用双重结构，给

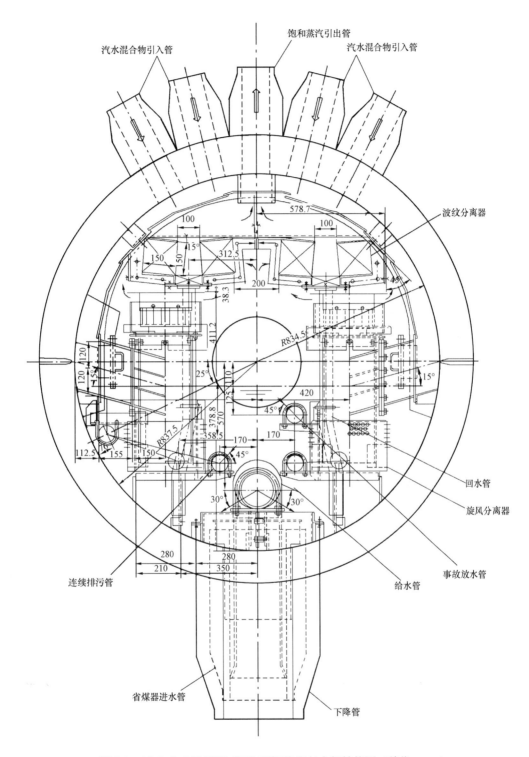

图 2-3 1205t/h MB-FRR "Ⅱ" 型锅炉汽包内部结构图（单位：mm）

水为内套管，而外套管固定在汽包壁上。因为给水温度比汽包壁温度低，所以可以避免产生较大的热应力。

（2）连续排污管。连续排污也称为表面排污，这种排污方式是连续不断地从炉水表面将含盐浓度最大的炉水排出,它的目的是降低炉水中的含盐量,防止炉水盐浓度过高而影响蒸汽品质。

连续排污管布置在汽包中心线下 448.5mm 处,汽包连排管规格为 $\phi76\times9mm$。

(3)事故放水管。事故放水管进口设置在汽包中心线下 365mm 处,离汽包垂直中分面距离为 170mm,事故放水管规格为 $\phi76\times9mm$。事故放水管的作用是在汽包出现高水位时紧急放水,以保证安全和蒸汽品质。

4. 汽包水位计

(1)汽包水位计的作用。锅炉汽包水位计是保证锅炉安全运行的重要仪表。准确测量和控制锅炉汽包水位,且使其保持在规定范围内运行,是锅炉正常运行的主要指标之一。水位过高,会影响汽水分离装置的汽水分离效果,使饱和蒸汽湿分增大、含盐量增多,造成过热器和汽轮机通流部分结垢。严重时会造成过热器超温爆管、蒸汽带水、汽轮机水冲击等破坏事故。水位过低,会影响锅炉的水循环安全,造成水冷壁管某些部位循环停滞,导致局部过热,甚至爆管。为避免上述故障发生,要求水位计能准确、可靠、灵敏地反映汽包水位的数值和变化趋势,使值班人员及时将水位控制在规定的范围内。此外,当锅炉参数变化时,仍要求水位计能准确地反映水位,以适应锅炉启动,特别是启动和全程调节的需要。对电厂锅炉来说还要求做到远距离测量,使汽包水位计在所有运行工况下,都能向操作盘提供水位指示,以实现集中控制。

(2)TJM 型系列双色无盲区水位计用途、特点及工作原理。TJM 型系列高压双色水位计是用于工作压力低于 22.5MPa 的蒸汽锅炉或其他压力容器监测液位的一次直读仪表。它是在总结国内外生产透射式双色水位计优点基础上最新研制的窗式高压、超高压双色水位计,它与其他双色水位计相比较,具有如下特点:

1)盲区少、窗口布置合理。在锅炉正常运行时,可无盲区监视。

2)与牛眼式水位计相比较,自冲洗效果良好。

3)该系列水位计是长窗式,当蒸汽流经上连接管时,一部分变为冷凝水后可经常顺窗口表面冲洗观察窗,使窗口不易挂垢。

4)采用特制的光源,接 36V 安全电压,光源发光均匀,耐高温,寿命长。

5)与云母水位计相比较,具有观察范围宽、颜色清晰、透明逼真等特点。

七窗水位计本体上并列设置两排窗口,通过光学原理转换,可在液位计正前方任一点观看到两窗口红、绿变化,其界面清晰。水位计原理结构如图 2-4 所示,水位计观察窗结构如图 2-5 所示。

由光源发出的光通过红、绿滤色片,再经过柱面镜,射向液位计本体液腔。在腔内汽相部分,红光射向正前方,绿光斜射到壁上被吸收;而在腔内液相部分,由于水的折射使绿光射向正前方,红光斜射到壁上,这样在正前方观察,液位计显示汽红、水绿。水位计光源工作原理如图 2-6 所示。

(二)HG-1056/17.5-YM21“Ⅱ”型锅炉汽包内部结构

汽包由 4 节筒体拼接而成,每节筒体由 8000t 油压机压制的两块瓦片拼接而成。汽包内径为 $\phi1778$,外径为 $\phi2148$,直段长度为 18 000mm,总长约 20 184mm,汽包内部结构如图 2-7 所示。包括汽包内部设备,汽包总质量约为 190t。

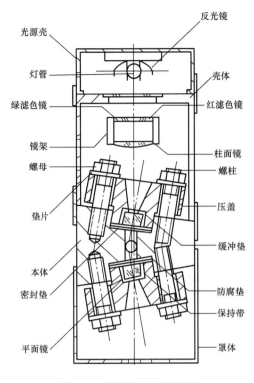

图 2-4 水位计原理结构图

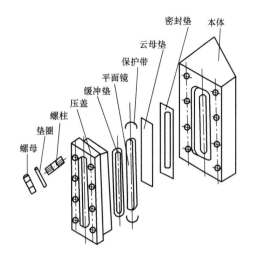

图 2-5 水位计观察窗结构图

1. 汽水分离设备及分离过程

汽水分离器由轴流式旋风分离器、波形板分离器和立式百叶窗分离器组成。整个汽水分离过程可分成三步。

汽水混合物从轴流式旋风分离器内套筒底部引入，经过四片扭曲的导向叶片产生旋转，在离心力的作用下，水滴被抛向内套筒内表面并向上流动，然后折向内外套筒之间的环形通道，向下流入水空间。蒸汽则汇集在内套筒中心，向上流经集汽嘴，然后改变流动方向，水平进入波形板分离器进行二次分离。

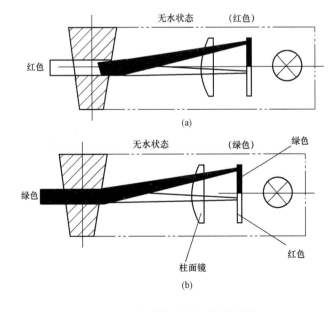

图 2-6 水位计光源工作原理图

（a）水位计红光工作原理图；（b）水位计绿光工作原理图

25

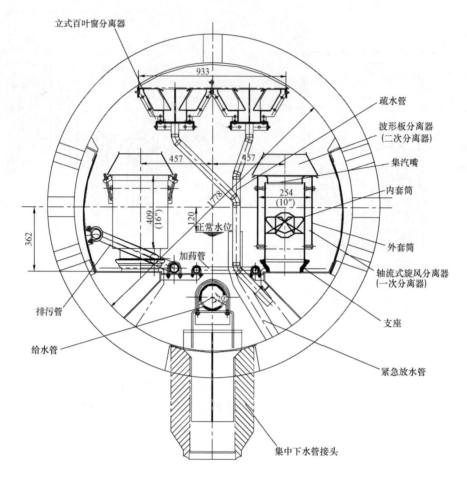

图 2-7　汽包内部结构图（单位：mm）

　　二次分离器布置在轴流式分离器集汽嘴上方，由两组波形板束构成，湿蒸汽以低速进入波形板通道做曲线运行，气流在离心力、重力和分子摩擦力的作用下，进一步降低蒸汽中携带的水分。

　　三次分离是布置在汽包内部上方的立式百叶窗分离器，依据低速沉积原理去除经过两次分离后残留在蒸汽中的水分，积聚在干燥器波形板上的水膜靠自重流入疏水管进入水空间，被分离的合格蒸汽从汽包顶部引出。

　　轴流式旋风分离器（φ254）由内套筒、外套筒、支座和集汽嘴组成。该分离器的特点是流动阻力小，分离效率高，既保证了蒸汽品质，又有利于锅炉水循环的可靠性与安全性。汽包内部布置 84 只轴流式分离器，在 BMCR 工况下，单只分离器的平均出力为 12.7t/h。单只分离器的最大出力为 13.6t/h，汽水分离总出力留有足够的裕度，在超压、超负荷情况下仍能保证分离效果和蒸汽品质。

　　2. 膜式水冷壁特征

　　膜式水冷壁主要优点如下：

　　（1）膜式水冷壁能保证炉膛良好的严密性，对负压锅炉来说，能大大降低炉膛漏风，改善炉膛燃烧工况，提高效率。

（2）膜式水冷壁对炉墙保护最为彻底，且可采用敷管炉墙，因为其炉墙只需保温材料，不用耐火材料，所以炉墙质量可以减轻。此外，也大大降低了钢架金属耗用量和锅炉基础材料，同时施工工时也相对减少。

（3）当炉膛爆燃时，膜式水冷壁可以承受冲击压力所引起的弯曲压力。

（4）由于炉墙没有耐火材料，炉墙的蓄热量减少3/4～4/5，使启、停时间缩短。

（5）能提高炉墙紧固件的使用寿命，由于紧固件不受炉膛热烟气冲刷，所以防止了烧坏和腐蚀。

（6）当水冷壁中某根管子因堵塞而冷却变坏时，相邻管子起辅助冷却作用，可以防止管壁超温。

（7）采用膜式水冷壁，使水冷壁的有效辐射受热面积（在相同节距及角系数下）比一般光管大。

三、1205t/h MB-FRR"Ⅱ"型锅炉炉膛及水冷壁

1. 炉膛结构

锅炉炉膛为单炉膛，截面形状为矩形，宽14 442mm，深12 430mm，高度48.6m，炉膛由前墙、后墙及两侧墙的膜式水冷壁围成，其中前墙有259根，左、右侧墙各193根；后墙245根，后墙39 704～45 100mm处布置有折焰角，折焰角深2735mm，上倾斜角30°、下倾斜角50°；在折焰角处后墙水冷壁有37根悬吊管。另外，208根弯成折焰角，水平烟道由此208根水冷壁围成，左、右侧水平烟道墙各有41根水冷壁管。水冷壁于标高7740～14 837mm处向炉内收缩，形成渣斗，渣斗斜面与水平呈50°夹角。

2. 水冷壁规范及布置

水冷壁采用全焊式膜式水冷壁，炉内热负荷高的区域采用内螺纹管水冷壁，以避免传热恶化，其余为光管。为均匀各水冷壁管流速，各水冷壁管接近入口联箱处均装有节流圈，根据不同热负荷装设不同节流圈，节流圈的孔径有ϕ10.0、ϕ10.5、ϕ11.0、ϕ11.5、ϕ12.0、ϕ12.5、ϕ13.0、ϕ14.0、ϕ15.0、ϕ16.0、ϕ16.5。

水冷壁分为上、中、下三段，水冷壁下部为整体环形联箱，上部有7个联箱。水冷壁各主要部件参数见表2-2。

表2-2　　　　　　　　　　　　　　水冷壁各主要部件参数

名称	材质	规格	备注
光管	SA210-C	ϕ45.0×5.2（4.4、4.5、4.6）mm ϕ57.1×5.8（5.5、7.4）mm	（1）16 500mm以下部分； （2）前墙、左墙、右墙被一级再热器遮住部分； （3）水平烟道侧墙、下部
内螺纹管	SA210-C	ϕ57.1×7.4mm ϕ54.0×5.8mm ϕ45.0×4.6（4.9）mm	—
水冷壁下联箱	SA106-C	ϕ508×68mm	—

名称	材质	规格	备注
水冷壁上联箱	SA106-C	$\phi219.1\times30$mm $\phi219.1\times35$mm	(1) 前墙1个，侧墙2个，后墙悬吊管上联箱1个； (2) 后墙管屏上联箱1个； (3) 水平烟道侧墙水冷壁上联箱2个

四、HG-1056/17.5-YM21 "Π" 型锅炉炉膛及水冷壁

1. 炉膛结构

锅炉炉膛为单炉膛，截面形状为矩形，宽14 048mm，深12 468mm，高度53.86m，炉膛由前墙、后墙、两侧墙及四角切墙的膜式水冷壁围成，其中前墙、后墙各161根，左墙、右墙各137根，四个切角各18根，共668根。后墙41 704～49 977mm处布置有折焰角，折焰角深2850mm，上倾斜角30°，下倾斜角55°。水冷壁于标高6720～15 166mm处向炉内收缩，形成渣斗，渣斗斜面与水平呈55°夹角。

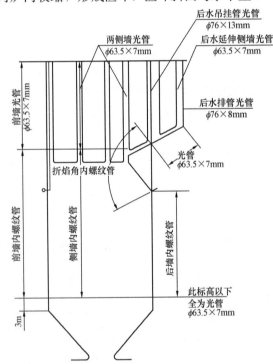

图 2-8　炉膛内螺纹管布置图

2. 水冷壁规范及布置

锅炉水冷壁采用全焊式膜式水冷壁，水冷壁管径为$\phi63.5\times7$mm，节距$S=76.2$mm。后墙水冷壁经折焰角后抽出33根管作为后墙水冷壁吊挂管，管径为$\phi76\times10$mm，水冷壁延伸侧墙及水冷壁对流排管的管径为$\phi76\times9$mm。为防止传热恶化，水冷壁在热负荷高的区段采用内螺纹管，并确保内螺纹管的材质和制造质量，内螺纹管的管径为$\phi63.5$、壁厚7mm、数量为668根、材质为SA-210C，内螺纹管主要布置在冷灰斗拐点以上到屏的水冷壁高温区，前墙及两侧墙布置高度约为28.5m，后墙布置高度约为33m，炉膛内螺纹管布置如图2-8所示。水冷壁各主要部件参数见表2-3。

表 2-3　　　　　　　　　　水冷壁各主要部件参数

名称	材质	规格	备注
光管	SA210-C	$\phi63.5\times7$mm $\phi76\times13$mm $\phi76\times8$mm	18 028mm以下部分及47 210mm以上部分为光管
内螺纹管	SA210-C	$\phi63.5\times6.6$mm	18～47m区域为内螺纹管

名称	材质	规格	备注
水冷壁上联箱	SA-106B	φ273×45mm	后水冷壁上联箱
	SA-106B	φ273×50mm	后水冷壁吊挂联箱
	SA-106B	φ273×50mm	侧水冷壁上联箱
	SA-106B	φ273×50mm	前水冷壁上联箱
水冷壁下联箱	SA-106B	φ273×45mm	侧水冷壁下联箱
	SA-106B	φ273×45mm	后水冷壁下联箱
	SA-106B	φ273×45mm	前水冷壁下联箱

3. 水循环的特点

锅炉水循环的设计采用了自然循环技术，炉膛采用全焊接的膜式水冷壁结构，以保证炉膛严密性。为确保炉水循环的安全，水循环系统采用大的流通截面，以减少系统阻力。炉膛四壁的管子外径均为 φ63.5。水冷壁上联箱有 98 根 φ159 的导汽管与汽包相连，4 根 φ559 的集中下降管通过 72 根 φ159 的供水管与水冷壁的下联箱相连。为了控制每根水冷壁管的流量以及相应的出口含汽率和膜态沸腾的裕度，系统设计了 28 个水循环回路，并进行了精确的水循环计算，在炉膛的高热负荷区及部分上炉膛水冷壁使用了抑制膜态沸腾性能优异的内螺纹管，确保了水循环的安全。在 BMCR 工况下，炉水平均质量流速为 1030kg/（m³·s），炉水循环倍率为 4.4。回路划分如图 2-9 所示。

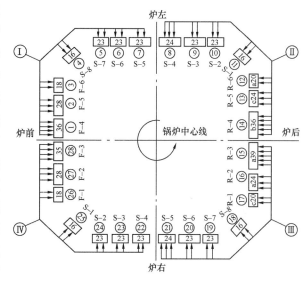

图 2-9 回路划分图

注：①～Ⅳ为集中下降管；①～㉘为回路号。

第三节 省 煤 器

一、省煤器的作用

省煤器是利用锅炉尾部烟气的热量加热锅炉给水的设备。省煤器是现代锅炉中不可缺少的受热面，一般布置在尾部烟道内，吸收烟气的对流传热。锅炉采用省煤器后，其作用如下：

1. 节约燃料

在现代锅炉中，燃料燃烧生成的高温烟气，将其热量传递给水冷壁、过热器及再热器之后，其温度还很高，如不设法利用，将造成很大损失。采用省煤器可降低排烟温度，减少排烟损失，提高锅炉效率，节约燃料。

2. 改善汽包工作条件

采用省煤器可提高汽包进水温度，减少汽包壁与进水之间的温度差，降低因温差而引起的热应力，从而改善汽包工作条件，延长其使用寿命。

3. 降低锅炉造价

将给水加热到较高的温度后再进入蒸发受热面，降低了水在蒸发受热面的吸热量，以价廉的省煤器受热面来取代部分价格昂贵的蒸发受热面，这就降低了锅炉造价。

二、省煤器的类型

按省煤器按出口水温可分为沸腾式与非沸腾式两种。

（1）沸腾式省煤器。其出口水温不仅可达到饱和温度，而且可使部分水汽化，汽化水量一般占给水量的 10%～15%，最多不超过 20%，以避免省煤器中工质的流动阻力过大。

（2）非沸腾式省煤器。其出口水温低于给水压力下的沸点，即未达到饱和状态，一般低于沸点 20～25℃。

中压锅炉多采用沸腾式省煤器，因为中压锅炉水的压力低、汽化潜热大，加热水的热量小，蒸发所需热量大，需把一部分水的蒸发转移到省煤器中进行，以防止炉内水冷壁吸热过多而使炉温度过低，引起燃烧不稳和炉膛出口温度过低，造成过热器等受热面金属耗量增加，此外也有助于发挥省煤器的作用。

高压以上的锅炉则多采用非沸腾式省煤器，这是因为随着压力的提高，水的汽化潜热相应减小，加热水的热量相应增大，故需把部分水的加热转移到炉内水冷壁管中进行，以防炉温和炉膛出口烟气温度过高，引起炉内及炉膛出口处受热面结渣。因此，高压以上锅炉多采用非沸腾式省煤器。1205t/h MB-FRR "Ⅱ" 型锅炉采用非沸腾式省煤器，省煤器出口设计水温为 322℃，低于省煤器中给水压力下的饱和温度，即省煤器出口给水具有较大的欠焓，对水循环工作安全有利。

省煤器按结构形式分为光管式、纵向鳍片式、膜片管式（简称膜式）、螺旋肋片管式、H 形鳍片管式等。

省煤器按蛇形管的排列方式分为错列和顺列两种。错列布置传热效果好，结构紧凑，并能减少积灰，但磨损比顺列布置严重、吹灰困难；顺列布置容易对管子进行吹灰、磨损轻，但积灰严重。

三、省煤器的固定与支吊方式

为了保持省煤器蛇形管圈的平整和管间节距均匀，锅炉省煤器采用特有的固定夹持方法。每屏管排利用 5 组管卡夹持，第 1、3、5 组管卡进行悬吊，其余两组仅作为固定管屏用。每 5 或 6 屏管排焊接在一块横板上形成一组。各组省煤器管排通过吊板焊接在中间联箱上，通过悬吊管穿过顶棚固定在钢梁上。

通过对省煤器蛇形管进行固定，保持一定的管间纵、横向节距，使进入省煤器中的烟气流速均匀，减轻受热面的飞灰磨损，减小各管排之间的热偏差。

四、省煤器的磨损及防磨措施

煤粉锅炉受热面的飞灰磨损是一个常见的问题，它不但能造成受热面泄漏事故，而且还会造成更换部件带来的经济损失，危害较大。省煤器受热面在烟气流速高的烟气走廊、烟气流动不均匀区域、飞灰浓度大的区域等处磨损较严重。

烟气冲刷受热面时，带有一定动能的飞灰粒子碰撞管壁，每一次冲击都可能在管壁上削去极其微量的一点金属，飞灰不断冲击，将管壁越削越薄，这种现象称为受热面磨损。

（一）影响受热面磨损的因素

1. 飞灰速度（即烟气流速）

受热面管子金属表面的磨损正比于冲击管的灰粒动能和冲击次数。灰粒动能同烟气流速的平方成正比，冲击次数同烟气流速的一次方成正比。这样，管壁金属的磨损就同烟气流速的三次方成正比，可见烟气流速的大小，对受热面磨损的影响很大。控制烟气流速可以有效地减轻磨损，但烟气流速的降低，会使对流放热系数降低，导致受热面增加。同时，烟气流速的降低，还会增加积灰与堵灰。因此，要合理选取烟气流速。

在布置受热面的烟气通道中，会出现一些没有布置受热面的狭窄通道，通常把这种狭窄通道称为烟气走廊。在烟气走廊区，烟气流速很高，是平均烟气流速的3~4倍，使磨损量增加好多倍。由此看来，烟气均流对磨损也有很大影响，烟气流动不均匀，会使局部烟气流速高于平均流速。高于平均流速的区域，其受热面磨损加剧，产生局部磨损。虽然有的锅炉，省煤器烟气流速并不是很高，但发现仍有较大磨损量，这可能是由于局部烟气流速较高，引起局部磨损，为此，应注意烟道内烟气平均流速问题。

2. 飞灰浓度大，灰粒冲击次数多，磨损加剧

例如，燃用高灰分燃料的锅炉，烟气中飞灰浓度大，因而磨损严重；又如，锅炉中转弯烟道外侧的飞灰浓度大，靠外侧管子的磨损较重。一级过热器和省煤器蛇形管均垂直于前墙，靠近后侧飞灰浓度大（烟气转弯），造成蛇形管都发生局部磨损，而且对蛇形管弯头处磨损也会加剧。

3. 灰粒特性

灰粒越粗、越硬，磨损越严重。此外，也与灰粒形式有关，具有锐利棱角的灰粒比球形灰粒磨损严重。灰粒软硬与烟气温度和成分有关。烟气温度低，灰粒硬，省煤器区域烟气温度比较低，磨损较低温对流过热器区域严重。燃烧工况恶化，使灰中含碳量增加，由于某种原因焦炭的硬度大，因而磨损加重。

4. 飞灰撞击率

飞灰撞击管壁的几率与多种因素有关。研究表明，飞灰粒径大、飞灰密度大，烟气流速高、烟气黏度小，则飞灰撞击率大。这是因为含灰烟气绕过管子流动时，粒径大、密度大、速度高的灰粒子产生的惯性力大于烟气黏滞力，使灰粒不容易随烟气拐弯，而撞击在管壁上，从而使飞灰撞击率大。

5. 管束的结构特性

烟气纵向冲刷管束的磨损要比横向冲刷管束轻得多，这是因为灰粒运动与管壁平行，只有靠近管壁的少量灰粒形成磨损。

当烟气横向冲刷时，错列管束的磨损大于顺列管束。错列布置管束中的二、三排磨损最严重，这是因为烟气进入管束后，流速增加，动能增大，而后由于灰粒动能被消耗，因而磨损又减轻了。顺列管束在横向节距较大、纵向节距较小时，第一排会受到较多的磨

损，应加以保护；后排磨损较轻。

（二）减轻和防止磨损的措施

1. 控制烟气流速

由于实际磨损量与烟气流速的 3.1～3.5 次方成正比（理论上与流速的 3 次方成正比），降低烟气流速可有效地减轻对流受热面的磨损。因为流速的降低会引起受热面传热的降低和积灰的增加，所以烟气流速的确定要综合考虑磨损、积灰和传热三方面的因素。有关资料显示，膜式省煤器的设计烟气流速一般为 7～7.5m/s，螺旋鳍片省煤器的设计烟气流速一般为6.7～7.5m/s，H 形省煤器的设计烟气流速最高达到 11.2m/s。

2. 消除烟气走廊

在管束与炉墙之间或管束与管束之间存在烟气走廊时，其烟气流速可能达到烟道内平均烟气速度的 3～4 倍，此时即使平均烟气流速只有 4～5m/s，此处的烟气流速却可达到 12～15m/s，使管子的磨损高出几十倍。运行实践表明，省煤器由于均匀磨损而引起的泄漏事故不多，大多数泄漏事故是由于局部磨损造成的。

3. 防止局部飞灰浓度过高

在"∏"型锅炉中，烟气在转向室做 90°转弯后，大部分灰粒，尤其是磨损性强的粗灰粒向后墙汇集，使该处的管子产生强烈的磨损。对"∏"型锅炉来说，尾部受热面靠近炉后墙部位的磨损要比靠近炉前墙严重。

4. 装设防磨装置

加装防磨罩是比较常用的防磨措施，一般在磨损比较严重的地方和吹灰器部位的管子上装设防磨罩。防磨罩的安装位置要正确，固定要牢靠。否则，不但起不到防磨作用，还有可能加速磨损，甚至造成管子泄漏。

五、省煤器的启动保护

省煤器在启动时，常常是间断给水，当停止给水时，省煤器的水处于不流动状态。这时由于高温烟侧的不断加热，会使部分介质汽化，生成的蒸汽就会附着在管壁上或省煤器上部，造成管壁超温烧坏。因此，省煤器在启动时应进行保护。

为了在启动中达到保护省煤器的目的，在省煤器入口与水冷壁底部联箱之间装设再循环管，使省煤器中的介质不断循环流动，达到保护省煤器的目的。

六、1205t/h MB-FRR"∏"型锅炉省煤器的结构与布置

1205t/h MB-FRR"∏"型锅炉省煤器设计为非沸腾式，布置在锅炉尾部烟道内。分为水平蛇形管省煤器和悬吊管省煤器两部分。给水进入省煤器入口联箱，经蛇形管省煤器进入中间联箱，由悬吊管省煤器引至出口联箱。

蛇形管省煤器为低温省煤器，分上、下两层，中间为检修层。蛇形管省煤器布置于一级过热器下，管排为顺列、逆流。

悬吊管省煤器为高温省煤器，垂直布置于尾部烟道，悬吊管省煤器不仅作为受热面，而且用来承受蛇形管省煤器和一级过热器的质量。1205t/h MB-FRR"∏"型锅炉省煤器结构图如图 2-10 所示。

蛇形管省煤器为低温省煤器，布置于一级过热器下方，分上、下两层，中间为检修

层。管屏为顺列、逆流布置，共 110 屏，每屏 3 管圈，以 130.5mm 的节距沿炉宽方向布置。管子采用螺旋翅片管，翅片高度为 19mm，厚度为 1.4mm，节距为 12.7mm。

由于煤质的劣化、灰分的增大以及螺旋翅片管制作过程中固有的缺陷，导致磨损急剧加大，多数电厂将原螺旋翅片式省煤器更改为 H 形省煤器。

H 形省煤器横向节距为 130.5mm，纵向节距为 110mm，其横向节距主要考虑通过受热面烟气流速的大小，以减轻灰料对管子的磨损；纵向节距主要考虑弯头处的曲率半径，有利于制造。为了使受热面布置紧凑，一般总

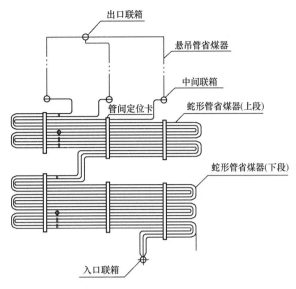

图 2-10 1205t/h MB-FRR "Ⅱ" 型
锅炉省煤器结构图

是力求减少管子节距。但管子纵向节距的减少又意味着减小弯曲半径，管子弯曲半径越小，弯头处外壁厚度变得越薄，强度降低。而横向节距的大小则取决于烟气和工质的流动速度以及管子的支吊条件。

为了防止烟气走廊的产生，H 形省煤器管屏在前、后墙的上、下部均布置有导流板，在导流板上方开孔，开孔面积约为导流板面积的 1/3。同时，每排管屏两端安装有密封板，和最后一个鳍片紧紧靠住，各排安装完成后，各密封板连成一体，形成密封，使导流板下方区域烟气与主烟道烟气分别流动，不混合扰流。省煤器管及联箱参数见表 2-4。

表 2-4　　　　　　　　　　　　　　省煤器管及联箱参数

名称	材质	规格	数量	备注
蛇形管省煤器	SA210-C	$\phi45\times5$mm	110 排，330 根	—
悬吊管省煤器	SA210-C	$\phi57.1\times5.5$mm $\phi50.8\times6.0$mm	165 根	$\phi50.8$ 在炉外
省煤器入口联箱	SA106-C	$\phi244.5\times35$mm	1 台	—
省煤器中间联箱	SA106-C	$\phi219.1\times29$mm	3 台	—
省煤器出口联箱	SA106-C	$\phi298.5\times35$mm	1 台	—

七、HG-1056/17.5-YM21 "Ⅱ" 型锅炉省煤器的结构与布置

HG-1056/17.5-YM21 "Ⅱ" 型锅炉省煤器设计为非沸腾式，布置在锅炉尾部烟道内。采用光管省煤器。给水进入省煤器入口联箱，经两层蛇形管省煤器后引至出口联箱。

蛇形管省煤器布置于一级过热器下方，分上、下两层，中间为检修层。管屏为顺列、逆流布置。共 86 屏，每屏 3 管圈，以 160mm 的节距沿炉宽方向布置。

为防止烟气走廊的产生，HG-1056/17.5-YM21 "Ⅱ" 型锅炉省煤器在前、后墙管屏弯头部位布置了防磨护帘，避免烟气直接冲刷管子弯头。在蒸汽吹灰器区域的管子上加装

了防磨瓦。HG-1056/17.5-YM21 "Ⅱ" 型锅炉省煤器布置如图 2-11 所示,省煤器管及联箱参数见表 2-5。

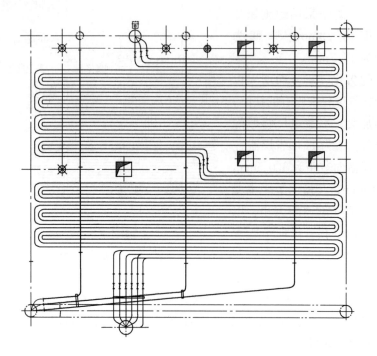

图 2-11　HG-1056/17.5-YM21 "Ⅱ" 型锅炉省煤器布置图

表 2-5 省煤器管及联箱参数

名称	材质	规格	数量	备注
蛇形管省煤器	SA210-C	$\phi51\times6mm$	86 屏,258 根	—
省煤器入口联箱	WB36	$\phi356\times40mm$	1 台	—
省煤器出口联箱	106B	$\phi356\times53mm$	1 台	—

第四节　自然、控制循环锅炉特性

一、自然循环锅炉特性

(一) 自然循环回路的工作原理

在自然循环回路中,给水由省煤器进入汽包与炉水混合后,通过下降管及下联箱进入水冷壁,水在水冷壁管中吸收炉膛火焰和烟气的热量,形成汽水混合物或高温热水。由于汽水混合物的密度小于下降管中水的密度,下联箱中心两侧将产生压力差,推动上升管中汽水混合物向上流动,进入汽包,并在汽包内进行汽水分离,分离出的汽送往过热器,分离出的水继续参加循环。这种利用工质本身的密度差所产生的循环称为自然循环。汽水的密度差逐渐减小,自然循环的推动力也将逐渐减小,但是如果能增大上升管的含气率以及提高回路高度,仍可维持足够的循环推动力。

作为辐射受热面,蒸发受热面的热负荷是很高的,管内不但要有足够的工质流动,而且必须使管子内壁保持一层水膜，这样才能很好地冷却管壁，从而避免水冷壁管被烧坏或高温腐蚀。因此，保证循环的可靠性是很重要的。

（二）锅炉管中的流动工况及传热工况

锅炉受热面壁温和许多因素有关，其中最重要的因素之一是管内放热系数。管内放热系数越大，壁温越接近工质温度。故管内放热系数的大小对受热面可靠性关系极大。

管内放热系数和管内工质流动状况及传热工况有关。如果过冷的水从下部进入垂直受热管中，直到形成过热蒸汽，则沿管子长度方向存在多种流动工况和传热工况。如图 2-12 所示。

图 2-12 中 A 区流体温度低于饱和温度，管壁温度低于产生气泡所需的温度，此时的传热为单相强迫对流传热。

B 区中管子截面上水的平均温度比饱和温度低，而管壁温度已高于饱和温度。因此在管内壁表面有气泡产生。由于中心水流温度低于饱和温度，所形成的气泡或者仍然附着在壁面上，或者脱离壁面后在中心水温中冷凝消失。此时的流动工况为汽液两相泡状流动，而其传热工况称为过冷沸腾（因为水仍有过冷度），有时也称表面沸腾。

在 C 区中，随着热量不断加入，管内水的温度已达到饱和温度，脱离了壁

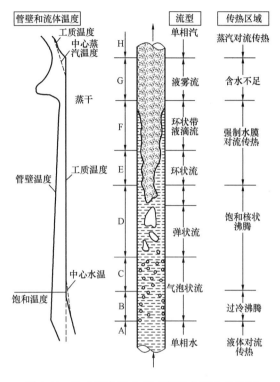

图 2-12 汽水混合物在垂直管段中流动特性图

面的气泡不再冷凝消失，此时的流动工况仍为泡状流动，其传热工况称为饱和核态沸腾。

在 D 区里，随着气泡数量不断增加，它们集聚在管子中心，这些小气泡碰在一起合并成较大的气泡，逐渐形成气弹，在壁面上仍在不断产生气泡，此时的流动工况为气弹状流动，而传热工况仍为饱和核态沸腾。

在 E 区中，原来的气弹不断变长，甚至气弹之间的水柱消失，而形成四周是环状的水膜，中心为夹带液滴的汽柱，这时环状水膜的厚度尚大，在壁上仍然形成气泡，此时的流动工况为环状流动，而传热工况仍为饱和核态沸腾。

在 F 区中，情况和 E 区中相似，只是由于环状液膜越来越薄，最后薄到在液膜上不能形成气泡（气泡成核受到抑制）。此时的流动工况为环状流动，传热工况为水膜的导热和对流。

在 G 区中，因水膜越来越薄，以至水膜蒸干了，中心汽流中仍然有小水滴，此时的流动工况为雾状流动，而传热则依靠含水滴蒸汽流的对流传热及液滴碰到壁面时进行导热，称为烧干后的传热或干涸后的传热。此时可能产生的蒸汽有些过热，而液滴仍为饱和温度的热力学不平衡状态。

在 H 区中，全部汽流中的液滴也蒸发成蒸汽，此时的流动工况为单相的过热蒸汽，传热工况为单相过热蒸汽强迫对流传热。

上述情况只是对热负荷不大而言的。加在管子上的热负荷不断升高，则情况会发生一些变化。一般说热负荷增加时，开始只是上述各区的界限前移，各区长度缩短。但当热负荷增大到一定程度时，原先为核态沸腾的工况因水不能进入壁面而转变为膜态沸腾，此时壁面与蒸汽膜接触，放热系数急剧下降，同时又因热负荷很高，壁面温度很高，通常壁温未升高到稳定值时，受热面已经烧坏了。这种情况可能在环状流动工况中发生，也因热负荷升高而相继在弹状流动工况、泡状工况发生。这种沸腾现象称为膜态沸腾，膜态沸腾为第一类传热恶化。发生膜态沸腾的热负荷称为临界热负荷。

在受迫流动的管内沸腾过程中，还有另一种传热恶化的情况，即当管内汽水混合物中含汽率达到一定程度后，管内流动结构呈环形水膜的汽柱状。这时水膜很薄，局部地区水膜可能被中心气流撕破或水膜被蒸干，管壁得不到水的冷却，其放热系数明显下降，也会导致传热恶化。这类贴壁水膜被蒸干的传热恶化即为第二类传热恶化。

由上述可以看出，膜态沸腾及烧干两种现象都会使管内放热系数发生突然大幅度的下降，使壁温急剧升高，对受热面安全可靠工作影响极大。因此，了解它产生的条件、后果及防止产生和减轻后果的办法非常重要。通常在亚临界压力参数以上的锅炉中，常见的传热恶化现象多属于第二类。

由于现代大容量锅炉蒸发受热面工作压力不断提高，热负荷也不断增加，有可能水冷壁的局部区域出现传热恶化，而使管壁超温。为了防止因传热恶化而引起蒸发管工作的不安全，必须采取有效技术措施。防止传热恶化的措施，就是设法提高易产生传热恶化区域的放热系数，或者设法推迟开始发生传热恶化的地点，使之远离高热负荷区域，从而使得蒸发管管壁温度降低到允许范围内。

目前常用防止传热恶化的方法如下：

（1）采用内螺纹管。用内螺纹管作为蒸发管可以推迟传热恶化开始时间，降低壁温。工质在螺纹管内流动时，发生强烈扰动，将水压向壁面，强迫气泡脱离壁面并被水带去，从而破坏膜态汽层，使壁温降低，以防止膜态沸腾的发生。

（2）采用适宜的质量流速。当质量流速大于 1000kg/（m² · s）时，因流速高可以带走贴壁形成的气泡，从而推迟传热恶化，使可能产生传热恶化的区域推迟到水冷壁出口部位。

（3）循环倍率大于临界循环倍率。

（4）将炉膛燃烧器沿高度方向拉开，减少炉内热偏差。

（三）自然循环工作的可靠性指标

1. 循环流速与循环倍率

自然循环工作的可靠性要求所有受热的上升管都毫无例外地保证得到足够的冷却。因此，必须保证管内有不断地水膜冲刷管壁及保持一定的循环流速，以防止管壁结盐和超温。

循环流速的大小，直接反映了管内流动的水将管外的热量及所产生的蒸汽带走的能力。流速大，工质放热系数大，带走的热量多。因此管壁的散热条件较好，金属不会超温。可见，循环流速的大小是判断水循环好坏的重要指标之一。

但是循环流速只表示进入管中的水量，虽然它也反映了流经整个管子里的水流快慢，但它是按入口水量进行计算的，对于热负荷不同的管子，即使循环流速相同，但由于产汽量不同，在上升管出口处，水的流量也就不同。对于热负荷较大的管子，由于产汽量多，管子出口处的水量就少，以致在管壁上可能维持不住连续流动水膜。同时，由于产汽量多，汽水混合物的流速也将增大，管内蒸汽比例很大时，就可能在高速汽水流速的冲刷下，将很薄的水膜撕破，造成传热恶化、管壁结盐金属超温，因此，引入另一个说明水循环好坏的重要指标——循环倍率的概念。

循环倍率用 K 表示，其表达式为

$$K=G/D$$

它表示上升管的循环水量 G 与上升管蒸发量 D 之比。K 的倒数称为上升管质量含汽量率或汽水混合物干度，以 X 表示，故有

$$X=D/G=1/K$$

循环倍率 K 的意义是在上升管中每产生 1kg 蒸汽需要由下面进入管子的水量或 1kg 水在循环回路中需要经过多少次循环能全部变成蒸汽。循环倍率 K 越大，X 越小，它表示管子出口端汽水混合物中的水的份额越大，水循环越安全。

2. 自补偿能力

一个循环回路中循环速度常常随着热负荷不同而不同。上升管中受热增强时，其中产生的蒸汽量多，截面含汽量增加，运动压头增加，使循环流量增加。反之，上升管受热弱时，循环水量减少，循环流速也减小。这种在一定的循环倍率范围内，自然循环回路中上升管吸热增加时，循环水量随着产汽量相应增加进行补偿的特性称为自然水循环的自补偿能力。因此，合理的自然循环系统应是在上升管吸热变化时，锅炉始终工作在自补偿特性区段内。

运动压头能造成多大的循环流速取决于循环回路中的阻力特性。当上升管蒸汽含量增加时，一方面运动压头增加；另一方面上升管的流动阻力也随着增加。而循环流速的变化将取决于这两个因素中变化较大的一个。在开始阶段，运动压头的增加大于流动阻力的增加，因此循环流速增加。当循环流速达到最大值以后，若继续增加热负荷（或循环倍率 K 减小）则会使流动阻力的增加大于运动压头的增加，使循环流速降低，水循环是不安全的。这是因为随着热负荷的提高，循环流速反而减少，循环工作失去自补偿能力。

最大循环流速时的上升管质量含汽率 X，称为界限含汽率 X_j；与界限含汽率相对应的循环倍率，称为界限循环倍率 K_{jx}。

当循环倍率大于界限循环倍率时，运行中负荷变化时循环具有自补偿能力；反之，循环在低于界限循环倍率的情况下运行时，循环失去自补偿能力。

为了保证蒸发受热面能得到良好的冷却，以避免发生传热恶化，循环倍率的数值不应太小，因而为了安全，推荐的循环倍率应比界限循环倍率大一定数值。

各种参数的常用锅炉的界限循环倍率和循环倍率的推荐值见表 2-6。

表 2-6 **界限循环倍率和循环倍率的推荐值**

锅炉蒸发量（t/h）	锅炉汽包压力（MPa）	界限循环倍率 K_{jx}	推荐循环倍率 K	
			燃煤锅炉	燃油锅炉
35～240	4～6	10	15～25	12～20
160～420	10～12	5	8～15	7～12
185～670	14～16	3	5～8	4～6
＞800	17～19	＞2.5	4～6	3.5～5

3. 上升管单位流通截面积蒸发量

在研究循环速度与循环倍率的内在关系中引出了上升管单位截面蒸发量这个指标。循环流速 w_0 随上升管单位流通截面积蒸发量增加最初也是增加的，当达到某一最大值后，又会降低，这一现象的解释同前面出现界限循环倍率的道理是一样的。因为上升管单位流通截面积蒸发量增加，说明上升管含汽量增加，运动压力增加，而流动阻力增加，最初是运动压头较流动阻力增加快，因而 w_0 增加。以后则是由于流动阻力的增加比运动压头增加的快，故而 w_0 降低。对上升管单位流通截面积蒸发量来说，也具有一个相应的界限值。当上升管单位流通截面蒸发量小于界限值时，循环工作具有自补偿能力，反之则丧失自补偿能力，循环安全受到影响。

对于一般锅炉，上升管单位流通截面积蒸发量的限界及推荐值见表 2-7。

表 2-7 **上升管单位流通截面积蒸发量的限界及推荐值**

项目	单位	参数				
汽包压力	MPa	4～6		10～12	14～16	17～19
锅炉蒸发量	t/h	≤75	≥120	160～430	400～670	≥850
推荐值（燃煤）	t/（m²·h）	60～120	120～200	250～400	420～550	650～800

（四）亚临界自然循环锅炉的循环特性

锅炉的蒸发受热面在炉膛高温火焰的辐射作用下，能否保持长期安全可靠地运行，主要取决于管子的壁温。如果管壁工作温度超过管子钢材的极限允许温度，或者壁温虽低于极限允许温度，但有周期性波动，管子都有可能损坏。对亚临界压力下的自然循环锅炉，只有保证自然循环的可靠才能使管壁得到不断冷却，以保证蒸发受热面的安全可靠运行。

影响亚临界自然循环可靠性的因素主要有以下几个方面：

（1）锅炉的循环倍率 K。自然循环工作的可靠性要求所有受热面的上升管都毫无例外地得到冷却。因此必须保证管内有不断的水膜冲刷管壁和保持一定的循环流速，以防止管壁结垢和超温。

亚临界压力自然循环锅炉循环的主要矛盾是循环倍率较低的问题。循环倍率的选取，必须考虑锅炉具有良好的循环特性，即在锅炉负荷变动时，始终保持较高的循环水量，使水冷壁得到充分冷却。而且当负荷增加时，各回路循环水量也随之增加，也就是自补偿能力要好，即循环倍率 K 值大于临界循环倍率 K_{lj}，否则，循环回路失去自补偿能力而使水循环破坏。

另外，循环倍率 K 值过低，水冷壁内蒸汽质量含汽率就大。在亚临界压力下，如果负荷较高，就有可能发生传热恶化，也就是安全性差的管子将是受热最强的管子。一般燃煤亚临界压力的 1000t/h 及以上的自然循环汽包炉，水冷壁内的质量流速都接近或超过 1000kg/（m·s），而最大内壁热负荷一般不超过 $1.88 \times 10 /$（m² · h），如果能保持水冷壁出口质量含汽率不大于 0.4，即循环倍率不小于 2.5，则水冷壁中的膜态沸腾使传热恶化可以避免。

因此，循环倍率 K 值是亚临界压力自然循环锅炉安全性的一个重要指标，适当的 K 值可使锅炉具有良好的循环特性，既能随着热负荷的大小自动调节循环水量，又可以防止传热恶化的发生。

为了使亚临界压力自然循环锅炉的循环倍率达到一定值（一般 $K=4$ 左右），可采用以下措施：

1）按热负荷分布情况合理划分循环回路。

2）采用大直径下降管，但又不过分集中，以避免过分复杂的循环回路。

3）采用较大直径的水冷壁管。

4）下降管与上升管的截面比取 0.60 以上，汽水引出管与上升管的截面比取 0.65 以上。

应当指出，尽管亚临界压力自然循环锅炉在设计上具有良好的自补偿能力，但对吸热较强的管子，其循环倍率 K 值仍然是下降的，因而对受热强的管子吸热均匀系数应有必要的限制，尽量减少热偏差。

（2）上升管单位流通截面蒸发量 D_S/F_S 是亚临界压力下自然循环的主要因素，它直接受到循环倍率 K 值的限制。

当锅炉容量一定时，要限制 D_S/F_S 值，必然对水冷壁的流通截面积要有所控制，容量增大，水冷壁流通截面积也就必须相应增大。对一般锅炉，容量增大时，炉膛周界长度并不成正比增加。因此为使 D_S/F_S 值不致过高，锅炉容量增加时，必须增大水冷壁的管径。

另外，对于亚监界自然循环锅炉，由于容量较大，取用 D_S/F_S 值也较大，其水循环流速也较高，一般可达 1.5～2.0m/s 以上，因此出现停滞、倒流的可能性较小。同时，关于增加水冷壁高度，只有在保持 D_S/F_S 一定的条件下，才是有利的。如保持炉膛受热面热负荷不变，则在水冷壁管径一定的情况下，增加水冷壁的高度，必然会使炉膛水冷壁流通截面减少，D_S/F_S 增大，循环倍率 K 减少。因此，对应于一定的水冷壁管径与热负荷，水冷壁的高度有一定的极限。

（3）运动压力影响不大。在亚临界参数下，循环回路中仍有足够的运动压力。

（4）在一般情况下，越是高参数大容量锅炉，其循环流速 w_0 越高，其主要原因如下：

1）汽水密度差。亚临界下汽水密度差减少，其是减弱水循环的，但在亚临界压力时，省煤器出口水温有不定欠熔的未饱和水，下降管内的水也往往是未饱和的，而上升管中含汽量多，其平均密度减少。这两个因素加大了密度差值，因而加强了水循环，其运动压力不会降低很多。

2）回路高度 H。炉膛高度决定了回路高度。炉膛高度主要是由燃烧要求决定的。在管内含汽量不变的条件下，增加回路高度，运动压力是增加的。但由于管路加长，其阻力相应增加，在这个条件下，靠增大高度来加强水循环，其得益是有限的。

在亚临界条件下，上升管内含汽率增大，其阻力是要增加的，但压力增加的同时，蒸汽比容相对减少，上升管内容积流量减少，使流动阻力相应减少。同时，由于亚临界压力自然循环锅炉的循环倍率比较小，循环系统的总流量相对减少，使流动阻力也相对减少，总的阻力也会相应减少。

因此，亚临界压力锅炉上升管内的含汽量较大，循环得到加强。

（5）亚临界压力参数下采用内螺纹管可提高循环的可靠性。为提高在亚临界压力下的循环可靠性，可在锅炉高热负荷区域的水冷壁管中采用内螺纹管。此时，水冷壁管的可靠程度可以用最大许可的蒸汽干度与燃烧器区域顶部水冷壁内的最大预期干度来表示（即蒸汽干度允许的变化范围）。实践证明，采用内螺纹管设计，即使汽包压力达到21MPa时，仍能避免出现膜态沸腾传热恶化，锅炉的循环仍有一定的裕度。

（6）水室含汽及下降管含汽。自然循环锅炉的下降管内工质如果含汽，会使下降管内工质的平均密度和重位差减少。同时，由于下降管中有蒸汽存在，平均容积流量要增加，下降管里的流速就会增加，因而流动阻力也增加。因此，下降管含汽会使总压差变小，对水循环不利。

下降管产生蒸汽的原因很多，但对于大型的亚临界自然循环锅炉来说，由于结构上考虑得较合理，其上升管与相邻下降管的距离一般比较大，下降管从汽包最底部引出，可以避免蒸汽被抽吸或下降管入口露出，而且下降管都不受热。同时高参数大容量锅炉，其锅炉水欠焓一般比较大，因而自汽化或其他因素受热产生蒸汽的可能性比较小。下降管带汽的主要原因是水室含汽及下降管入口截面产生旋涡斗。在下降管入口截面加装格栅或多孔板，大直径下降管入口都装十字板，其目的就在于将下降管入口截面分割成许多小截面，用以破坏涡流的产生，从而防止旋涡的出现。

二、控制循环汽包锅炉特性

（一）控制循环汽包锅炉的工作原理

在自然循环锅炉中，工质在循环回路中的流动是依靠下降管中的水与受热上升管中汽水混合物的密度差来进行的。它的工作特点是：在受热上升管组中，受热强的管子产汽量多，汽水混合物的密度小，运动压力加大。因此，流过该管的循环水量也多，可以保证对受热管的足够冷却。

随着锅炉压力的提高，水与蒸汽间的密度差越来越小，当工作压力高到19MPa以上时，水的自然循环就不够可靠。此外，随着锅炉压力和容量的提高，希望采用管径较小的蒸发受热面，以提高管内工质的质量流速，加强换热。但管径小，流速高，流动阻力将增大，自然循环的安全性就进一步下降。为解决这个矛盾，可以在循环回路中串接一个专门的循环泵，以增加循环回路中的循环推动力，并可人为地控制锅炉工质的流动，因此称这种锅炉为控制循环锅炉。

控制循环汽包锅炉是在自然循环锅炉的基础上发展而来的。在工作原理上，它们之间的主要差别在于控制循环汽包锅炉主要依靠循环泵使工质在蒸发管中做强制流动，而自然循环锅炉则靠汽水密度差使工质在循环回路中进行自然循环。在控制循环汽包锅炉的循环系统中，除了有自然循环回路中由于下降管和上升管工质密度差所形成的运动压力之外，还有循环泵所提供的压力。自然循环所产生的运动压力一般只有 0.05～0.1MPa，而循环泵可提供的压力为 0.25～0.5MPa。由此可见，控制循环汽包锅炉的运行压力比自然循环锅炉大 5 倍左右，因而控制循环能克服较大的流动阻力。

循环倍率 K 的大小对蒸发管的工作安全有很大影响。当 K 值较小时，由于管子内壁的冷却不够，管壁温度会随热负荷的升高而显著提高。为保证管子能得到足够的冷却，还要求管内工质有一定的质量流速。

控制循环汽包锅炉与自然循环锅炉在结构上的最大差异就是控制循环锅炉在循环回路中装设了循环泵。大容量控制循环汽包锅炉一般装有 3 或 4 台循环泵，其中 1 台备用。循环泵通常垂直装置在下降管的汇总管道上。由于循环回路中装设了循环泵，控制循环汽包锅炉与自然循环锅炉相比具有许多特点。

（二）控制循环汽包锅炉的主要技术

控制循环汽包锅炉的主要技术是安装低压力循环泵和内螺纹管水冷壁。低压力循环泵提供足够的循环压力，内螺纹管用来预防发生膜态沸腾。

1. 结构特点

（1）水冷壁方面。由于控制循环汽包锅炉的循环推动力要比自然循环锅炉大许多倍，可以采用较小管径的蒸发受热面，而强制流动又使管壁得到足够的冷却，壁温较低，可减轻水冷壁的高温腐蚀；管壁也可减薄，因此锅炉的金属耗量减少。另外，可灵活自由地设计布置蒸发受热面，锅炉的形状和蒸发受热面都能采用较好的布置方案，不必受到垂直布置的限制。水冷壁管入口一般装设节流孔板，用以分配各并联管屏的工质流量，改善工质流动的水动力特性和热偏差。

（2）汽包方面。由于控制循环汽包锅炉的循环倍率低、循环水量少以及采用循环泵的压力来克服汽水分离元件的流动阻力，可以充分利用离心分离的效果，因而分离元件的直径可以缩小。在保持同样分离效果的条件下，能提高单个分离器的蒸发负荷，因此可减少汽水分离器的个数。这样使得汽包直径可缩小、壁厚减薄。整个汽包的结构和布置与自然循环锅炉相比也有很大差异。

2. 运行特点

由于控制循环汽包锅炉在启动初期可用锅炉水循环泵加快建立水循环，使各承压部件能得到均匀的冷却，并且这种锅炉的汽包结构也有利于锅炉在启动、停运及变负荷过程中减小汽包热应力，因此可以大大提高启动和升降负荷的速度。汽包壁允许温升速度可提高到 100℃/h 以上。

与自然循环锅炉相比，水冷壁的金属储热量和工质的储热量减少，使蒸发系统的热惯性减小。同时，锅炉低负荷运行时，可利用循环泵加快循环，提高蒸发速度。在锅炉尚未点火之前先启动炉水循环泵，建立水循环，然后再点火，因而水冷壁吸热均匀，水冷壁温差减小，可保持同步膨胀，有利于提高启动和变负荷速度，以适应机组调峰的需要，并节省启动燃料。在事故停炉后，可利用锅炉水循环泵和送、引风机联合运行，快速冷却炉膛和水冷壁，使停炉速度加快，缩短检修时间。

<h1 style="text-align:center">第五节 蒸 汽 品 质 及 净 化</h1>

一、蒸汽污染对热力设备的影响

蒸汽锅炉的作用是稳定地输出一定数量的合格蒸汽，输出的蒸汽应在压力、温度和品质三方面达到规定的指标。保持合格的蒸汽品质是保证锅炉、汽轮机或其他蒸汽设备安全经济运行的重要条件。

由汽包输出的饱和蒸汽总是含有杂质的，这些杂质有些溶解在饱和蒸汽夹带的微小水滴中，有些直接溶解在蒸汽中，当饱和蒸汽流入过热器后，蒸汽中的杂质有的沉积在管子内壁上形成盐垢，使管壁温度升高，可能导致过热器管爆管，剩余的杂质则随蒸汽进入汽轮机。当蒸汽在汽轮机各级中膨胀做功，蒸汽压力逐渐降低时，杂质即可析出并沉积在汽轮机的通流部分，使汽轮机叶片表面粗糙、线形改变、通流截面缩小，从而导致汽轮机出力和效率降低。严重时可造成调节机构卡涩、转子平衡不良，造成重大事故。此外，杂质沉积还能引起阀门失灵和漏汽。

由此可见，蒸汽污染对热力设备的危害是很大的。为了保证锅炉、汽轮机等热力设备的安全经济运行，对蒸汽品质应有严格的规定，在运行中，必须有严格的化学监督，以保证蒸汽品质符合规定。

二、蒸汽污染的原因及其带盐机理

蒸汽中带有盐或杂质后，蒸汽即受到污染。蒸汽带盐的原因有两种，第一种是蒸汽带炉水水滴，因炉水具有较高的盐分而造成蒸汽带盐，这种带盐方式称为机械带盐。第二种原因为某些盐分直接溶解在蒸汽中造成蒸汽带盐，这种带盐方式称为溶解性带盐。由于蒸汽对不同盐分的溶解能力不同，蒸汽中的溶盐具有选择性，因而这种溶盐方式又称为选择性带盐。

蒸汽携带的盐分数量主要取决于饱和蒸汽的湿度和炉水含盐量。装置汽包内件以减少饱和蒸汽的湿度与采用蒸汽清洗装置以减少蒸汽溶盐是获得洁净蒸汽的有效途径。

（一）蒸汽机械携带的机理

蒸汽机械携带主要是携带汽包蒸汽空间的水滴。在汽包内，当饱和蒸汽从炉水中引出时，气泡将在汽包内水空间逐渐上升到水面并凸出水面。气泡中压力要使气泡破裂而气泡周围的小水膜的表面张力阻止气泡破裂，但因气泡顶部水膜由于水的下流而变薄，最终导致气泡破裂。破裂的水膜形成的小水滴抛向蒸汽空间，此时气泡周围的水急剧向中心集聚以填补空虚部位并形成一个波峰，波峰断裂又形成大水滴，抛向蒸汽空间。这样造成了蒸汽空间湿度增大。

气泡破裂带的水滴，随着压力升高，水的表面张力和气泡的直径都变小，而水滴的直径是随表面张力和气泡直径的增加而增大的，因而高压、超高压或亚临界时由于气泡破裂形成的水滴直径变小，更易被蒸汽流带走。

汽水混合物由上升管进入汽包时具有较大的动能，当汽水混合物冲击水面、冲击汽包内部装置或互相撞击时均引起大量的炉水飞溅。这些水滴进入蒸汽空间以后，有一部分较大的水滴，由于自身的重力作用，又重新返回水面，而其余的则被蒸汽带走，这就是蒸汽带水的原因。

影响蒸汽带水的主要因素为锅炉负荷、蒸汽压力、蒸汽空间高度和炉水含盐量。

1. 锅炉负荷的影响

锅炉负荷增加时，蒸汽量增加、锅炉生成的细微水滴增多、蒸汽速度增加，使蒸汽携带的水滴直径和数量增大，蒸汽的湿度增加，蒸汽品质随之恶化。

在蒸汽压力、汽包尺寸及炉水含盐量一定的情况下，蒸汽湿度与负荷的关系可表示为

$$\omega = AD^n$$

式中　ω——蒸汽温度；

　　　A——同压力和汽水分离装置有关的系数；

　　　D——锅炉负荷；

　　　n——指数，随负荷范围变化。

这一关系也可用图 2-13 来表示。

从图 2-13 中可以看出，随着锅炉负荷的增加，蒸汽湿度增加，但蒸汽湿度增加存在着三种不同情况，即蒸汽负荷可划分为三个区域。在第一区域内（n 为 $0.5 \sim 1.5$），蒸汽湿度随负荷增加而变化较小，蒸汽只带出可卷走的细微水滴，蒸汽湿度不超过 0.03%。在第二负荷区域内（n 为 $3 \sim 4$），蒸汽湿度增大，除带走小水滴外还带走较大的水滴，蒸汽湿度在 $0.03\% \sim 0.2\%$ 范围内。在第三负荷区域内（n 为 $7 \sim 20$），除蒸汽卷走水滴外，还有飞溅出去的水滴，蒸汽湿度大于 0.2%。

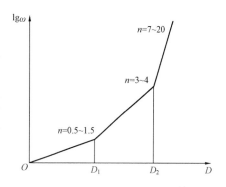

图 2-13　蒸汽湿度与锅炉负荷的关系图

一般锅炉均在在第二负荷区域内工作，蒸汽负荷 D_2 称为临界蒸汽负荷。实际运行中的最大负荷要低于临界负荷，即 $D < D_2$。

2. 蒸汽压力的影响

随着蒸汽压力的增高，汽水密度差减小，汽水分离更困难，增加了蒸汽带水的能力，即在较小的蒸汽速度下就可卷起水滴，使蒸汽更容易带水。此外压力高，饱和温度也高，水分子的热运动加强，相互间的引力减小，这就使水的表面张力减小，水就容易破碎成细小水滴被蒸汽带走。以上说明蒸汽压力越高，蒸汽越容易带水。

蒸汽压力急剧降低也会影响蒸汽带水。蒸汽压力降低时，相应的饱和温度也降低，蒸发管和汽包中的水以及管壁金属都会放出热量产生附加蒸汽，使汽包水位升高，同时穿经水面的蒸汽增多，结果使蒸汽大量带水，蒸汽的湿度增加，蒸汽品质恶化。

3. 蒸汽空间高度的影响

蒸汽空间高度对蒸汽带水也有影响，如图 2-14 所示。当蒸汽空间高度很小时，相当大的水滴均能被汽流带进蒸汽引出管，使蒸汽含水量增多，因而蒸汽湿度很大。随着蒸汽空间高度增加，由于较大水滴在未过蒸汽引出管高度时，便失去自身的速度落回水面，从而使蒸汽湿度迅速减少。当蒸汽空间高度达 $0.6m$ 以上时，被蒸汽带走的细小水滴不受蒸

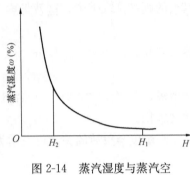

图 2-14 蒸汽湿度与蒸汽空间高度的关系图

汽空间高度的影响，蒸汽湿度变化很平稳，当蒸汽空间高度达到 1m 以上时，蒸汽湿度几乎不变化。因此，采用过大的汽包尺寸，对汽水分离并无必要，反而增加金属耗量。

锅炉正常运行时，水位应保持在正常水位线上下 50～75mm 范围内波动，因为水位过高，会使蒸汽空间高度减小，使蒸汽湿度增加。

负荷突然降低时，将导致虚假水位出现，使水位猛涨，因此，在运行中应注意监视水位，以防蒸汽大量带水。

4. 炉水含盐量的影响

炉水含盐量影响水的表面张力和动力黏度，因此影响蒸汽的带水量。当炉水含盐量在最初一段范围内提高时，蒸汽湿度不变，但由于炉水含盐量增多，蒸汽含盐量也相应地有所增加。

当炉水含盐量增大到某一数值时，将使蒸汽带水量大大增加，从而使蒸汽含盐量猛增，这时的炉水含盐量称为临界炉水含盐量。出现临界炉水含盐量的原因是由于炉水的含盐量增加，将使汽包水容积的含汽量增多及水面上的泡沫层增厚，因而使蒸汽空间的实际高度减小，使蒸汽带水量增加。

不同负荷下的炉水临界含盐量是不同的，负荷越高，炉水临界含盐量越低。临界炉水含盐量除与锅炉负荷有关外，还与蒸汽压力、蒸汽空间高度、炉水中的盐质成分以及汽水分离装置有关。由于影响因素较多，故对具体锅炉而言，其炉水临界含盐量应由热化学试验确定，并应使实际炉水含盐量远小于临界含盐量。

（二）蒸汽溶盐机理

高压以上蒸汽与低压蒸汽不同的一个重要性质就是饱和蒸汽和过热蒸汽都具有溶解某些盐分的能力，而且随着压力的增大，直接溶解盐分的能力增加。其原因主要是随着压力提高，蒸汽的密度不断增大，蒸汽的性能也越接近水的性能，水能溶解盐类，则蒸汽也能溶解盐类。同时，和水一样蒸汽对各种盐类的溶解能力也是不同的，也就是说高压以上蒸汽的溶盐具有选择性。

由于蒸汽溶盐具有选择性，可将锅炉炉水中的各种盐分分为三类。第一类为硅酸（SiO_2、H_2SiO_3 等），其溶解系数 a 较大。在 8MPa 时，$a = 0.5\% \sim 0.6\%$；11MPa 时，$a = 1\%$；18MPa 时，$a = 8\%$。可见，在高压锅炉中蒸汽溶解硅酸是影响蒸汽品质的主要因素。第二类盐分有 $NaOH$、$NaCl$、$CaCl_2$ 等，这类盐分的溶解系数比硅酸低得多，但压力超过 14MPa 时，其溶解系数也能达到相当大的数值。例如 $NaCl$，在 15MPa 时，$a = 0.06\%$；在 18MPa 时，$a = 0.3\%$；第三类盐分有 $NaSO_4$、Na_2SiO_3 等，这是一些难溶的盐分，其溶解系数很低，在 20MPa 时，$a = 0.02\%$。由此可知，当压力超过 15MPa 时，应考虑第一类溶盐和第二类溶盐对蒸汽品质的影响，对于第三类盐分，其溶解系数很小，可以不考虑其对蒸汽品质的影响。

硅酸和硅酸盐在炉水中同时存在时，它们在饱和蒸汽中的溶解能力不同，硅酸属于第一类盐分，易溶于蒸汽，硅酸盐属于第三类盐分，难溶于蒸汽。它们能够互相转化，朝硅酸盐方向转化还是朝硅酸方向转化，取决于炉水碱度（pH 值）。提高炉水碱度（pH 值增大），有利于硅酸转变为难溶于蒸汽的硅酸盐，使蒸汽品质得到提高；反之，降低炉水碱度（pH 值减小），则炉水中的硅酸增多，蒸汽品质下降。为了减少炉水中的硅酸含量，应使炉水的 pH 值大些。但 pH 值也不宜过大，当 pH 值过大时，炉水泡沫增多，蒸汽带水剧增，会引起金属的碱性腐蚀，因此，炉水的 pH 值应控制适当。

硅酸一般不会在过热器中沉积，因为它易溶于高压蒸汽，而在进入汽缸后，随着压力降低，形成难溶于水的 SiO_2，因此很难用水和湿蒸汽将其清洗干净，严重时将迫使汽轮机停机进行机械清洗。

三、提高蒸汽品质的途径

1. 提高给水品质

蒸汽中溶盐的大小取决于炉水中该盐的溶解量及分配系数的大小。分配系数与压力有关，随着压力的升高分配系数迅速增大。在亚临界压力下的汽包炉，由于蒸汽溶解硅酸的分配系数增大，使清洗装置的效率明显降低。因此，亚临界压力汽包炉，主要靠改善给水条件来保证蒸汽品质。

2. 适当的排污量

为保持一定的炉水含盐量，可以连续排出部分炉水，增加排污量，提高蒸汽品质。因为过多的排污，将使锅炉热损失和补给水量增加，所以锅炉运行中应根据炉水硅酸盐含量控制阀门开度，适当排污。

3. 减少蒸汽机械携带

采用高效率的汽水分离装置，以减少蒸汽机械携带。

4. 锅炉加药处理

锅炉给水除进行给水处理和排污外，还进行炉水加药处理。给水带入的盐分，大部分随排污除去，小部分随蒸汽带入汽轮机，其余则留在炉水中，在蒸发系统内循环。因此，合格的炉水必须注意结垢、腐蚀与蒸汽污染之间的关系，它们往往相互制约。

5. 在锅炉启动过程中炉水含盐量的控制

由于亚临界锅炉蒸汽中 SiO_2 的溶解系数较大，在启动过程中，随着升温升压过程的进行，必须排出硅酸浓度不合格的炉水，严格控制炉水含盐量，保证蒸汽中含硅量不大于 $0.02mg/L$，即所谓启动过程中洗硅。

第三章

过热器、再热器系统及设备

第一节　过热器结构和工作特点

蒸汽过热器的作用是将饱和蒸汽加热成具有一定温度和压力的过热蒸汽，以提高电厂的热循环效率及汽轮机工作的安全性。

一、过热器类型和特点

过热器按传热方式可分为对流式、辐射式和半辐射式；按结构特点可分为蛇形管式、屏式、墙式和包墙式。它们都由若干根并联管子和进、出口联箱组成。管子的外径一般为30～60mm。

对流式过热器最为常用，采用蛇形管式。它具有比较密集的管组，布置在450～1000℃烟气温度的烟道中，受烟气的横向和纵向冲刷。烟气主要以对流方式将热量传递给管子，也有一部分辐射吸热量。

屏式过热器由多片管屏组成，布置在炉膛上部或出口处，属于辐射或半辐射式过热器。辐射式过热器吸收炉膛火焰的辐射热，半辐射式过热器还吸收一部分对流热量。

在10MPa以上的电厂锅炉中，一般都兼用屏式和蛇形管式两种过热器，以增加吸热量。敷在炉膛内壁上的墙式过热器为辐射式过热器，较少采用。

包墙式过热器用在大容量的电厂锅炉中构成炉顶和对流烟道的壁面，外面敷以绝热材料，组成轻型炉墙。

二、过热器布置形式

过热器的布置，按工质与烟气的相对流动方向可分为顺流、逆流、混合流等方式。工质与烟气流动方向一致时称顺流，相反时称逆流，顺流与逆流兼有时称为混合流。

顺流布置的过热器，传热温差较小，所需受热面较多，蒸汽出口处烟气温度较低，受热面金属壁温也较低。这种布置方式工作较安全，但经济性较差，一般使用于蒸汽温度最高的末级（高温段）过热器。

逆流布置时，具有较大的传热温差，可节省金属耗量，但蒸汽出口恰好处于较高的区域，金属壁温高，对安全不利。这种布置方式一般用于过热器或再热器的低温段，以获取较大的传热温差，又不使壁温过高。

混合布置是上述两种布置方式的折中方案，在一定程度上保留了它们的优点，克服了它们的缺点。

三、过热器系统布置时应注意的几个问题

（1）饱和蒸汽从汽包出来，首先进入顶棚过热器。因为顶棚过热器的受热强度大、热偏差大，这时的蒸汽温度比较低，安全有保障。

（2）过热器要分级，每级吸热量不超过 250～420kJ/kg，否则热偏差太大，金属管子不安全。

（3）过热器系统的喷水减温器一般装设两级。第一级在后屏过热器的入口，粗调蒸汽温度，保证后屏过热器管子的安全；第二级在最后一级过热器之前，细调蒸汽温度，保证过热蒸汽的最终温度。

（4）高温过热器的金属管子一般为合金钢（合金元素总量超过 5％的金属）管子。例如 12Cr1MoV、钢 102、SA214-T91、SA214-TP304、SA214-TP347。过热器、再热器的管束中，材料使用的牌号、种类尽可能减少。

四、过热器蒸汽温度特性

过热器出口蒸汽温度随锅炉负荷变化的关系特性称为蒸汽温度特性。

蒸汽温度特性就是蒸汽温度和锅炉负荷的变化关系。对流式过热器，随着锅炉负荷增加，烟气流速增大，对流换热量增加，蒸汽的焓增大，对流过热器的出口蒸汽温度将增加，如图 3-1 曲线 2 所示；在辐射过热器中与此相反，随着锅炉负荷的增加，由于炉膛火焰的平均温度增加有限，辐射传热量增加不多，跟不上蒸汽流量的增加，使工质的焓增减小，因此随锅炉负荷的增加辐射过热器出口蒸汽温度下降，如图 3-1 曲线 1 所示；半辐射式过热器的蒸汽温度特性介于对流和辐射式过热器的蒸汽温度特性之间，如图 3-1 曲线 3 所示。

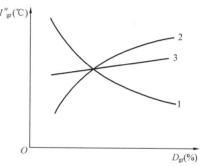

图 3-1 蒸汽温度特性曲线

1—辐射过热器；2—对流过热器；

3—半辐射过热器

五、1205t/h MB-FRR 锅炉过热器

过热器由四段组成，一段为顶棚与包墙过热器；二段为一级过热器；三段为二级过热器；四段为三级过热器。蒸汽流程为汽包→顶棚后包墙过热器（顺流）→尾部烟道前、左、右包墙过热器（逆流）→一级过热器（逆流）→一级喷水减温器→二级过热器→二级喷水减温器（左、右交叉）→三级过热器（顺流）。

一级过热器布置于尾部烟道内省煤器的上方，由水平低温过热器和立式低温过热器组成。一级过热器共 110 屏，每屏 4 管圈，以 130.5mm 的节距顺列逆流沿炉宽方向布置。水平低温过热器分为上、下两层，中间为检修层。

二级过热器位于炉膛正上方，属于全辐射过热器，共 6 大屏，每大屏分两小屏，每小屏由 25 管圈组成，以 2088mm 的节距沿炉宽方向布置。

三级过热器位于炉膛出口、折焰角的前方，属于半辐射半对流换热器，共有 26 屏，每屏 18 管圈，以 522mm 的节距沿炉宽方向布置。

顶棚过热器前部由 164 根管组成以 87mm 的节距沿炉宽方向布置，后部由 110 根管组成，以 130.5mm 的节距沿炉宽方向布置；后包墙管由 110 根管组成，以 130.5mm 的节距沿炉宽方向布置；左、右侧包墙管各由 81 根管组成，以 127mm 的节距沿炉深方向布置；前包墙管下部由 110 根管组成，以 130.5mm 的节距沿炉宽方向布置；上部由 55 根管组成，以 261mm 的节距沿炉宽方向布置，上、下部由三叉管连接。

各段过热器设备参数见表 3-1。

表 3-1 各段过热器设备参数

名称	材质	规格	数量	备注
顶棚及后包墙管	SA210-C	ϕ57.1×9.5mm ϕ54×5.3mm ϕ50.8×5.2mm	164/110 根	顶棚前部为 164 根，顶棚后部及后包墙为 110 根
前包墙管	SA210-C	ϕ57.1×5.6mm	55 根	悬吊穿炉管
	SA210-C	ϕ45×4.4mm	110 根	—
左、右包墙管	SA210-C	ϕ45×4.4mm	各 81 根	—
一级过热器管	SA210-C	ϕ54×5.6/6.9mm	440 根	卧式、逆流、四管圈
	SA209-T1	ϕ54×6.4mm		
	SA213-T12	ϕ54×6.4mm		
	SA213-T12	ϕ50.8×6.4/5.6mm		
二级过热器管	SA209-T1	ϕ54.0×6.3mm	6 大片（12 小片），每小片 50 根	炉顶大屏，每小片为 25 管圈，外圈为 ϕ54
	SA209-T1	ϕ50.8×5.9mm		
	SA213-T12	ϕ54.0×8.9/5.6mm		
	SA213-T12	ϕ50.8×9.0/5.8mm		
	CASE2199	ϕ54.0×8.7/5.8mm	—	—
	CASE2199	ϕ50.8×5.4mm		
	SA213-T91	ϕ50.8×9.0/5.3mm		
	SA213-TP3476H	ϕ54.0×5.8/5.7mm		
三级过热器	SA213-T12	ϕ54.0×7.4mm	26 片，每片 36 根	后屏，顺流，每片 18 管圈，最外圈 ϕ54
	SA213-T12	ϕ48.6×7.9mm		
	CASE2199	ϕ54×6.5mm		
	CASE2199	ϕ48.6×6.7/5.9mm		
	SA213-T91	ϕ54×6.4mm		
	SA213-T91	ϕ48.6×7.4/5.9mm		
	SA213-TP347H	ϕ54.×9.3mm		
	SA213-TP347H	ϕ48.6×8.4/6.3mm		

名称	材质	规格	数量	备注
二、三级过热器夹紧管	SA209-T1	φ63.5×7.3mm	2根	每片二级过热器2根
	SA213-T12	φ63.5×7mm		
	SA2B-TP347H	φ63.5×7.3/9.4mm		
	CASE2199	φ63.5×6.2/7.2mm		
过热器、再热器片间固定管	SA213-T12	φ50.8×9.9mm	3根	炉内为T12
	SA210-C	φ45×4.4mm		

过热器管屏材质分布如图 3-2～图 3-4 所示。

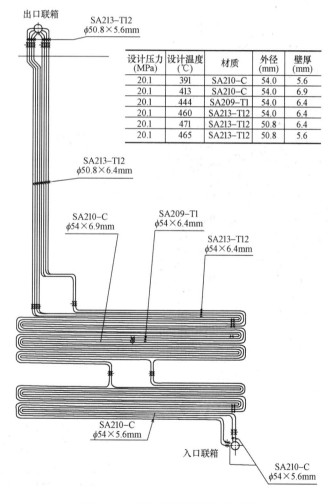

设计压力 (MPa)	设计温度 (℃)	材质	外径 (mm)	壁厚 (mm)
20.1	391	SA210–C	54.0	5.6
20.1	413	SA210–C	54.0	6.9
20.1	444	SA209–T1	54.0	6.4
20.1	460	SA213–T12	54.0	6.4
20.1	471	SA213–T12	50.8	6.4
20.1	465	SA213–T12	50.8	5.6

图 3-2 一级过热器管屏材质分布图

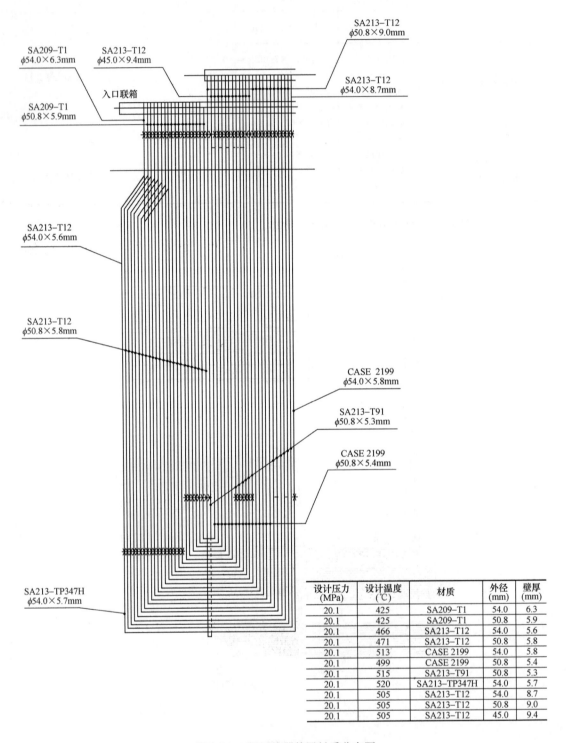

设计压力 (MPa)	设计温度 (℃)	材质	外径 (mm)	壁厚 (mm)
20.1	425	SA209–T1	54.0	6.3
20.1	425	SA209–T1	50.8	5.9
20.1	466	SA213–T12	54.0	5.6
20.1	471	SA213–T12	50.8	5.8
20.1	513	CASE 2199	54.0	5.8
20.1	499	CASE 2199	50.8	5.4
20.1	515	SA213–T91	50.8	5.3
20.1	520	SA213–TP347H	54.0	5.7
20.1	505	SA213–T12	54.0	8.7
20.1	505	SA213–T12	50.8	9.0
20.1	505	SA213–T12	45.0	9.4

图 3-3　二级过热器管屏材质分布图

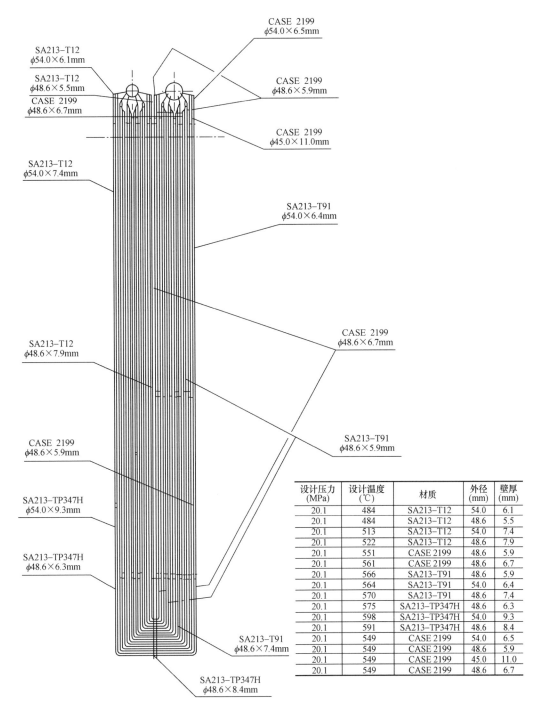

图 3-4　三级过热器管屏材质布置图

设计压力 (MPa)	设计温度 (℃)	材质	外径 (mm)	壁厚 (mm)
20.1	484	SA213-T12	54.0	6.1
20.1	484	SA213-T12	48.6	5.5
20.1	513	SA213-T12	54.0	7.4
20.1	522	SA213-T12	48.6	7.9
20.1	551	CASE 2199	48.6	5.9
20.1	561	CASE 2199	48.6	6.7
20.1	566	SA213-T91	48.6	5.9
20.1	564	SA213-T91	54.0	6.4
20.1	570	SA213-T91	48.6	7.4
20.1	575	SA213-TP347H	48.6	6.3
20.1	598	SA213-TP347H	54.0	9.3
20.1	591	SA213-TP347H	48.6	8.4
20.1	549	CASE 2199	54.0	6.5
20.1	549	CASE 2199	48.6	5.9
20.1	549	CASE 2199	45.0	11.0
20.1	549	CASE 2199	48.6	6.7

六、HG-1056/17.5-YM21 "Ⅱ" 型锅炉过热器

过热器由五个主要部分组成：①末级过热器；②后屏过热器；③分隔屏过热器；④立式低温过热器和水平低温过热器；⑤顶棚过热器和包墙过热器。过热器的蒸汽流程如图 3-5 所示。

末级过热器位于后水冷壁管排后方的水平烟道内，共 90 片，管径为 φ51，以

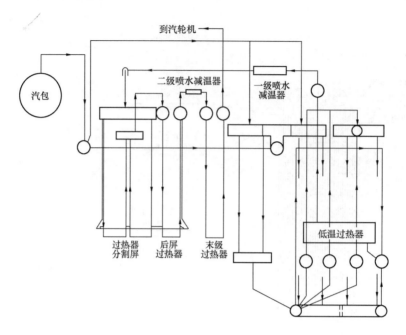

图 3-5　过热器的蒸汽流程图

152.4mm 的横向节距沿整个炉宽方向布置。

后屏过热器位于炉膛上方折焰角前，共 20 片，管径为 $\phi60$、$\phi54$，以 685.8mm 的横向节距沿整个炉膛宽度方向布置。

分隔屏过热器位于炉膛上方，前墙水冷壁和过热器后屏之间，沿炉宽方向布置四大片，每大片又沿炉深方向分为六小片。管径为 $\phi51$，从炉膛中心开始，分别以 3429、2743.2mm 的横向节距沿整个炉膛宽度方向布置。

立式低温过热器位于尾部烟道转向室内，水平低温过热器上方，共 91 片，管径为 $\phi57$，以 152mm 的横向节距沿炉宽方向布置。

水平低温过热器位于尾部竖井烟道省煤器上方，共 91 片，管径为 $\phi57$，以 152mm 的横向节距沿炉宽方向布置。

顶棚过热器和包墙过热器由顶棚管，后烟道侧墙、前墙及后墙、水平烟道延伸包墙组成。后烟道包墙过热器形成一个垂直下行的烟道。

各段过热器设备参数见表 3-2～表 3-5；设备简图如图 3-6～图 3-9 所示。

表 3-2　　　　　　　　　　**一级过热器管子参数**

序号	材质	规格
1	SA210-C	$\phi57\times6.5$mm
2	15CrMoG	$\phi57\times7$mm

表 3-3　　　　　　　　　　**分隔屏管子参数**

序号	材质	规格	图号（部件号）
1	12Cr1MoG	$\phi51\times6$mm	1541. 161-165
2	SA213-TP304H	$\phi51\times7$mm	1541. 162
3	12Cr1MoG	$\phi51\times7$mm	1541. 163
4	SA213-TP304H	$\phi51\times6$mm	—

表 3-4　　　　　　　　　　　　后屏过热器管子参数

序号	材质	规格
1	SA213-T91	$\phi60\times8$mm
2	SA213-TP347H	$\phi60\times9.5$mm
3	SA213-T91	$\phi60\times9$mm
4	12Cr1MoG	$\phi54\times9$mm
5	SA213-TP304H	$\phi54\times9$mm
6	SA213-T91	$\phi54\times9$mm
7	12Cr1MoG	$\phi54\times9$mm
8	SA213-T91	$\phi54\times9$mm
9	12Cr1MoG	$\phi54\times10$mm
10	12Cr1MoG	$\phi54\times11$mm
11	12Cr1MoG	$\phi54\times10$mm
12	12Cr1MoG	$\phi54\times11$mm
13	12Cr1MoG	$\phi54\times8$mm
14	SA213-TP347H	$\phi54\times8$mm
15	SA213-T91	$\phi54\times8$mm

表 3-5　　　　　　　　　　　　末级过热器管子参数

序号	材质	规格	图号/部件号
1	12Cr1MoG	$\phi51\times9$mm	1500.698-700
2	SA213-T91	$\phi51\times7$mm	1500.699

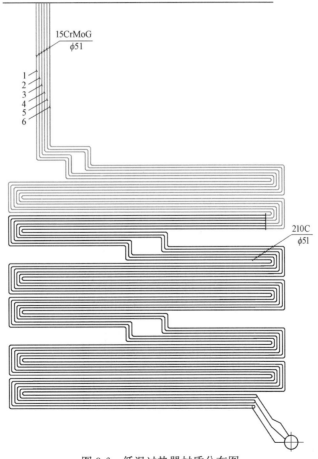

图 3-6　低温过热器材质分布图

注：1～6 表示 6 管圈。

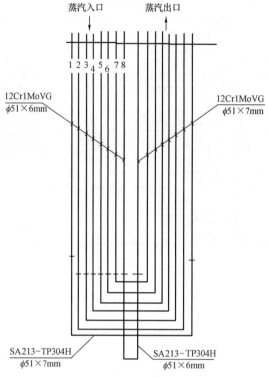

图 3-7 分隔屏过热器材质分布图
注：1～8 表示 8 管圈。

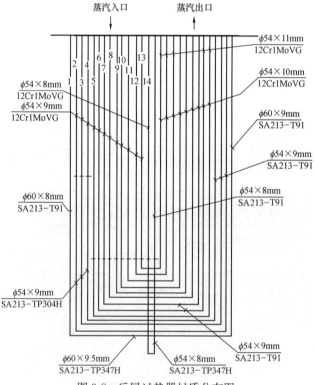

图 3-8 后屏过热器材质分布图
注：1～14 表示 14 管圈。

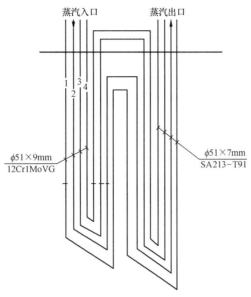

图 3-9 末级过热器材质分布图

注：1～4 表示 4 管圈。

第二节 再热器结构和工作特点

再热器实质上是一种把做过功的低压蒸汽再进行加热并达到一定温度的蒸汽过热器，再热器的作用进一步提高了电厂循环的热效率，并使汽轮机末级叶片的蒸汽温度控制在允许的范围内。

再热器就是锅炉中将从汽轮机中出来的水蒸气加热成过热蒸汽的加热器。再热器的作用有两个：一是降低水蒸气的湿度，有利于保护汽轮机叶片；二是可以提高汽轮机的相对内效率和绝对内效率。

一、再热器布置特点

再热器的布置形式遵循过热器的布置形式，有对流式、辐射式和半辐射式三种。

对流式再热器有逆流、顺流、混合流，单管圈、双管圈、多管圈，顺列、错列、立式、水平式，平行于前墙、垂直于前墙。对流式再热器是主要吸收对流热的再热器。

辐射式再热器是指吸收炉膛辐射的再热器。

半辐射式再热器（就是屏式过热器）是指吸收炉膛辐射比较多（辐射吸热超过总热量的 1/2）的再热器。

再热器材质选用原则和过热器相同，由于再热蒸汽较过热蒸汽冷却能力差，一般选择设计壁温会高于同温度等级的过热器。高温再热器的金属管子一般用合金钢（合金元素总量超过 5％ 的金属）管子。例如 12Cr1MoV、钢 102、SA213-T91、SA213-TP304、SA213-TP347 等。

二、再热器工作特点

（1）再热器是一个中压过热器，蒸汽压力低、蒸汽密度小、放热系数小，对金属管壁的冷却能力差。

（2）受到阻力损失的限制，很少用混合、交叉方式布置，因而热偏差大。

（3）一方面，进口的蒸汽是高压缸的排汽，低负荷时来汽温度降低，但是要求出口汽温达到额定值，这就要求再热器多吸收热量。另一方面，再热器布置在过热器的后面，有比较强的对流特性，低负荷时吸热少。两个因素相互矛盾，因此要求再热器系统有比较大的调温幅度。

三、1205t/h MB-FRR "II" 型锅炉再热器

再热器分三级布置，一级为辐射式，布置于炉内前墙部分及侧墙的上部，遮挡住部分水冷壁；二级和三级分别布置于折焰角上方及水平烟道内。再热器系统流程为汽轮机高压缸排汽管→再热器冷段→事故喷水减温→一级再热器入口联箱→一级再热器→一级再热器出口联箱→二级再热器入口联箱→二级再热器（顺流）→三级再热器（顺流）→三级再热器出口联箱→再热器热段→汽轮机中压缸。

二级再热器位于折焰角正上方，属于半辐射半对流换热器；由 40 屏管屏组成，每管屏 8 管圈，以 348mm 的节距沿炉宽方向布置。

三级再热器位于水平烟道内，属于对流受热面，共有 64 屏，每屏 5 管圈，以 217.5mm 的节距沿炉宽方向布置。

墙式辐射再热器布置在水冷壁前墙和侧墙靠近前墙的部分，高度约占炉膛高度的1/3。前墙辐射再热器由 217 根 $\phi57.1$ 的管子组成，侧墙辐射再热器由 192 根 $\phi57.1$ 的管子组成，前墙两个角屏辐射再热器由 30 根 $\phi57.1$ 的管子组成；墙式辐射再热器共 439 根管子，均以 58mm 的节距沿水冷壁表面密排而成。

再热器参数见表 3-6、表 3-7，二次再热器、三次再热器材质分布如图 3-10 所示。

表 3-6 　　　　　　　　　　　再 热 器 参 数

名　称	材质	规格	数量	备注
一级再热器	SA192/SA2B-T12	$\phi57.1\times3.5$mm	439 根	T12 管为炉内
二级再热器	SA213-T12/TP347H	$\phi63.5\times3.4$mm	40 片，每片 8 根	SA210-C 为炉外部分
	SA210-C			
	SA209-T1	$\phi63.5\times4.0$mm		
三级再热器	CASE2199/SA213-T91	$\phi63.5\times3.4$mm	64 片，每片 5 根	$\phi63.5\times4.2$mm，$\phi50.8\times6.9$mm 为炉外部分
	SA213-T22	$\phi63.5\times3.9$mm		
	SA213-T22	$\phi63.5\times4.2$mm		
	SA213-T22	$\phi50.8\times6.9$mm		

表 3-7 　　　　　　　　再热器进、出口联箱及蒸汽连接管参数

名称	材质	规格	数量
一级再热器入口联箱	SA106-C	$\phi355.6\times15.1$mm	1
一级再热器出口联箱	SA106-C	$\phi457.2\times29.4$mm	1
一级再热器至二级再热器连接管	SA106-C	$\phi558.8\times28$mm	2
二级再热器入口联箱	SA106-C	$\phi406.4\times21.4$mm	1
三级再热器出口联箱	SA335-P22	$\phi444.5\times41$mm	1

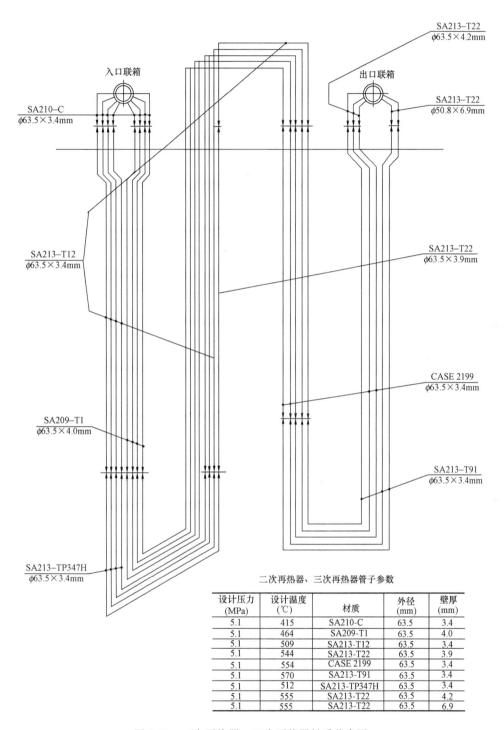

二次再热器、三次再热器管子参数

设计压力 (MPa)	设计温度 (℃)	材质	外径 (mm)	壁厚 (mm)
5.1	415	SA210-C	63.5	3.4
5.1	464	SA209-T1	63.5	4.0
5.1	509	SA213-T12	63.5	3.4
5.1	544	SA213-T22	63.5	3.9
5.1	554	CASE 2199	63.5	3.4
5.1	570	SA213-T91	63.5	3.4
5.1	512	SA213-TP347H	63.5	3.4
5.1	555	SA213-T22	63.5	4.2
5.1	555	SA213-T22	63.5	6.9

图 3-10　二次再热器、三次再热器材质分布图

四、HG-1056/17.5-YM21"Π"型锅炉再热器

1. 再热器的布置

再热器由三个主要部分组成：①墙式辐射再热器；②前屏再热器；③末级再热器。再

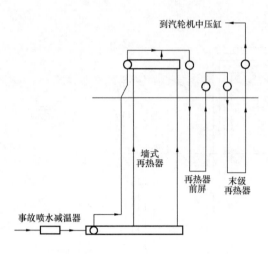

图 3-11　再热器系统流程图

热器系统流程如图 3-11 所示。

墙式辐射再热器布置在水冷壁前墙和侧墙靠近前墙的部分，高度约占炉膛高度的1/3。前墙辐射再热器由 234 根 φ50 的管子组成，侧墙辐射再热器由 196 根 φ50 的管子组成，以 50.8mm 的节距沿水冷壁表面密排而成。

前屏再热器位于后屏过热器和后水冷壁悬吊管之间折焰角的上部，共 30 片，管径为 φ63，以 457.2mm 的横向节距沿炉宽方向布置。

末级再热器位于炉膛折焰角后的水平烟道内，在水冷壁后墙悬吊管和水冷壁排管之间，共 60 片，管径为 φ63，以 228.6mm 的横向节距沿炉宽方向布置。

再热器参数见表 3-8～表 3-10。

表 3-8　　　屏式再热器管子参数

序号	材质	规格
1	SA213-T91	φ63×4mm
2	SA213-TP304H	φ63×4mm
3	12Cr1MoG	φ63×4mm
4	12Cr1MoG	φ63×7mm

表 3-9　　　末级再热器管子参数

序号	材质	规格
1	SA213-T91	φ63×4mm
1	SA213-TP304H	φ63×4mm
2	12Cr1MoG	φ63×4mm
2	SA213-T91	φ63×7mm

表 3-10　　　　　　　　再热器进、出口联箱参数

名称	材质	规格	数量
墙式再热器入口联箱	SA106-B	φ457×25mm	6
墙式再热器出口联箱	SA106-B	φ356×20mm	1
后屏再热器入口联箱	SA106-B	φ406×24mm	2+1+2
后屏再热器出口联箱	SA335-P22	φ457×30mm	1+2
末级再热器入口联箱	SA335-P12	φ457×26mm	—
末级再热器出口联箱	SA335-P22	φ508×45mm	—

2. 再热器材质分布

再热器材质分布如图 3-12、图 3-13 所示。

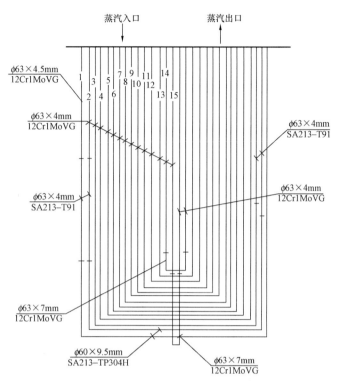

图 3-12 屏式再热器材质分布图

注：1～15 表示 15 管圈。

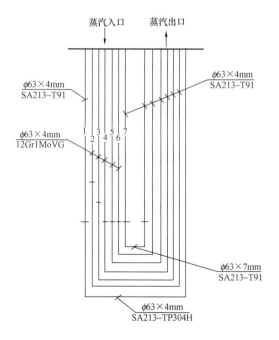

图 3-13 末级再热器材质分布图

注：1～7 表示 7 管圈。

第三节　过热器和再热器的热偏差

一、热偏差的概念

过热器与再热器以及锅炉的其他受热面都是由许多并联管子组成。其中每根管子的结构、热负荷和工质流量大小不完全一致，工质焓增也就不同，这种现象称为热偏差。受热面并联管组中个别管子的焓增与并联管子的平均焓增的比值称为热偏差系数 ϕ。

热偏差系数与热力不均系数、结构不均系数成正比，与流量不均系数成反比。

二、影响热偏差的因素

影响热偏差的主要因素有热力不均系数、结构不均系数和流量不均系数。对大多数过热器和再热器而言，面积和结构差异很小，因此过热器和再热器的热偏差主要考虑的是热力不均和流量不均。下面分别介绍影响它们的主要因素。

（一）热力不均系数

影响受热面并联管圈之间吸热不均的因素较多，有结构因素，也有运行因素。

1. 受热面的污染

受热面积灰、结渣会使管间吸热严重不均。结渣和积灰总是不均匀的，部分管子结渣或积灰会使其他管子吸热增加。

2. 炉内温度场和速度场不均

炉内温度场和速度场不均将引起辐射换热和对流换热不均。炉内温度场和速度场是三维的，炉膛四面炉壁的热负荷可能各不相同，对于某一壁面，沿其宽度和高度的热负荷差也较大。沿炉膛宽度温度分布的不均，将会不同程度地在对流烟道中延续下去，也会引起对流过热器的吸热不均；离炉膛出口越近，这种影响就越大。

由于燃烧器设计或锅炉运行等原因，使风速不均、煤粉浓度不均、火焰中心偏斜、四角切圆燃烧所产生的旋转气流在对流烟道中的残余旋转等，都会使炉内温度场和速度场不均，造成对流受热面的吸热不均。

一般来说，中间烟道的热负荷较大，沿宽度两侧的热负荷较小，如图 3-14 所示，吸热不均系数 η_q 可能达到 $1.1 \sim 1.3$。如果将烟道沿宽度分为如图 3-14 所示的三部分，在烟道宽度的两侧布置一级过热器，在烟道中部布置另一级过热器，则过热器中并列管子的吸热不均匀性可减少很多。

对流受热面中横向节距不均匀时，在个别蛇形管片间具有较大的烟气流通截面，形成烟气走廊。烟气走廊阻力小，烟气流速快，加强了对流传热，烟气走廊还具有较大的烟气辐射层厚度，也加强了辐射传热。因此，烟气走廊中的受热面热负荷不均系数较大。

屏式过热器在接受炉膛的辐射热中，同一屏各排

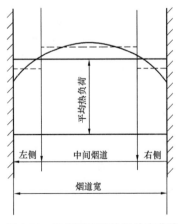

图 3-14　沿烟道宽度热的分布曲线

管子的角系数是沿着管排的深度不断减小的。在图 3-15 中，n 为管排数，X_n 为第 n 排管子角系数，X_{av} 为排管子总的平均角系数，热量 Q 所示箭头表示热流方向，坐标图中的曲线表示各排管子的相对角系数 X_n/X_{av} 随着管子排数的变化规律。因此，屏式受热面的热力不均系数较大。

（二）流量不均系数

影响并列管子间流量不均的因素也很多。例如，联箱连接方式的不同、并列管圈的重位压力的不同和管径及长度的差异等。此外，吸热不均也会引起流量的不均。

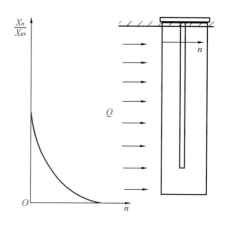

图 3-15　屏管沿着管排深度角系数的变化曲线

1. 连接方式

连接方式的不同会引起并联管圈进、出口端静压差的变化。图 3-16 示出过热器的 Z 形和 U 形两种连接方式的进、出口联箱压差变化曲线。在 Z 形连接的管组中，蒸汽由进口联箱左端引入，从出口联箱的右端导出。在进口联箱中，沿联箱长度方向，工质流量因逐渐分配给蛇形管而不断减少，在进口联箱右端，蒸汽流量下降到最小值。与此相应，动能也沿联箱长度方向逐渐降低，而静压则逐步升高。进口联箱中静压的分布曲线如图3-16 中上面一根曲线所示；出口联箱中的静压变化如图中下面一根曲线所示。这样，在 Z 形连接管组中，管圈两端的压差 Δp 有很大差异，因而导致较大的流量不均，左边管圈的工质流量最小，右边管圈的流量最大。在 U 形连接管组中，两个联箱内静压的变化有着相同的方向，因此并列管圈之间两端的压差 Δp 相差较小，其流量不均比 Z 形连接方式要小。此外，采用多管均匀引入和导出的连接方式如图 3-17 所示，沿联箱长度静压的变化对流量不均的影响可以减小到最低限度，但系统复杂，大容量锅炉很少采用。

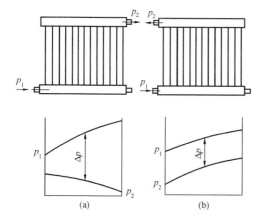

图 3-16　过热器的 Z 形连接和 U 形连接方式示意图

（a）Z 形连接；（b）U 形连接

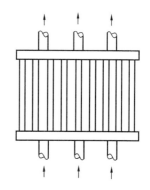

图 3-17　过热器的多管连接方式示意图

2. 热力不均对流量不均的影响

在过热器（再热器）并联管组中，热力不均可造成流量不均，热力不均系数 η_q 越大的管子，比体积越大其流量不均系数 η_G 的数值就越小，热偏差系数也就越大，而且热偏差系数大的管子工质比体积更小，使流量不均系数进一步减小，热偏差系数也进一步增大，使其恶性发展直至管子超温，这就是过热器（再热器）热偏差的特点。

三、减小热偏差的措施

由上述过热器热偏差的特点可知，过热器并联管组间的热偏差比较危险，因此消除或尽量减小并联管组间的热偏差，是过热器设计和运行的关键所在。

1. 结构设计方面的措施

过热器和再热器的结构设计应从以下几方面考虑减轻热偏差。

（1）将过热器、再热器分级布置，级间采用中间联箱进行中间混合，即减少每一级过热器（再热器）焓增，中间进行均匀混合，使出口蒸汽温度的偏差减小。

（2）沿烟道宽度方向进行左、右交叉流动，以消除两侧烟气的热偏差。但在再热器系统中一般不宜采用左、右交叉，以免增加系统的流动阻力，降低再热蒸汽的做功能力。

（3）连接管与过热器（再热器）的进、出口联箱之间采用多管引入和多管引出的连接方式，以减少各管之间压差的偏差。但会使系统复杂，增加管路阻力，现在大容量机组很少采用。大容量锅炉多采用 U 形连接系统。

（4）同一级过热器（再热器）分两组，中间无联箱，将前一组外圈管在下一组转为内圈管，以均衡各管的吸热量，即内、外圈管交叉布置。

（5）减少屏前或管束前烟气空间的尺寸，减少屏间、片间烟气空间的差异。受热面前烟气空间深度越小，烟气空间对同屏、同片各管辐射传热的偏差也越小。用水冷或汽冷定位管（600MW 发电机组的锅炉用汽冷定位管）固定各屏或各片受热面，防止其摆动和变形，并使烟气空间固定、传热稳定。

（6）适当均衡并列各管的长度和吸热量，增大热负荷较高的管子的管径，减少其流动阻力，使吸热量和蒸汽流量得到匹配。

（7）将分隔屏过热器中每片屏分成若干组，对于 600MW 发电机组的锅炉，由于蒸汽流量大，四片分隔屏的每屏流量都很大，因此管组较多。为减小同屏各管的热偏差，采用分组方法，使每一组的管圈数和同组管的热偏差减小。

（8）对大型（如 600MW 发电机组）锅炉的过热器（再热器）采用不同直径和壁厚的管子，按受热面所处运行条件，采用不同管径（即阶梯形管）、壁厚及材料，以改善其热偏差状况。

（9）消除炉膛出口烟气余旋造成的热偏差，除采用分隔屏外，还可以采用二次风反切的措施。

2. 运行方面的措施

（1）在设备投产或大修后，必须做好炉内冷态空气动力场试验和热态燃烧调整试验，以保证炉内空气动力场均匀，炉内火焰中心不偏斜，使炉膛出口处烟气分布均匀，温度偏差不超过 50℃。

（2）在正常运行时，应根据锅炉负荷，合理投运燃烧器，调整好炉内燃烧。烟气要均匀充满炉膛空间，避免产生偏斜和冲刷屏式过热器。尽量使沿炉宽方向的烟气流量和温度分布均匀，控制好水平烟道左、右侧的烟气温度偏差。

（3）及时吹灰，防止因结渣和积灰而引起的受热不均现象产生。

第四节　蒸汽温度及其调节系统

蒸汽温度的调节方法分为蒸汽侧调节和烟气侧调节、过热蒸汽温度调节和再热蒸汽温度调节、降温调节和升温调节、单向调节和双向调节等。

一、各种蒸汽温度调节方式介绍

1. 利用喷水减温器进行温度调节

喷水减温是对蒸汽侧单向降温调节。喷水减温器的减温幅度是 30℃（额定负荷时为两级减温器的减温幅度之和），减温水量是额定蒸发量的 5％～8％。通常过热器系统用二级减温系统，第一级喷水减温器布置在后屏过热器的入口，减温水量超过总减温水量的一半，保护屏式过热器，用于整个过热蒸汽温度的粗调。第二级喷水减温器布置在最后一级过热器入口，用于过热蒸汽温度的细调。

喷水减温器的结构有各种各样形式的。主要部件有水喷口（单个的、三个的、竖直管的）、保护套管（带文丘里管的、有不带的）。亚临界机组常用的喷水减温器一般为带保护套管式的喷水减温器，如图 3-18 所示。

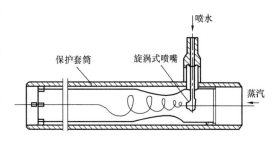

图 3-18　喷水减温器结构图

2. 利用分隔烟道挡板调节器

分隔烟道挡板布置在省煤器下面、烟气温度 400℃ 的地方。锅炉尾部有分隔墙过热器，把低温过热器和低温再热器分隔在两边，用分隔烟道挡板可以控制两边烟气的流量，从而控制两边受热面的吸热量。

分隔烟道挡板调节器的调节方法为负荷下降的时候，让低温再热器一边烟气量大一些，低温过热器一边烟气量小一些。在这类锅炉机组的再热器系统中，还有事故喷水和微量喷水。

3. 利用烟气再循环进行温度调节

（1）工作原理。低负荷的时候，用再循环风机从尾部低温烟道中（省煤器后）抽出一部分低于 400℃ 的烟气，送回炉膛底部，调节再热蒸汽温度。高负荷时，用再循环风机从尾部低温烟道中（省煤器后），抽出一部分低于 400℃ 的烟气，送回炉膛上部，起到保护屏式过热器、防止炉膛出口结渣的作用。

（2）烟气再循环的调节。负荷降低时，把烟气出口切换到炉膛底部，并且同时增加再循环的烟气量。烟气再循环是苏联发明并主张应用的。但是有一个缺点，就是再循环风机容易磨损。英国和美国应用底部热风调节再热蒸汽温度，在炉膛总风量基本不变的情况下，增加底部热风，调节再热蒸汽温度。苏联把低温烟气除去灰分以后送入燃烧器，同样可以调节再热蒸汽温度。烟气再循环的缺点是再循环风机受高温、磨损，机械未完全燃烧损失增加。

4. 摆动燃烧器进行温度调节

（1）工作原理。摆动燃烧器可以上、下摆动 20°～25°，改变炉内火焰中心高度，使炉膛出口烟气温度改变，从而调节再热蒸汽温度。调节幅度为 30～50℃。应当说摆动燃烧器影响的是炉膛出口烟气温度，首先改变了过热蒸汽温度，但是变化幅度小，其次才是改变再热蒸汽温度。

（2）对锅炉运行的影响。向上摆动增加机械未完全燃烧损失，向下摆动会使冷灰斗结渣。

二、锅炉的蒸汽温度调节方式

1. 过热器蒸汽温度调节方式

锅炉的过热器均采用常规喷水调温。1205t/h MB-FRR"Ⅱ"型锅炉设有两级 4 点减温水，减温水由高压给水（高压加热器后）来。第一级喷水减温器设在一级过热器出口到二级过热器入口的两根连接管道上，每根连接管道布置一点，共两点；第二级喷水减温器设在二级过热器出口到三级过热器入口间的两根连接管道上，每根连接管道布置一点，共两点。过热器喷水减温器布置如图 3-19 所示。

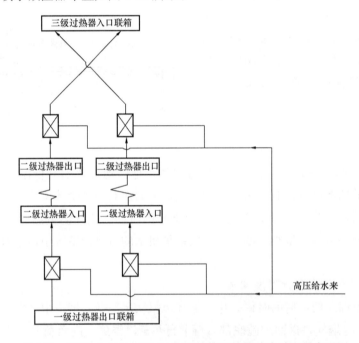

图 3-19　1205t/h MB-FRR"Ⅱ"型锅炉过热器喷水减温器布置图

HG-1056/17.5-YM21"Ⅱ"型锅炉过热器设两级三点喷水，减温水来自高压加热器入口。第一级喷水设在一级过热器出口到二级过热器入口的连接管道上，布置一点；第一级喷水量约占过热器总喷水量的 2/3，作为粗调，初步调节过热器蒸汽温度，同时保护屏式过热器。第二级喷水设在后屏过热器出口到末级过热器入口间的连接管道上，布置左、右两点，能分别进行调节；第二级喷水量约占总喷水量的 1/3，为细调，调节过热器出口温度。同时，由于布置左、右两点，且能分别调节，也为减小偏差提供了一个调节手段。HG-1056/

17.5-YM21"Π"型锅炉过热器减温水布置如图 3-20 所示。

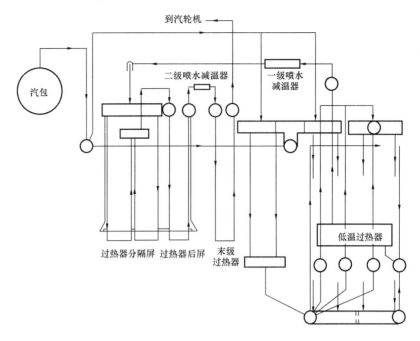

图 3-20 HG-1056/17.5-YM21"Π"型锅炉过热器减温水布置图

2. 再热器蒸汽温度调节方式

1205t/h MB-FRR"Π"型锅炉及 HG-1056/17.5-YM21"Π"型锅炉再热器均采用摆动燃烧器调节，通过燃烧器上、下摆动，调节炉膛火焰中心的位置，从而调节布置在上炉膛的壁式辐射再热器及布置在折焰角上部的屏式再热器的辐射吸热量，保证再热蒸汽温度；在低负荷时，通过改变炉膛出口过量空气系数也可以调节再热蒸汽温度。另外，在再热器入口布置有事故喷水减温器，以备在事故工况时，对再热器进行保护。锅炉再热器事故减温喷水均来自给水泵的中间抽头。锅炉再热器事故喷水减温器布置如图 3-21 所示。

3. 减温器结构

1205t/h MB-FRR"Π"型锅炉及 HG-1056/17.5-YM21"Π"型锅炉喷水减温器均采用带保护套管式的喷水减温器。其中再热器喷水减温器采用带喷头的喷水管进行喷水，HG-1056/17.5-YM21"Π"型锅炉过热器喷水减温器的喷水管采用在立管上开小孔的方式进行喷水。由于处于温度交变频繁工况，应定期检查减温器喷头以及套管，及时发

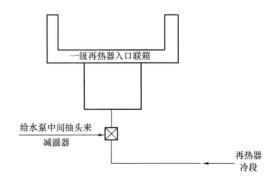

图 3-21 锅炉再热器事故喷水减温器布置图

现裂纹等缺陷，防止部件脱落，堵塞炉管，引发爆漏。各种减温器具体结构如图 3-22～图 3-27 所示。

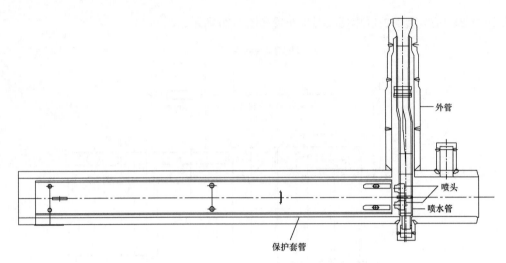

图 3-22 1205t/h MB-FRR "Ⅱ" 型锅炉过热器一级减温器结构图

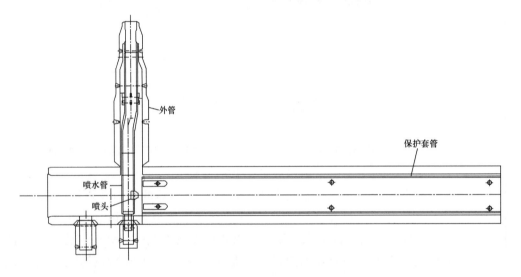

图 3-23 1205t/h MB-FRR "Ⅱ" 型锅炉过热器二级减温器结构图

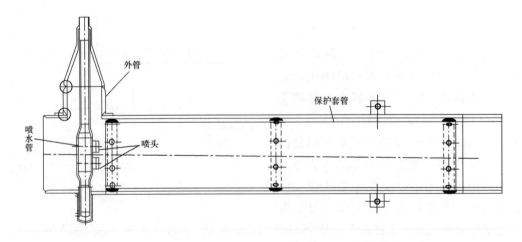

图 3-24 1205t/h MB-FRR "Ⅱ" 型锅炉再热器事故喷水减温器结构图

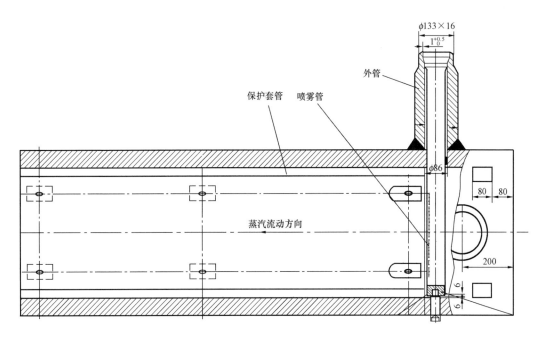

图 3-25　HG-1056/17.5-YM21 "Π" 型锅炉过热器一级减温器结构图（单位：mm）

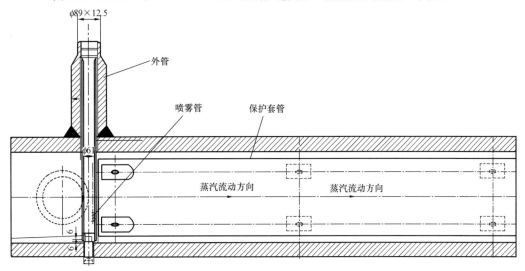

图 3-26　HG-1056/17.5-YM21 "Π" 型锅炉过热器二级减温器结构图（单位：mm）

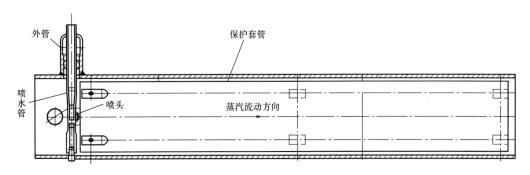

图 3-27　HG-1056/17.5-YM21 "Π" 型锅炉再热器事故喷水减温器结构图

第四章

煤粉燃烧和燃烧设备

第一节 燃 烧 设 备

锅炉的燃烧设备主要包括炉膛、燃烧器及点火装置。

一、炉膛

炉膛是由炉墙包围起来的、供燃料燃烧用的立体空间，其四周布满水冷壁。炉膛底部结构随除渣方式不同而不同，有由前后水冷壁弯曲而形成的倾斜的冷渣斗（固态除渣），也有水平（或微倾斜的）的熔渣池（液态除渣）。炉膛顶部的结构有斜炉顶和平炉顶两种。高参数锅炉一般为平炉顶，其上部布置顶棚过热器管，炉膛上部悬挂有屏式过热器。炉膛后上方为烟气流出炉膛的通道，称为炉膛出口。为了改善烟气对屏式过热器的冲刷，充分利用炉膛容积，炉膛出口处下方布置折焰角。炉膛的容积随锅炉容量的不同而各不相同。

1205t/h MB-FRR "Π"型锅炉及 HG-1056/17.5-YM21 "Π"型锅炉均为固态排渣、平炉顶形式，炉膛上方布置有屏式过热器。炉膛出口下方布置有折焰角。

1. 1205t/h MB-FRR "Π"型锅炉炉膛参数

（1）炉膛截面积（宽×深）：14 442mm×12 430mm。

（2）高度：48.6m（从水包中心线至顶棚过中心线）。

（3）炉膛有效容积：7570m³。

（4）灰斗角度：50°。

（5）灰斗开口尺寸：1.2m（宽）。

（6）炉膛容积热负荷：421 000kJ/（m³·h）。

（7）炉膛断面热负荷：17.706×10⁶kJ/（m²·h）。

（8）燃烧器区域壁面热负荷：3.934×10⁶kJ/（m²·h）。

（9）炉膛出口烟气温度：986℃。

2. HG-1056/17.5-YM21 "Π"型锅炉炉膛参数

（1）炉膛截面积（宽×深）：14 048mm×12 468mm。

（2）高度：53.86m（从水包中心线至顶棚过中心线）。

（3）炉膛有效容积：7570m³。

（4）灰斗角度：55°。

（5）灰斗开口尺寸：1.4m（宽）。

（6）炉膛容积热负荷：421 000kJ/（m³·h）。

（7）炉膛断面热负荷：17.706×10⁶kJ/（m²·h）。

（8）燃烧器区域壁面热负荷：5.198×10⁶kJ/（m²·h）。

（9）炉膛出口烟气温度：1046℃。

1205t/h MB-FRR"Ⅱ"型锅炉炉膛几何尺寸简图如图 4-1 所示，HG-1056/17.5-YM21"Ⅱ"型锅炉炉膛几何尺寸简图如图 4-2 所示。

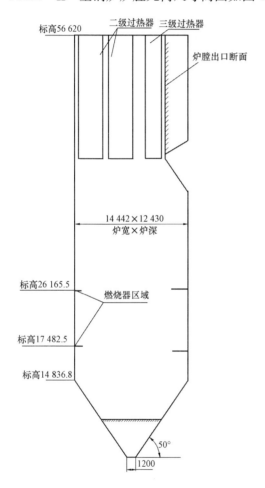

图 4-1　1205t/h MB-FRR"Ⅱ"型锅炉炉膛
几何尺寸简图（单位：mm）

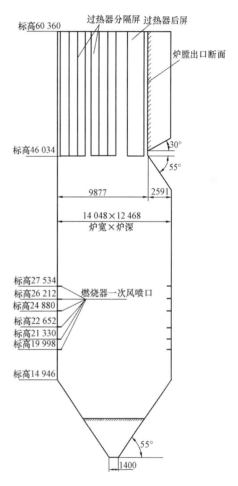

图 4-2　HG-1056/17.5-YM21
"Ⅱ"型锅炉炉膛几何尺寸简图（单位：mm）

二、燃烧器

煤粉燃烧器是煤粉炉的主要燃烧设备，其作用是将携带煤粉的一次风和不带煤粉的二次风送入炉膛，并组织一定的气流结构，在炉膛中稳定着火；及时供应空气，使燃料和空气充分混合，达到煤粉在炉内迅速完全的燃烧。燃烧器的性能好坏对燃烧的稳定性和经济性有很大影响。性能良好的燃烧器应满足以下要求。

（1）一、二次风出口截面要保证适当的一、二次风速比，组织良好的空气动力场，使燃料及时着火，与空气实时混合，保证燃烧的稳定性和经济性。

（2）有足够的搅动性，能使风粉很好地混合。

（3）煤粉气流着火稳定，火焰在炉膛中的充满度好。

（4）有较好的煤粉适应性、有良好的调节性能和较大的调节范围，以适应煤种和负荷的变化。

（5）控制 NO_x 的生成在一定范围内，达到保护环境的要求。

（6）运行可靠，不易烧坏和磨损，便于维修和更换部件。

（7）易于实现远程和自动控制。

燃烧器的形式很多，根据燃烧器出口气流特征，煤粉燃烧器一般可分为直流燃烧器与旋流燃烧器两类。

（一）直流燃烧器

直流燃烧器的形状窄长，一般布置在炉膛四角，由四组燃烧器喷出的四股气流在炉膛中心形成一个切圆，这种燃烧方式简称为切圆燃烧。我国采用直流燃烧器的锅炉很多，多采用切圆燃烧。

采用四角布置直流燃烧器时，火焰集中在炉膛中心，形成一个高温火球，炉膛中心温度比较高，且气流在炉膛中心强烈旋转，煤粉与空气混合充分。

直流燃烧器阻力小，结构简单，气流扩散角较小，射程较远。适于燃用挥发分在中等以上的煤种（烟煤、褐煤等），如采用适当的结构和布置方式，也可用于贫煤或无烟煤。

四角布置的燃烧器的倾角一般取最下部喷口保持水平，以防煤粉冲入冷灰斗，造成燃烧不完全，也可在液态排渣燃烧室中防止煤粉冲入熔渣池中，带来渣中析铁问题。上部喷口具有最大的向下倾斜度，中间的次之，以使火焰中心下移，保证火焰有足够的空间高度。

常见的直流燃烧器一般有以下几种。

（1）均等配风直流煤粉燃烧器。均等配风方式是指一、二次风喷口相同布置，即在两个一次风喷口之间均等布置一个或两个二次风喷口，或者在每个一次风喷口的背火侧均等布置二次风喷口。

在均等配风方式中，由于一、二次风喷口间距相对较近，一、二次风自喷口流出后能很快得到混合，使煤粉气流着火后不会由于空气跟不上而影响燃烧，一般适用于燃烧烟煤和褐煤，因此又称为烟煤—褐煤型直流煤粉燃烧器。

（2）分级配风直流煤粉燃烧器。分级配风方式是指把燃烧所需的二次风分级分阶段地送入燃烧的煤粉气流中，即将一次风喷口集中布置在一起，而二次风喷口分层布置，且一、二次风喷口保持较大的距离，以便控制一、二次风的混合时间，这对于无烟煤的着火和燃烧是有利的。该燃烧器适用于无烟煤、贫煤和劣质烟煤，因此又称为无烟煤型直流煤粉燃烧器。

（3）宽调节比（WR）燃烧器。WR 燃烧器全名为直流式宽调节比摆动燃烧器，主要是为提高低挥发分煤的着火稳定性和在低负荷运行时着火、燃烧的稳定性而设计的。这种燃烧器的煤粉喷嘴是一种浓淡分离的高浓度煤粉燃烧器。

国内外的实践表明，WR 燃烧器能有效地燃用低挥发性的无烟煤和贫煤。

（4）PM 燃烧器。PM 燃烧器是污染最小型燃烧器的简称。PM 直流烟煤燃烧器由靠近燃烧器的一次风管的一个弯头及两个喷口组成。煤粉气流流过弯头分离器时进行惯性分离，富粉流进入上喷口，贫粉流进入下喷口。在两喷口之间插入再循环的烟气喷口，称为隔离烟气再循环（SGR），它可以推迟二次风向燃烧区域扩散，延长挥发分在高温区内的燃烧时间，还可以降低炉内温度水平以及焦炭燃尽区中的氧浓度，即可稳定燃烧，又可抑制 NO_x 的生成。每组 PM 燃烧器上部都有燃尽风（OFA）喷口，从而将燃烧所用空气分成二次风和燃尽风，是一个典型的分级燃烧方式，大部分煤粉形成的浓煤粉气流在过量空气系数远小于 1 的条件下燃烧，而另一部分煤粉气流在过量空气系数远大于 1 的条件下燃烧。煤粉在高浓度燃烧时，由于缺氧，产生的燃料型 NO_x 减小，煤粉在低浓度燃烧时，由于空气量多，使燃烧温度降低，产生的温度型 NO_x 减少。这样，就形成了两个燃烧区段。PM 燃烧器是集烟气再循环、分级燃烧和浓淡燃烧于一体的低 NO_x 燃烧系统。

与常规燃烧器相比，PM 燃烧器可使 NO_x 生成量减少 60%。负荷降低时它仍能保持燃烧稳定，不投油的最低稳定燃烧负荷可达 40%。此外，在 65%~100% 的负荷变化范围内，NO_x 生产量大体不变，飞灰中的可燃物含量则随负荷下降而有所减少。随着烟气含氧量的下降及 SGR 的增加，NO_x 有大幅度降低的倾向，飞灰可燃物的含量稍有上升。

（二）旋流燃烧器

旋流燃烧器利用旋流器使气流产生旋转运动，当气流由燃烧器出口喷出后，气流在炉膛内形成旋转射流，保证燃烧稳定。常见的旋流燃烧器有以下几种。

（1）单蜗壳型旋流煤粉燃烧器。这种燃烧器一次风为直流，二次风气流通过蜗壳旋流器产生旋转。一次风出口处装有一个蘑菇形扩流锥，扩流锥尾迹的回流区有助于煤粉气流着火。扩流锥的位置可以伸缩，用以调节一次风的出口速度和气流扩散角的大小，但由于扩流锥处于高温中心回流区，因而常易烧坏及结渣。这种燃烧器的特点是一次风阻力小，射程远，初期混合扰动不如双蜗壳旋流燃烧器，后期扰动比双蜗壳燃烧器好。因此，对煤种适应性较双蜗壳旋流燃烧器好，可燃用挥发分较低的贫煤。

（2）切向叶片式旋流煤粉燃烧器。一次风气流为直流或弱旋转射流，二次风气流通过切向叶片旋流器而产生旋转。一般切向叶片做成可调式，改变叶片的倾斜角即可调节气流的旋转强度。燃烧器的叶片倾斜角可取 30°~45°，随着燃煤挥发分的增加，倾斜角也应加大。二次风出口端用耐火材料砌成 52° 的扩口（旋口），并与水冷壁平齐。一次风管缩进燃烧器二次风口内，形成一、二次风的预混合段，以适应高挥发分烟煤的燃烧。

（3）双调风低 NO_x 煤粉燃烧器。其主要特点是二次风分为内、外两部分，有三个同心的环形喷口，中心为一次风喷口，一次风量占总风量的 15%~20%。外面是内、外层双调风器喷口，内二次风的风量占总风量的 35%~45%，外二次风占总风量的 55%~65%。此外，在一次风喷口周围还有一股冷空气或烟气，它对抑制挥发分析出和着火阶段 NO_x 的生成也起着较大作用。在燃烧器周围也布置有二级燃烧空气喷口，以维持炉内过量空气系数为 1.2 左右，从而保证煤粉燃尽。由于这种燃烧器的二次风采用内、外两个调节器，故称为双调风低 NO_x 燃烧器。

双调风燃烧器的主要优点是由于空气的分级送入，采用双调风燃烧器既能有效的控制温度型 NO_x，又能限制燃料型 NO_x。此外，燃烧调节灵活，有利于稳定燃烧，对煤质有较宽的适应范围。

（4）扰动式旋流燃烧器。常用的扰动式旋流燃烧器为双蜗壳燃烧器。在该燃烧器中，大蜗壳中是二次风，小蜗壳中是一次风，中间有一根中心管，中心管中间可以插入油枪。一、二次风切向进入蜗壳，然后经过环形通道，同方向旋转喷入炉膛。二次风进口处装有舌形挡板，用来调整二次风的旋流强度。

（5）轴向叶轮式旋流燃烧器。目前，我国大型锅炉广泛采用轴向叶轮式旋流燃烧器。这种燃烧器有一根中心管，管中可插油枪。中心管外是一次风环形通道，最外圈是二次风环形通道。二次风经过叶轮后，由叶片引导一次风，由于舌形挡板的作用而稍有旋转。

旋流式燃烧器多布置在炉膛前、后墙，在燃烧室内空气动力场分布较均匀，火焰充满情况较好，后期混合作用也较好。

（三）新型燃烧器

电厂锅炉燃用煤质普遍较差，大部分锅炉燃用着火困难、燃烧稳定性差的劣质煤，同时由于对发电机组调峰要求过高，迫使机组在低负荷下运行，锅炉燃烧工况差。为了强化劣质煤的着火，提高锅炉着火稳定性和负荷调节能力，电厂锅炉都广泛引进和使用浓淡分离型燃烧器、W 形火焰燃烧器、船形多功能燃烧器等新型燃烧器。

浓淡燃烧器分为水平浓淡燃烧器和垂直浓淡燃烧器两种，目前，水平浓淡燃烧器使用居多。其原理是局部提高一次风的煤粉浓度，形成浓、淡燃烧，在水平方向上组织向火侧高煤粉浓燃烧，在背火侧组织低浓度煤粉燃烧，充分发挥向火侧的着火优势，提高着火的稳定性。

船形燃烧器是在一次风喷口内加装一个像船形状的稳燃器，其作用是加强一次风的搅动能力，扩大一次风周围的卷吸区域，使高温烟气大量卷吸至一次风，从而达到稳定着火的目的。船形稳燃器由耐热、耐磨的高铬铸铁制造。为了保证煤粉气流在船形稳燃器四周均匀分配，要求在煤粉管道的最后一个弯头内加装均流板。

目前，在电厂锅炉中研制和使用的新型喷燃器还有夹心风燃烧器、偏转二次风燃烧器、抛物线形燃烧器等。

（四）1205t/h MB-FRR "Ⅱ" 型锅炉燃烧器

1. 概述

1205t/h MB-FRR "Ⅱ" 型锅炉的燃烧器采用 PM 燃烧器，燃烧器布置于炉膛四角，采用四角切圆燃烧方式，假想切圆直径为 $\phi1470$、$\phi1327$，整组燃烧器为一、二次风间隔布置。为降低 NO_x 的生成，对煤粉进行浓淡分离，在燃烧器顶部分别布置了一层 OFA 喷嘴和两层 AA（Additional Air）风喷嘴。整组燃烧器可上、下摆动 25°。锅炉自下而上设有 A、B、C、D 四层共 16 台煤粉燃烧器及 AB、CD 两层共八支油枪，每台燃烧器（油和煤）均装有独立的火焰检测器。油枪采用蒸汽雾化，最大出力为 30%BMCR，供锅炉启动及稳定燃烧使用，每支油枪均配有高能电子点火器。燃烧器四角切圆示意图如图 4-3 所示，燃烧器布置如图 4-4 所示。

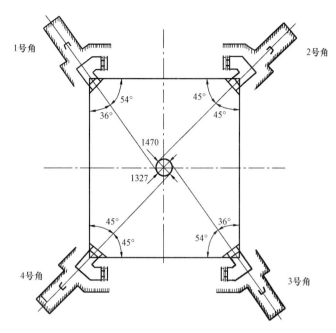

图 4-3　燃烧器四角切圆示意图（单位：mm）

2. PM 燃烧器的设计特点

（1）燃烧稳定。炉膛各角燃烧器的燃料气流以炉膛中心假象切圆方向喷射，在炉膛中心形成一个旋转的火球，燃烧非常稳定。

（2）热量分配均匀。炉膛内火焰的旋转运动使在炉膛内壁上必然有均匀的热量分配，而与锅炉负荷和燃烧器的数量无关。

（3）低环境污染。采用 LFA 风以及多种 AA 风配置，使得燃料与空气的比例偏离产生 NO_x 的范围，有效降低了 NO_x 的生成。

（4）高效的温度控制。燃烧器采用的角度可调机构是控制再热蒸汽温度的有效措施。

3. PM 燃烧器的部件介绍

PM 燃烧器：炉膛每四个角的风箱中都安装 4 个四角切圆 PM 燃烧器，从下向上依次为 A、B、C、D 层煤粉燃烧器，每层燃烧器通过分离器垂直分离后又各分为浓和淡两个燃烧器组件；在浓燃烧器组件内还安装有稳燃钝体来达到低负荷燃烧，在钝体周围布置有陶瓷衬里以提高耐磨寿命。煤粉燃烧器结构如图 4-5、图 4-6 所示。

（五）HG-1056/17.5-YM21 "Ⅱ" 型锅炉燃烧器

1. 概述

HG-1056/17.5-YM21 "Ⅱ" 型锅炉燃烧器采用四角切圆燃烧方式，逆时针旋转的假想切圆直径为 $\phi880$。整组燃烧器为一、二次风间隔布置，四角均等配风。为降低 NO_x 的生成、减少烟气温度偏差、防止炉膛结焦，采用了水平浓淡煤粉燃烧器，对煤粉进行浓淡分离。在燃烧器顶部分别布置了两层 OFA 喷嘴反向切入，实现分级送风和减弱烟气残余旋转。整组燃烧器可上、下摆动 30°（除两层 OFA 喷嘴外）。自下而上共布置有 AA、

73

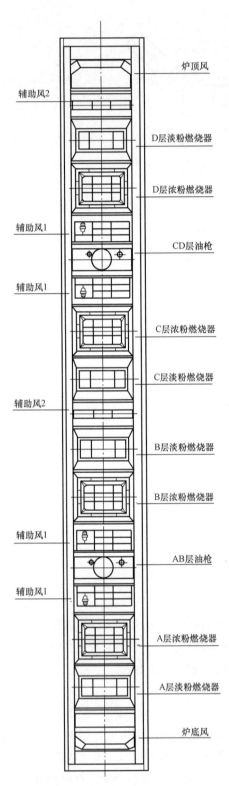

图 4-4　燃烧器布置图

图中标注（从上到下）：
炉顶风
辅助风2
D层淡粉燃烧器
D层浓粉燃烧器
辅助风1
CD层油枪
辅助风1
C层浓粉燃烧器
C层淡粉燃烧器
辅助风2
B层淡粉燃烧器
B层浓粉燃烧器
辅助风1
AB层油枪
辅助风1
A层浓粉燃烧器
A层淡粉燃烧器
炉底风

AB、BC、BD、CE、CF 六层（每台磨煤机带两层一次风喷口）共 24 台煤粉燃烧器及 AB、CD、EF 三层共 12 支油枪，每台燃烧器（油和煤）均装有独立的火焰检测器。油枪采用蒸汽雾化，最大出力为 30％BMCR，供锅炉启动及稳定燃烧使用，油枪均配有高能电子点火器。HG-1056/17.5-YM21"Ⅱ"型锅炉燃烧器布置如图 4-7 所示。

2. 燃烧器的设计特点

将整个炉膛作为一个大燃烧器组织燃烧，因此对每台燃烧器的风量、粉量的控制要求不太严格，操作简单；锅炉负荷变化时，燃烧器按层切换，使炉膛各水平截面热负荷分布均匀；对煤种适应性强，可用于几乎所有煤种；炉膛内气流旋转强烈，与煤粉颗粒混合好，并延长了煤粉颗粒在炉内流动路程，有利于煤粉的燃尽。

3. 燃烧器结构

燃烧器采用 ABB-CE 大风箱结构，四角切圆布置，共设六层一次风喷口，三层油风室，两层燃尽风室和六层辅助风室。中层油风室正常运行时关闭，起到分组拉开的作用。二次风挡板采用 ABB-CE 典型结构，非平衡式。整个燃烧器同水冷壁固定连接，并随水冷壁一起向下膨胀。燃烧器部分隔板同水冷壁刚性梁连接在一起，以保证炉膛水冷壁的整体刚性。

煤粉燃烧器采用水平浓淡形式，使一次风形成浓淡两股气流喷入炉膛，浓相煤粉首先着火，然后点燃淡相，使燃烧稳定。在煤粉喷嘴内装设波形钝体结构，一次风混合物射流，通过钝体时下游产生一个稳定的回流区，使着火点稳定；钝体前端阻挡块，有利于稳定回流区；波形结构可提高一次风与炉内热烟气接触面。水平浓淡煤粉燃烧器示意图如图 4-8 所示。

较大比例的燃尽风布置在燃烧器最上方，实现了煤粉的多级燃烧，降低了 NO_x 的排放。燃尽风喷嘴中心线及上端部喷嘴中心线与主气流成－20°喷入炉内，降低炉膛出口处烟气的残

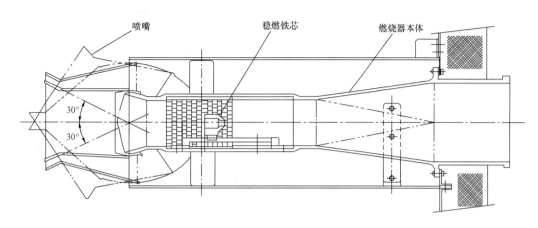

图 4-5 浓粉燃烧器结构图

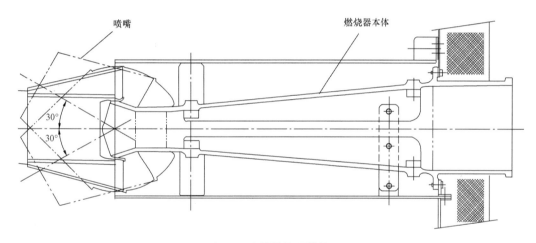

图 4-6 淡粉燃烧器结构图

余旋转，减少烟气温度偏差。为有效控制 NO$_x$ 排放量，采用水平浓淡煤粉燃烧器及 OFA 喷嘴；为降低水平烟道烟气温度偏差，燃烧器上部二层 OFA 喷嘴反切。

4. 降低氮氧化物的措施

锅炉煤粉燃烧中生成的氮氧化物（主要是 NO 及 NO$_2$）严重污染环境。氮氧化物主要有燃料中氮生成的燃料型、空气中氮在高温下与氧反应生成的热力型及很少的快速型三种生成途径。锅炉煤粉燃烧时影响 NO$_x$ 生成的因素主要是燃烧区的氧浓度、火焰温度、燃料的氮含量、挥发分、燃料比等因素。

燃烧器采取降低 NO$_x$ 排放量的措施如下：

（1）选取适当的 OFA 风率，实现分级燃烧。燃烧器采用两层 OFA，不小于 20% 的二次风从 OFA 喷嘴送入，实现分级燃烧。在燃烧区形成低过量空气系数，造成弱还原性气氛，从而使 NO 还原成为 N$_2$，减少"燃料型"氮氧化物，采取 OFA 拉开方式，使 OFA 风量距离燃烧器的燃烧区有一定距离，确保形成真正的分级燃烧。

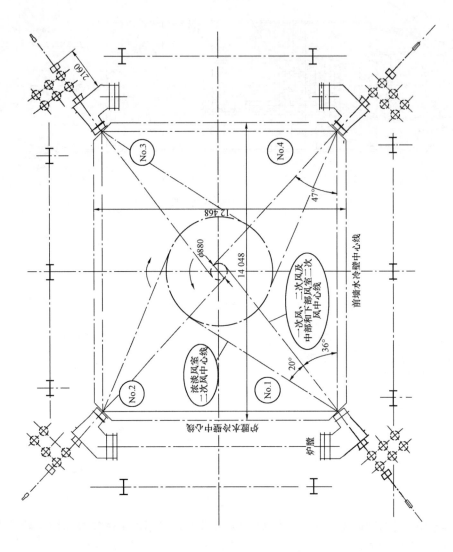

图 4-7 HG-1056/17.5-YM21 "Ⅱ"型锅炉燃烧器布置图（单位：mm）

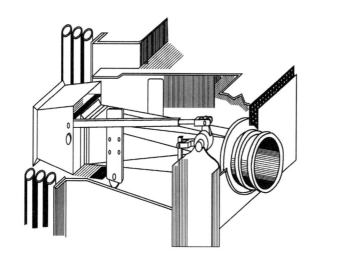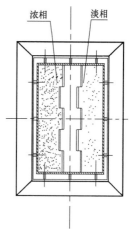

图 4-8 水平浓淡煤粉燃烧器示意图

(2) 水平浓淡煤粉燃烧器控制 NO_x 生成。水平浓淡煤粉燃烧器的应用,使得浓侧煤粉处于富燃料燃烧,氧含量少,抑制 NO_x 生成。由于燃烧器出口钝体的存在,推迟了二次风的混合,增大了烟气在挥发分燃烧区的停留时间,也就是增加了还原反应时间,使更多的燃料 N 被还原成 N_2。在燃烧器出口附近形成了局部分级燃烧,NO_x 的生成量也会减少,浓淡燃烧器使浓淡两侧化学当量比都处于低 NO_x 区域,其最终效果降低了 NO_x 的生成。水平浓淡煤粉燃烧器控制 NO_x 生成原理如图 4-9 所示。

(3) 燃烧器适当拉开,降低燃烧器区域热负荷。燃烧器总高度适当拉大,减少了燃烧器区域热负荷,使火焰温度降低,抑制了"热力型"NO_x 的生成。

(4) 燃烧器均等配风。由于设置了 OFA 喷嘴,将部分二次风在燃烧后期送入炉膛,剩余的空气采用一、二次风间隔布置均等送入形式。燃烧器的燃烧区供风量均等,无燃烧强烈区段,燃烧区的热力状态均衡,无燃烧温度尖峰区域,抑制 NO_x 的生成量。

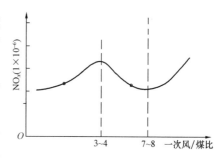

图 4-9 水平浓淡煤粉燃烧器控制 NO_x 生成原理图

(5) 煤粉细度。适当的煤粉细度,可促使燃烧初期挥发分迅速而大量地析出燃烧消耗氧分,造成局部还原性气氛,从而抑制 NO_x 的生成量。

第二节 点 火 装 置

点火装置用于锅炉启动时引燃煤粉气流,另外,在运行中因负荷过低或煤种变化而引起燃烧不稳时,也可用来维持燃烧稳定。大型火力发电厂的煤粉炉、燃油炉的点火装置由油枪及配风器组成，均采用电子点火装置。电子点火装置由引燃和燃烧两部分组成。引燃部分通常有点火花、电热丝和电弧点火三种类型，燃烧部分有燃气和燃油两种类型。

一、油枪

油枪又称油雾化器或油喷嘴，其作用是将油雾化成极细的油滴。

常用的雾化器有机械雾化器、蒸汽雾化器和 Y 形雾化器。机械雾化器分简单机械雾化器和回油式雾化器两种。蒸汽、机械雾化器分内混和外混式两种。

（1）简单机械雾化器由分流片（分配盘）、雾化片、旋流片、螺母压盖等几部分组成。分流片的作用是将油流均匀分配到周围分油孔，并引入雾化片的切向槽。雾化片的作用是将油从切向槽引入中间旋流室，使之产生强烈的旋转，然后通过端部喷油孔，扩散成伞形的油雾而喷入炉膛。

（2）回油式机械雾化器与简单机械雾化器不同的是在旋流室底部开了回油孔。油从内、外套管间的环形通道流入，经过分流孔，使油均匀地经切向槽进入旋流室，并在旋流室内高速旋转。在回油调节门开启的情况下，一部分油从喷油孔喷出，另一部分油经回油孔排往回油管道。

（3）外混式蒸气机械雾化器。油经雾化筒转入雾化筒外的环形通道，流入雾化器头部，经旋流室及喷口旋转喷出。蒸汽通过油管外的环形通道，经过旋流叶片，以相同方向旋转喷出，并与喷口出来的油雾相遇，使之进一步雾化。这种雾化器的油与汽在外部混合，可避免因高压油倒流而污染汽水系统。

（4）内混式蒸汽机械雾化器（又称 Y 形雾化器）。蒸汽通过内管分流至各汽孔，然后在混合孔内膨胀、加速。油经内、外管之间的环形通道进入油孔，然后在混合孔内被高速汽流冲击，小部分被击碎，随蒸汽喷出，大部分在混合孔的孔壁上形成油膜，在蒸汽推动下加速向喷口运动。离开喷口后，由于油膜与蒸汽在喷口外的高速冲撞，以及蒸汽再次膨胀的作用，将油膜破碎成细滴，完成油的雾化。

Y 形喷嘴有以下优点：

1）油压和蒸汽都不高，油压为 0.7～2.1MPa。

2）汽耗率低至 0.01～0.03。

3）雾化质量好，在任何喷油量下都能保证雾化质量。

4）调节比大。

5）单只喷嘴出力大。但也存在堵孔、头部积炭结焦及漏油等问题。

二、配风器

配风器的作用是及时给油枪送风，使油与空气能充分混合，形成良好的着火条件，以保证燃油能迅速而完全地燃烧。油枪的配风应满足下列要求。

（1）要有适量的一次风。燃油的一次风量应占总燃油风量的 15%～30%，燃油的一次风速应为 25～40m/s。

（2）要有一定的回流区。油雾着火时需要一定的着火热，着火热来源于高温烟气的回流，油枪的出口必须有适当的回流区，以保证及时着火和稳定燃烧的热源。

（3）油雾和空气的混合要强烈。油枪的配风器有两种，即直流配风器与旋流配风器。旋流配风器的一次风旋流叶片又称为稳焰器，稳焰器的作用是使燃油一次风产生一定的扩散和旋转，在接近火焰根部形成一个高温回流区，点燃油雾并稳定燃烧。

三、1205t／h MB-FRR"Ⅱ"型锅炉油燃烧器简介

1205t／h MB-FRR"Ⅱ"型锅炉油燃烧器采用 M 喷射蒸汽自动化型油枪，每根油枪的设计流量为 3000kg/h，设计油压为 1.03MPa，燃油的雾化蒸汽设计压力为 0.49MPa。

油燃烧器组件由固定部件和可移动部件组成。固定部件由燃烧器导管、离心式喷嘴和一个燃烧器本体座架构成，而可移动部件由油燃烧器本体装置、油枪、挠性管以及喷嘴组件构成。

油枪结构如图 4-10 所示，油枪顶部组件示意图如图 4-11 所示。

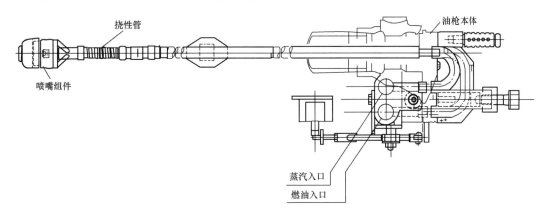

图 4-10　油枪结构图

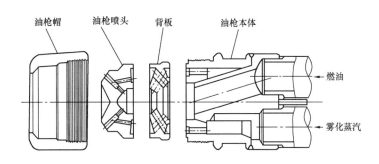

图 4-11　油枪顶部组件示意图

燃油通过燃烧器本体和燃烧器本体座架下部的端口进入，并通过油管进入喷嘴。雾化蒸汽通过燃烧器本体和燃烧器座架上部的端口进入燃烧器本体，并通过油管进入喷嘴。燃油和喷嘴中的蒸汽通过支承板中的单独端口进入喷射板。喷射板在其中心部位有一个使蒸汽雾化的腔室，腔室中若干个雾化喷嘴孔从中心向外辐射至前方，按一定角度的喷嘴孔如同一个倒"Y"，油与蒸汽在这些孔上混合，由喷嘴喷入炉膛。

第三节　煤粉气流着火与燃烧

一、煤粉燃烧过程

煤粉随同空气以射流的形式经喷燃器喷入炉膛，在悬浮状态下燃烧形成煤粉火炬，从燃烧器出口至炉膛出口，煤粉的燃烧过程大致可分为以下三个阶段。

1. 着火前的准备阶段

煤粉进入炉内至着火前的这一阶段为着火前的准备阶段。着火前的准备阶段是吸热阶段。在此阶段内，煤粉气流被烟气不断加热，温度逐渐升高。煤粉受热后，首先是水分蒸发，接着干燥的煤粉进行热分解并析出挥发分。挥发分析出的数量和成分取决于煤的特性、加热温度和速度。着火前煤粉只发生缓慢氧化，氧浓度和飞灰含碳量的变化不大。一般认为，从煤粉中析出的挥发分先着火燃烧。挥发分燃烧放出的热量又加热炭粒，炭粒温度迅速升高。当炭粒加热至一定温度并有氧补充到炭粒表面时，炭粒着火燃烧。

2. 燃烧阶段

煤粉着火以后进入燃烧阶段。燃烧阶段是一个强烈的放热阶段。煤粉颗粒的着火燃烧，首先从局部开始，然后迅速扩展到整个表面。煤粉气流一旦着火燃烧，可燃质与氧发生高速的燃烧化学反应，放出大量的热量，放热量大于周围水冷壁的吸热量，烟气温度迅速升高达到最大值，氧浓度及飞灰含碳量则急剧下降。

3. 燃尽阶段

燃尽阶段是燃烧过程的继续。煤粉经过燃烧后，炭粒变小，表面形成灰壳，大部分可燃物已经燃尽，只剩少量未燃尽炭继续燃烧。在燃尽阶段中，氧浓度相应减少，气流的扰动减弱，燃烧速度明显下降，燃烧放热量小于水冷壁吸热量，烟气温度逐渐降低，因此燃尽阶段占整个燃烧阶段的时间最长。

对应于煤粉燃烧的三个阶段，煤粉气流喷入炉膛后，从燃烧器出口至炉膛出口，沿火炬行程可分为三个区域，即着火区、燃烧区与燃尽区。其中着火区很短，燃烧区也不长，燃尽区最长。

二、煤粉气流着火

煤粉空气混合物经燃烧器以射流方式被喷入炉膛后，经过湍流扩散和回流，卷吸周围的高温烟气，同时又受到炉膛四周高温火焰的辐射，被迅速加热，热量到达一定温度后就开始着火。试验发现，煤粉气流的着火温度要比煤的着火温度高一些。表4-1和表4-2是在一定测试条件下分别得出的煤着火温度和在煤粉气流中煤粉颗粒的着火温度。

表 4-1　　　　　　　　　　　　　煤的着火温度

煤种	无烟煤	烟煤	褐煤
着火温度（℃）	700～800	400～500	250～450

表4-2   煤粉气流中煤粉颗粒的着火温度

煤种	无烟煤	贫煤	烟煤	褐煤
着火温度（℃）	1000	900	650～840	550

在锅炉燃烧中，希望煤粉气流离开燃烧器喷口不远处就能稳定地着火，如果着火过早，可能使燃烧器喷口因过热而被烧坏，也易使喷口附近结渣；如果着火太迟，就会推迟整个燃烧过程，使煤粉来不及烧完就离开炉膛，增大机械不完全燃烧损失。着火推迟还会使火焰中心上移，造成炉膛出口处的受热面结渣。

煤粉气流着火后就开始燃烧，形成火炬，着火以前是吸热阶段，需要从周围介质中吸收一定的热量来提高煤粉气流的温度，着火以后才是放热过程。将煤粉气流加热到着火温度所需的热量称为着火热。它包括加热煤粉及空气（一次风），并使煤粉中水分加热、蒸发、过热所需热量。

着火热随燃料性质（着火温度、燃料水分、灰分、煤粉细度）和运行工况（煤粉气流的初温、一次风率和风速）的变化而变化。此外，也与燃烧器结构及锅炉负荷有关。下面分析影响煤粉气流着火的主要因素。

1. 燃料性质

燃料性质中对着火过程影响最大的是挥发分含量。挥发分降低时，煤粉气流的着火温度显著提高，着火热也随之增大，就是说，必须将煤粉气流加热到更高的温度才能着火。因此，低挥发分的煤着火更困难些，着火时间更长些，而着火点离开燃烧器喷口的距离自然也大了。

原煤水分增大时，着火热也随之增大，同时水分的加热、蒸发、过热都要吸收炉内的热量，使炉内温度水平降低，从而使煤粉气流卷吸烟气的温度以及火焰对煤粉气流的辐射热也相应降低。这对着火显然是不利的。

原煤灰分在燃烧过程中不但不能放热，而且还要吸热。特别是当燃用高灰分的劣质煤时，由于燃料本身发热量低，燃料的消耗量增大，大量灰分在着火和燃烧过程中要吸收更多热量，因而使得炉内烟气温度降低，同样使煤粉气流的着火推迟，而且也影响了着火的稳定性。

煤粉气流的着火温度也随煤粉的细度而变化，煤粉越细，着火越容易。这是因为同样的煤粉细度下，煤粉越细，进行燃烧的表面积就会越大，而煤粉本身的热阻却减小，因而在加热时，细煤粉的温升速度要比粗煤粉快。这样就可以加快化学反应速度，更快地达到着火。所以在燃烧时总是细煤粉首先着火燃烧。由此可见，对于难着火的低挥发分煤，将煤粉磨的更细一些，无疑会加速它的着火过程。

2. 一次风温

提高一次风温可减少着火热，从而加快着火。因此，在实践中燃用低挥发分煤时，常采用高温的预热空气作为一次风来输送煤粉。

3. 一次风量

一次风量越大，着火热增加得越多，将使着火推迟；但一次风量太小，着火阶段部分挥发分和细粉燃烧得不到足够的氧，将限制燃烧过程的发展。另外，一次风量还必须满足输粉的要求，否则会造成煤粉堵塞。

4. 一次风速

一次风速对着火过程也有一定的影响。若一次风速过高，则通过单位截面积的流量增大，势必降低煤粉气流的加热速度，使着火距离加长。但一次风速过低时，会引起燃烧器喷口烧坏、煤粉管道堵塞等故障，因此，有一个最适宜的一次风速与煤种及燃烧器形式有关。

5. 炉内散热条件

为了加快和稳定低挥发分煤的着火，常在燃烧器区域用铬矿砂等耐火材料将部分水冷壁遮盖起来，构成所谓燃烧带，也称卫燃带。其目的是减少水冷壁吸热量，也就是减少燃烧过程的散热量，以提高燃烧器区域的温度水平，从而改善煤粉气流的着火条件。

6. 燃烧器的结构特性

影响着火快慢的燃烧器的结构特性主要是指一、二次风混合的情况。如果一、二次风混合过早，在煤粉气流着火前就混合，等于增大了一次风量，相应使着火热增大，推迟着火过程。因此，燃用低挥发分煤种时，应使一、二次风的混合点适当地推迟。

燃烧器的尺寸也影响着火的稳定性。燃烧器出口截面积越大，煤粉气流着火时离开喷口距离就越远。从这一点来看，采用尺寸较小的小功率燃烧器代替大功率燃烧器是合理的。这是因为小尺寸燃烧器既增加了煤粉气流着火的表面积，同时也缩短了着火扩展到整个气流截面积所需要的时间。

7. 锅炉负荷

锅炉负荷降低时，送进炉内的燃料消耗量相应地减少，而水冷壁总的吸热量也将减少，但减少的幅度较小，相对于每千克燃料量来说，水冷壁的吸热量反而增加了。致使炉膛平均烟气温度下降，燃烧器区域的烟气温度也降低，因而对煤粉气流的着火是不利的。当锅炉负荷降到一定程度时，就会危及着火的稳定性，甚至可能熄火。因此，着火稳定性条件常常限制了煤粉锅炉负荷的调节范围，一般在没有其他措施的条件下，固态排渣煤粉炉只能在高于70%额定负荷下运行。

由以上分析可知，组织强烈的煤粉气流与高温烟气混合，以保证供给足够的着火热，这是稳定着火过程的首要条件；提高一次风温、采用合适的一次风量和风速是减小着火热的有效措施；采用较细较均匀的煤粉和敷设卫燃带是难燃煤稳定着火的常用方法。

三、燃烧完全的条件

组织良好的燃烧过程，就是尽量接近完全燃烧，同时在炉内不结渣的前提下，燃烧速度快而且燃烧完全，得到最高的燃烧效率。

做到完全燃烧的原则性条件如下：

（1）供应充足而又合适的空气量。

（2）适当高的炉温。

（3）空气和煤粉的良好扰动和混合。

（4）在炉内要有足够的停留时间。

第五章

制 粉 系 统 及 设 备

第一节 煤 粉 性 质

一、煤粉一般性质

煤粉由各种尺寸不同、形状不规则、尺寸小于 $500\mu m$ 的微小颗粒组成，其中以 $20\sim50\mu m$ 的颗粒居多。刚磨制的疏松煤粉的堆积密度为 $0.4\sim0.5t/m^3$，经堆存自然压紧后，其堆积密度约为 $0.7t/m^3$。

煤粉具有较好的流动性。由于煤粉颗粒较小，比表面积能吸附大量的空气，所以煤粉的堆积角很小，并具有很好的流动性，可采用气力方便地在管内输送。同时也容易通过缝隙向外泄漏，造成对环境的污染。若煤粉仓内粉粒太低，则会出现自流现象，煤粉会穿过给粉装置，流入一次风管，造成堵塞。

煤粉的自燃和爆炸。因煤粉中吸附了大量的空气，极易缓慢氧化，使煤粉温度升高，当达到着火温度时，便引起自燃。煤粉和空气的混合物在适当的浓度和温度下会发生爆炸。影响煤粉爆炸的因素有煤的挥发分含量、煤粉细度、煤粉的浓度和温度等。一般情况下，颗粒越细小，挥发分含量及发热量越高、含粉浓度越接近危险浓度（$1.2\sim2.0kg/m^3$）、含氧浓度越大，爆炸的可能性越大。实践证明：当煤粉的挥发分 $V_{daf}<10\%$ 或颗粒大于 $100\mu m$ 时，煤粉几乎不会发生爆炸；对于温度低于 $100℃$、含粉浓度避开了危险浓度或含氧浓度小于 $15\%\sim16\%$ 的煤粉气流，也基本上不存在爆炸的危险。

煤粉的水分对煤粉流动性与爆炸性有较大的影响，水分太高，流动性差，输送困难，且易引起粉仓搭桥，同时也影响着火和燃烧。水分太低，易引起自燃或爆炸，同时干燥耗能增加。因此，磨煤机出口的煤粉水分还与磨煤机出口的煤粉细度及煤粉温度有关，较可靠的数值应该通过试验或参照同类机组运行数据确定。一般要求烟煤磨制后的煤粉最终水分 M_{mf} 约等于 M_{ad}，无烟煤水分 M_{mf} 约等于 $0.5M_{ad}$，褐煤水分 M_{mf} 约等于 $M_{ad}+8$。

二、煤粉细度

煤粉细度表示煤粉的粗细程度，是煤粉的重要特性。

煤粉细度一般用具有标准筛孔尺寸的筛子来测量。若标准筛孔边长 X（μm），试验煤粉经筛后，通过筛子的煤粉质量（称为边筛量）为 b，留在筛子上的煤粉质量（称为筛余量）为 a，则该煤粉的细度 R_x 为

$$R_x = a/(a+b) \times 100\%$$

式中 R_x——筛余量占筛分前试验煤粉质量的百分数。

对确定的筛子而言，R_x 越小，说明煤粉越细。

目前，国内火电厂常用筛子规格及煤粉细度的表示方法见表 5-1。通常进行煤粉的全筛分分析时，需要 5 只筛子叠在一起筛分，如一般选用孔径为 75、90、150μm 和 200μm 的筛子，则 R_{90} 表示在孔径小于或等于 90μm 的所有筛子上的筛余量百分量的总和。火电厂中常用 R_{90} 和 R_{200} 表示煤粉细度和均匀度。褐煤和油页磨碎后呈纤维状，颗粒直径可达 1mm 以上，常用 R_{200} 和 R_{500} 表示。

表 5-1 常用筛子规格及煤粉细度表示方法

筛号	6	8	12	30	40	60	70	80	100
孔径（μm）	1000	750	500	200	150	100	90	75	60
煤粉细度	R_1	R_{750}	R_{500}	R_{200}	R_{150}	R_{100}	R_{90}	R_{75}	R_{60}

三、煤粉经济细度 R_{90}^{jj}

煤粉细度对煤粉气流的着火和燃尽以及磨煤运行费用（包括磨煤电耗和磨煤设备的金属磨耗费用）都有直接影响。煤粉越细，着火燃烧越迅速，机械不完善燃烧引起的损失 q_4 就越小；但对磨煤设备而言，将导致磨煤运行费用 q_m 的增加。显然，比较合理的煤粉细度应根据锅炉燃烧技术，对煤粉细度的要求与磨煤运行费用两个方面进行技术经济比较来确定。通常把 q_4、q_m 之和（q_4+q_m）为最小值时所对应的煤粉细度 R_{90} 称为经济细度 R_{90}^{jj}。煤粉经济细度 R_{90}^{jj} 的确定原理如图 5-1 所示。

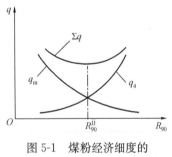

图 5-1 煤粉经济细度的
确定原理图

影响煤粉经济细度的因素很多，最主要的是煤粉的干燥无灰基挥发分 V_{daf} 及磨煤机和粗粉分离器的性能。V_{daf} 较高的燃煤，易于着火和燃尽，允许煤粉磨的细些，即 R_{90} 可以大一些；否则，R_{90} 应小一些。磨煤机和粗粉分离器的性能决定了煤粉的均匀性能指数 n。n 值较大时，煤粉的粗细比较均匀，即使煤粉粗一些，也能燃烧的比较完全，因而 R_{90} 也可以大一些。综合考虑，煤粉的经济细度受到燃煤的挥发分 V_{daf} 和煤粉的均匀性指数 n 两个主要因素的影响。

另外，燃烧设备的形式及锅炉运行工况对煤粉经济细度也有较大影响。因此，在锅炉实际运行时，对于不同煤种和燃烧设备，应通过燃烧调整试验来确定煤粉的经济细度。

第二节 磨煤设备及其特性

磨煤机是煤粉制备系统的主要设备，其作用是将具有一定尺寸的煤块干燥、破碎并磨制成煤粉。煤在磨煤机中被磨制成煤粉，主要受到撞击、挤压和研磨三种力的作用。各种磨煤机的工作原理并不是单独一种力的作用，而是几种力的作用。磨煤机的形式很多，根据磨煤部件的转速大致可分为以下三种：

（1）低速磨煤机。转速 $n=16\sim20$r/min，如筒式钢球磨煤机。球磨机的优点是工作可靠，维修周期长；缺点是设备笨重、系统复杂、金属消耗量多、占地面积较大、噪声大、电耗高。钢球磨是目前国内使用得最广泛的一种磨煤机。

（2）中速磨煤机。转速 $n=50\sim300r/min$，如平盘磨煤机、中速环球式磨煤机（又称为E形磨煤机）、碗式磨煤机、MPS磨煤机等。其优点是结构紧凑、占地面积小、金属耗量少、磨煤电耗低，低负荷运行的单位电耗增加不多；煤粉均匀性好。缺点是耐磨部件易磨损，不易磨制硬煤和灰分大的煤。同时由于进风温度不宜太高，因而对水分大的煤也较难磨制。

（3）高速磨煤机。转速 $n=500\sim1500r/min$，如风扇磨煤机、竖井磨煤机等。风扇磨煤机本身有较强的通风作用，它能同时完成燃料的磨碎、干燥、干燥介质的吸入及煤粉的输送等过程，故可使制粉系统简化。高速磨煤机的干燥条件好，可以磨制水分较大的煤；另外，还具有结构简单、尺寸小、金属消耗量少等优点，主要缺点是磨损较严重，煤粉的均匀性差。

一、D-11-D双进双出钢球磨煤机技术参数

D-11-D双进双出钢球磨煤机技术参数见表5-2。

表 5-2　　　　　　　　　　　D-11-D双进双出钢球磨煤机技术参数

项目	单位	参数	
形式	—	双进双出钢球磨	
型号	—	FW-D-11D	
数量	台/机组	4	
转速	r/min	16.7	
额定出力	t/h	46.05	
筒体直径	m	3.86	
筒体长度	m	5.97	
数量	台/机组		
功率	kW	1492	
电压	kV	6	
频率	Hz	50	
转速	r/min	1000	
轴承润滑	—	稀油润滑	油脂润滑

二、D-11-D双进双出钢球磨煤机的结构

如图5-2所示，D-11-D双进双出钢球磨煤机主要包括筒体、分离器、耳轴轴承、大齿轮、螺旋输送器等。磨煤机运行期间，预热后的空气由磨煤机两端中心的空气管进入磨煤机的筒体。原煤经两端的分离器进入，首先与从分离器分离出的粗粉混合，然后被螺旋带输送器送入筒体。空气携带煤粉离开筒体，并由空气入口管和分离器耳轴管中输送器之间的环形空间进入磨煤机两端的分离器。一次风和煤粉的混合物通过分离器时，细煤粉被从粗煤粉中分离出来，细煤粉和一次风进入煤粉管道并通向燃烧器。

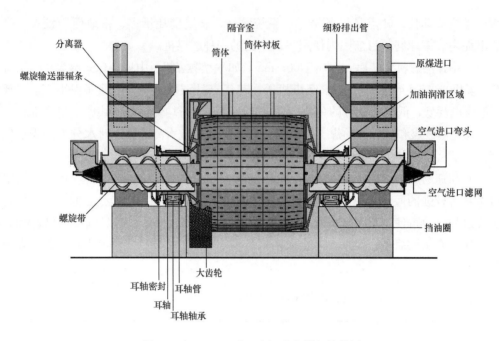

图 5-2　D-11-D 双进双出钢球磨煤机结构图

1. 筒体

磨煤机筒体由两个端盖用螺栓固定在用轧钢板卷制成的圆筒上。直径为 3.86m、长度为 5.97m，里面装有 25～50mm 的钢球。端盖和耳轴整体铸造，整个组装件由两端的两个大型自调心水冷巴氏合金轴承进行支撑。

筒体的内表面衬有合金防护衬板，衬板由螺栓固定在筒体壁面上，如图 5-3 所示。这样筒体内壁形成规则的波形表面，其表面高起的部分在筒体转动时对钢球起着提升的作用。端盖的内侧同样装有挡球衬板。在筒体上还有装有衬板的人孔门。

耳轴内侧筒体端装有螺旋挡条，用以防止外来物或碎钢球进入转动的筒体耳轴和静止的分离器耳轴管之间的间隙而造成损坏。在此间隙内还施加了耳轴密封风。

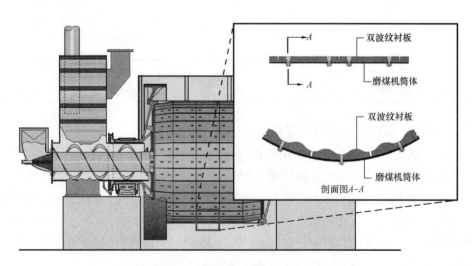

图 5-3　D-11-D 双进双出钢球磨煤机筒体双波纹衬板示意图

筒体和螺旋带输送器组件由一定转速电动机通过齿轮减速系统进行驱动。传动大齿轮用螺栓固定在一端筒体端盖的支撑抬肩上，传动小齿轮通过齿轮减速系统使筒体按照规定的速度转动。

磨煤机被包封在一衬有吸声材料坚固的隔声罩内。该隔声罩用于降低噪声水平和保护人员不受运动部件的伤害。

2. 分离器

分离器组件位于磨煤机两端，如图 5-4 所示，由分离器、分离器耳轴管、螺旋带输送器组件和一次风入口弯管组成，并由其自身的台板支撑。分离器的目的是将离开筒体的风粉混合物中的粗粉颗粒分离出来，只有细颗粒的煤粉进入燃烧器。被分离出的粗粉颗粒再返回筒体被进一步研磨。这些返回的粗粉颗粒与送入的原煤混合后被螺旋带输送器通过耳轴管送回筒体。

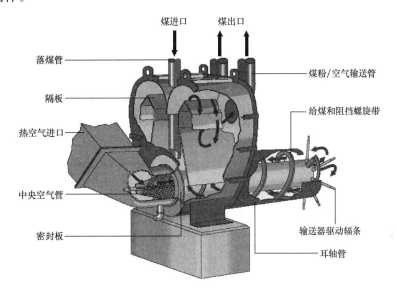

图 5-4　D-11-D 双进双出钢球磨煤机分离器结构图

一次风入口弯管位于磨煤机两端，由螺栓将其连接在分离器壳和一次风管之间。空气从一次风管通过此弯管和空气管组件进入磨煤机筒体。输送器的轴端延伸经由一次风入口弯管支撑在固定于一次风入口弯管外面的轴承上，对该轴承供应少量的密封空气使之保持冷却并防止煤粉进入。一次风入口弯管和分离器本体用定位接头进行连接，以使空气管组件能够准确定位。

（1）耳轴密封。对于正压磨煤机系统，需要采取措施将一次风密封在筒体中。因此，在每一端静止的分离器和转动的磨煤机耳轴之间装有密封装置。每个密封风室内均有一与筒体端部相连接的转动刮板，它可将可能聚集在耳轴密封风室的煤粉搅动并悬浮起来。此外，还有可调的密封风流进筒体，以防止一次风和煤粉外流。另外，还有一根吹扫风管持续地向分离器排出少量的密封风，将悬浮在密封风室的燃料带走。

（2）螺旋输送器组件。其包括一个位于中心的空气管，在其空气入口端由角板支撑并罩有罩网。为了直接将燃料供入磨煤机筒体，空气管上装有四条输送器螺旋带，该螺旋带的一端固定在外侧端的环形密封板上，另一端由内侧端的弹簧支撑。该输送器将原煤和由分离器返回的粗粉沿着耳轴管的底部送入筒体。钢球的翻滚会使某些钢球进入空气管，为了使那些进入的钢球返回筒体，在空气管中装有一随空气管一起转动的挡球螺旋带。在空气管外侧端的网罩可防止钢球进入一次风入口弯管。空气管在磨煤机筒体侧由辐条支撑，位于耳轴管中心，辐条由空气管径向地插入筒体端盖衬板的孔中。螺旋带输送器轴承位于磨煤机两端的一次风入口弯管处。

（3）分离器导流板。热一次风进入筒体，干燥在筒体中被研磨的燃料。部分处于悬浮状态的煤粉通过输送器螺旋带和空气管之间的环形空间被一次风带出。然后煤粉空气进入分离器并被强行绕过导流板，从而将大颗粒煤粉分离出来并返回到分离器的底部，在此它们被运回筒体以便进一步研磨。细的煤粉颗粒则通过分离器的出口接头被带至燃烧器。

（4）可调回粉挡板。在分离器涡形导流板的回粉开口处安装有可调挡板。经过调节这些挡板，可以减少未经分离器流程而从此位置直接短路的煤粉气流量，并可以补偿因输送器转动而对煤粉颗粒流造成的影响。位于加球管位置的那个挡板在添加钢球时必须全开。

（5）耳轴管。分离器耳轴管是分离器外壳的一部分，它通过耳轴延伸进入筒体。在耳轴管和耳轴之间必须保持适当的间隙。耳轴管的下半部分采用可更换的耐磨钢衬板以防止磨损。在耳轴管和耳轴之间的间隙装有压力传感管线用于煤位控制。

（6）加球管。在给煤机平台上有一装有阀门的料斗，用管子将其与磨煤机一端的分离器相连接，以便将钢球加入到筒体中。

3. 耳轴轴承

图 5-5 所示为两个磨煤机耳轴轴承中的一个。筒体的每个耳轴均支撑在一轴承上进行转动。每一个耳轴轴承均设计成 180°的巴氏合金使轴与轴承底部形成油膜润滑。每一个轴承的上边缘部分与轴脱离接触，不接触的部分从轴承垂直中心线的每一边 45°以上开始，直到轴承两侧的水平中心线为止。轴承和耳轴之间的最大间隙为 0.0635mm，位于水平中心线处。在检修期间必须仔细地对每一台巴式合金轴承进行检查和刮研，以确保在轴承和耳轴之间有合适的接触面积，从而保证良好的运行。耳轴轴承由强制供油系统进行润滑，同时有一外部水源流过轴承壳体对轴承进行冷却。

在轴承上有溢流回流口以防止油的溢流和泄漏。轴承边缘靠近水平中心线的部分被切

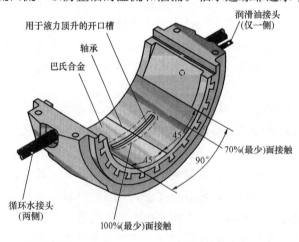

图 5-5　D-11-D 双进双出钢球磨煤机主轴承结构图

割到低于水平中心线，以使多余的油流回到油槽。

在每一个轴承的底部有一矩形油槽，用一根钢管将该油槽与靠近轴承水平中心线处的接头相连接。轴承上的油管与高压油源相连接，以便在磨煤机启动前使高压油进入耳轴和轴瓦之间，起到液压顶轴的作用，将耳轴顶起。在磨煤机启动以后，高压油流向进油口，该油在正常运行期间在耳轴和轴瓦之间形成油膜润滑。

为了提高回油的流动性，特别是冬天天气较冷的时候，在回油管上加装了伴热设备，以免回油不畅造成泄漏。

4. 大齿轮和小齿轮（开式齿轮）

大齿轮和小齿轮由单独的强制供油系统进行润滑，该系统采用气动筒式泵润滑装置和多个雾化喷嘴将润滑油直接喷洒在大齿轮上。大齿轮将润滑油带进小齿轮的啮合处。在小齿轮的下面有一接油盘用于汇集从小齿轮流下的多余润滑油。在大齿轮的下面有另一个接油盘用于汇集从大齿轮流下的多余润滑油以及从小齿轮接油盘流下的废油。大齿轮接油盘应当定期清空以防止大齿轮浸泡在废油中。

（1）大齿轮喷淋装置需要初始调节到每间隔 8～10min 对大齿轮喷油约转两圈（7～9s）。当检查大齿轮和小齿轮均已充分地覆盖了润滑油（有轻微的润滑剂溅出），喷淋的间隔时间可增加到 12～15min。在经过数周的安全运行以后，只要有轻微的润滑剂溅出和合适充分的油膜形成，不会对齿轮引起有害的磨损，喷淋的间隔时间可以更进一步延长。

（2）小齿轮轴承是滚柱轴承，采用全封闭结构。

（3）高速和低速联轴器。高速联轴器用于将磨煤机驱动电动机轴与减速机高速轴相连接，高速联轴器不要求润滑。低速联轴器用于将减速机低速轴与小齿轮相连接，低速联轴器应用润滑脂进行润滑保护。

三、D-11-D 双进双出钢球磨煤机的特点

（1）可靠性高。包括给煤机在内的双进双出钢球磨煤机直吹式制粉系统，其年事故率为 1%，而双进双出钢球磨煤机几乎没有故障发生，故障主要出现在给煤机上。

（2）与中、高速磨煤机相比，维护简便，维护费用低。只需定期更换大齿轮润滑油脂和补充钢球。

（3）能长期保持恒定的容量和要求的煤粉细度。

（4）能有效地磨制硬煤以及腐蚀性强的煤。对于哈氏可磨性系数小于 50 的煤种或高灰分煤（灰分大于 35%～40%）都能适应。

（5）与中、高速磨煤机相比，有较大的储备煤粉能力。由于筒体本身像一个大的储煤罐，故其煤粉储备能力相当于磨煤机运行 10～15min 的出粉量，而且在较宽的负荷范围内有快速反应的能力，其自然滞留时间是所有磨煤机中最少的，只有 10s 左右。

（6）对煤种的适应能力强。对煤中杂物不敏感，磨损部件使用周期长。

（7）能保持一定的风煤比。

（8）低负荷时能增加煤粉细度，对燃用低挥发分煤的锅炉稳燃有利。

（9）具有显著的灵活性。在低负荷时，可以半台磨煤机运行。此外，当一台给煤机故障或一端落煤管堵煤时，磨煤机仍然可以照常运行。

四、D-11-D 双进双出钢球磨煤机的油系统

1. 磨煤机耳轴提升和润滑油系统

D-11-D 双进双出钢球磨煤机耳轴提升和润滑装置结构如图 5-6 所示，该装置主要作用如下：

（1）在磨煤机启动之前，利用高压润滑油的液压作用，提高磨煤机主轴，使其离开主轴承轴瓦，防止发生摩擦，损坏轴瓦。

（2）在正常的磨煤机运行工况下，提供稳定的润滑油量来润滑主轴承。

磨煤机耳轴提升和润滑装置设有两台并联的容积式电动泵，其最小流量为 14.96m³/min，泵及其管线的最大操作压力为 10.34MPa。在泵的入口设有两个并联的低压滤网、出口设有两个并联的高压滤网，在紧接泵的出口安装了一个止回阀，以保证管线和部件总是处于备用状态。润滑油从油箱经低压滤网被抽出，流过高压滤网，连续送至磨煤机两侧的主轴承。真空表显示出泵吸入口低压滤网的清洁和脏污情况。泵的出口和高压滤网出口各设有压力开关和压力表，用来反映高压滤网的清洁和脏污情况。流量计显示油的流量。

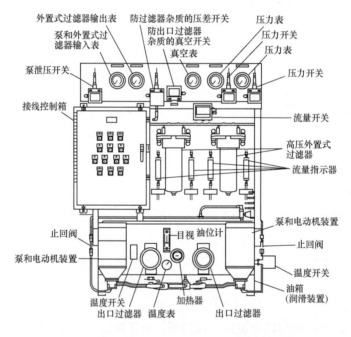

图 5-6　磨煤机耳轴提升和润滑装置结构图

2. 磨煤机喷淋油系统

D-11-D 双进双出钢球磨煤机的大齿轮和小齿轮由单独的喷淋油系统润滑如图 5-7 所示，使用气动筒式泵和多个喷嘴将润滑油直接喷入大齿圈，润滑油经过大齿轮送到小齿轮上，在小齿轮的下方有一接油盘接受从小齿轮溢出和飞溅的润滑油，大齿轮下方也有一个接油盘接受由齿轮飞溅出的多余润滑油以及从小齿轮接油盘内溢出的润滑油。开式齿轮喷淋系统工作程序为控制器打开 A、B 两个电磁阀，气动泵开始工作。定量的油脂从双线分配器输送到喷嘴，润滑脂被压缩空气在喷嘴内雾化后，喷在大齿轮表面。当双线分配器工作一次时，系统压力开始升高到设定值，换向阀换向。换向阀限位开关工作时，关闭泵的电磁阀 A，但喷嘴

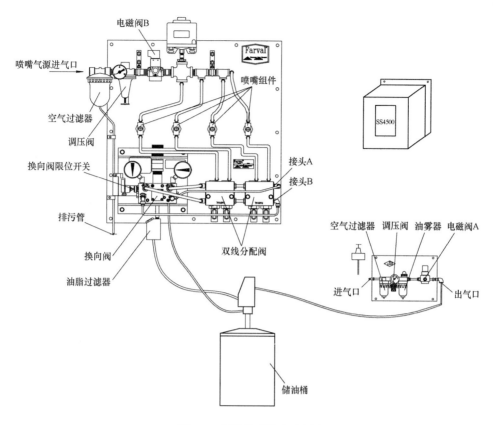

图 5-7　磨煤机喷淋油示意图

气路的电磁阀 B 则滞后关闭，吹净喷嘴上残留的油脂。系统压力通过换向阀卸荷到油泵，另一条油路接通油泵，在泵的下一个工作循环中建立压力，重复执行上述步骤。

3. 润滑

磨煤机各部件润滑油见表 5-3。

表 5-3　　　　　　　　　　　　磨煤机各部件润滑油

用油部位	用油名称及型号	用油量	换油周期	备注
主轴承	MOBIL　ISO320	227.1L	每年	—
	SHELL　320		—	—
大齿轮润滑脂	whitmore envirolube　HVY	—	—	—
减速箱	MOBIL　SHC629	136L	3000h	—
盘车	MOBIL　SHC629	53L	每年	—
小齿轴承	MOBILAX2	1.2kg	每年	—
	SHC220		—	—
绞龙轴承	MOBILAX2	0.5kg	每年	—
	Zeniplex　2 号		—	—
低速联轴器	KOP-PLOX..KSG	—	—	—

第三节　煤粉制备系统及主要辅助设备

一、煤粉制备系统

燃用煤粉锅炉由煤粉制备系统供应合格的煤粉。煤粉制备系统是指将原煤磨制成粉，然后送入锅炉炉膛进行悬浮燃烧的设备和相关连接管道的组合，通常简称为制粉系统。

煤粉制备系统可分为直吹式和中间储仓式两种。所谓直吹式系统，是指煤粉经磨煤机磨成煤粉后直接吹入炉膛燃烧；而中间储仓式制粉系统，是将磨好的煤粉先储存在煤粉仓中，然后再根据锅炉运行负荷的需要，从煤粉仓经给粉机进入炉膛燃烧。

该制粉系统是由两个独立对称的回路所构成。每个回路的流程为：原煤由原煤仓经过给煤机送入，经过高温的一次风干燥后与分离器出来的回粉汇合，到达磨煤机进煤管的螺旋输送器，由其带动沿着与风粉混合物相反的方向送入磨煤机筒体内。热风从中心管进入磨煤机筒体，完成对煤的干燥，并把磨好的煤粉带出磨煤机，进入分离器。分离出来的粗颗粒返回磨煤机进行重新磨制，分离出来的细煤粉离开分离器，通过煤粉管道送入燃烧器。通过改变分离器内调节挡板的开度可调节煤粉的细度。在该系统中，磨煤机处于正压下工作，为防止煤粉泄漏，系统中配备了密封风。

二、给煤机

给煤机是制粉系统的主要辅助设备之一，其作用是将原煤按要求数量均匀、连续、可调的送入磨煤机。

给煤机的种类很多，电厂中目前主要采用电子称重式给煤机和刮板式给煤机。下面以电子称重皮带式给煤机为例介绍。

1. 给煤机的技术及性能参数

给煤机的技术及性能参数见表5-4。

表 5-4 给煤机的技术及性能参数

	项目	单位	参数
给煤机	形式	—	无级变速电子称重式
	型号	—	EG2690
	数量	台/机组	8
	出力（最大/最小）	t/h	54.7/9
	进口直径	mm	660.4
	出口直径	mm	660
	称重方式	—	电子称重
	承受的爆破压力	kg/cm³	3.5
	皮带驱动减速比	—	80：1
	清扫链驱动减速比	—	1500：1
电动机	形式	—	交流互感式
	控制方式	—	变频式
	功率	kW	2.2
	电压	V	380
	转速	r/min	1480
	频率	Hz	50

2. 电子称重式给煤机的工作原理

电子称重式给煤机在工作时，煤从原煤仓通过煤闸板落到皮带上，在进口处皮带上方装有一块裙状板，以利于煤落到皮带上。皮带在电动机的驱动下连续运转，将煤输送到出口处。变频驱动式转速控制器为交流电动机提供转速控制，从而控制皮带转速，以调节给煤量。清扫装置安装在皮带下方，用于清扫底部托盘中的落煤和杂物，防止这些物质堆积、自燃。在皮带下面装有两个间距很准确的托辊构成称重跨距，在称重跨距的中间装有一个与高精度称重传感器相连的称重托辊。当煤通过这个称重跨距时称重传感器发出一个与称重托辊所支撑的质量成正比的电信号，该信号经过 A/D 变换后以数字信号形式送给微处理机控制系统，微处理机将皮带速度与质量信号相乘得出给煤机的给煤量。微处理机通过调节驱动电动机的转速，使给煤机的实际给煤量与所需给煤量相吻合。给煤机的电子控制装置位于微处理机/电控柜内，可以实现远方/就地控制。

3. 电子称重式给煤机的结构

CS2024 电子称重式给煤机结构图如图 5-8 所示，给煤机由给煤机壳体、皮带驱动器、清扫机构驱动器、张紧机构、称重机构、皮带断煤报警装置等组成。

壳体均为耐压式，可承受 0.34MPa 的抗爆压力。坚固的壳体既保持整体密封，又起支撑作用。给煤机与煤流相接触的所有结构性部件均采用 304 型不锈钢制造。进料口装有导流板，皮带有边缘，使燃料的运动具有一定的导向性。入煤口处皮带上部、后端及两侧均装有裙板，使煤不能散落在皮带外面。入煤口端部的裙板是可以拆卸的，以用于杂物、大煤块的排除。安装于入煤口下端（靠近出煤口一侧）的整形板对煤流进行修整，以形成均匀煤流截面，可以最大限度地提高称重精度。

皮带驱动装置包括电动机、减速器、驱动轮与被动轮等部件。皮带由位于出煤口附近的机械主驱动滚筒、入煤口端的开槽自洁式被动滚筒和在入煤口下方的支撑板进行支撑，中部返程皮带上装有张紧托辊，以其恒定的重力张紧皮带，它与被动滚筒端面调整螺栓配

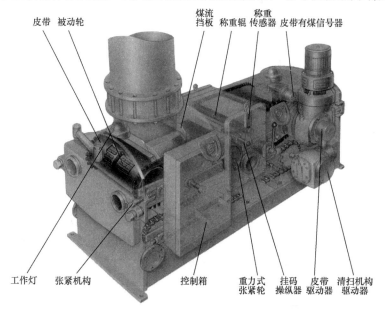

图 5-8　给煤机结构图

合组成最佳张紧机构。皮带外侧设有柔性刮削器，在将燃煤输送到出口之后连续清扫皮带的载物表面。特制的皮带具有非常好的柔韧性，模压的裙边具有防溢功能且有较好的曲折性，而底部的凸形导向条与壳体内的驱动轮和被动轮上的凹槽相配合，则能有效地阻止皮带的跑偏，如图5-9所示。

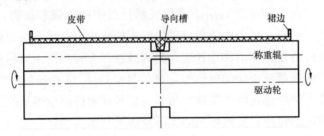

图5-9　给煤机皮带示意图

在给煤机出口处设置有配重式皮带刮料器，可以清除黏附在皮带表面的粉尘。在皮带的下方设置有清扫输出装置，由刮板链条组和驱动电动机、减速机等组成，用于对给煤机的底部进行自动清扫，以防止积煤，防止煤粉堆积引起自燃或影响皮带的驱动和称重。

给煤机设置有能在外部调节的皮带张力调整组件，它包括作调整用的不锈钢螺栓、带导轨的被动轮的活动轴套以及张力调整装置（蝶形弹簧垫片或配重轮）和相应的指示器等。

称重组件由两根跨距托辊和一根称重辊组成的轻巧型称重平台配以双悬梁垂直式称重模块组成，能够对较低的皮重保持较高的灵敏度，从而能精确地称量单位长度上的煤重，如图5-10所示。

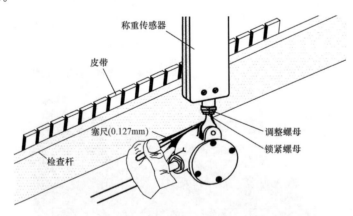

图5-10　给煤机称重示意图

在给煤机称重平台外侧与驱动轮之间皮带上方设置有旋叶式欠煤挡板，当皮带上煤层顶起挡板后，通过转轴上的凸轮开关，发出有煤信号。同理设置在给煤机出口的堵煤挡板，在落煤管堵煤时堆煤推动堵煤挡板，堵煤开关发出堵煤信号。有煤、堵煤信号将参与逻辑控制，如图5-11所示。

4. 电子称重式给煤机的优点

电子称重式给煤机在同类产品中不仅具有对给煤量进行精确计量和对给煤率进行精确

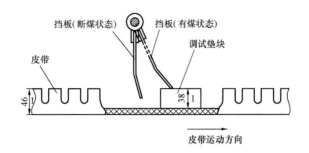

图 5-11 给煤机皮带断煤报警装置示意图

控制、运行稳定性好、可靠性高、坚固耐用等特点，而且具有以下独特的优点。

（1）给煤机壳体全密封钢结构，钢板厚度 8mm，真正全封闭，不漏粉。

（2）称重托辊、驱动滚筒全部由壳体支撑，结构牢固，稳定可靠，确保长期运行的称重精度。

（3）张紧滚筒特别设计，具有皮带自洁功能，有效防止皮带内侧粘煤。

（4）皮带中央有防跑偏导向径，滚筒、托辊中央有导向槽，可以有效防止皮带跑偏。

（5）驱动滚筒特别设计，使皮带运行时具有向心作用。

第六章
风、烟系统及设备

第一节 概　　述

风机是一种把机械能转变为流体势能和动能的动力设备。在火力发电厂中，风机担负着连续不断地供给燃料燃烧所需要的空气，并把燃烧生成的烟气及飞灰排出炉外的任务，同时，克服空气流经各个部件和烟气流经各个受热面的流动阻力。风机在锅炉上的应用主要为送风机、引风机、一次风机等。

随着单机发电容量的增大，为保证机组的安全可靠和经济合理的运行，对风机的结构、性能和运行调节也提出了更高更新的要求。电厂中采用的风机一般有离心式和轴流式两种形式。离心式风机有较悠久的发展历史，具有结构简单、运行可靠、效率较高、制造成本较低、噪声小等优点。但随着锅炉单机容量的增长，离心风机的容量受到叶轮材料强度的限制，不能随锅炉容量的增加而相应增大，而轴流式风机的容量可以很大，而且有结构紧凑、体积小、质量轻、耗电低、低负荷时效率高等优点。

电厂锅炉中应用最广泛的通风方式为平衡通风。即利用送风机正压力克服空气流通过程中的阻力，而用引风机的负压力克服烟气流通过程中的阻力，使炉膛出口为微负压。这样，炉膛和烟道负压不高，漏风较小，锅炉房卫生条件较好。亚临界机组的锅炉一般采用平衡通风方式。

一、轴流式风机

1. 工作原理

轴流式风机得名于流体从轴向流入叶轮并沿轴向流出。其工作原理基于机翼型理论：气体由一个功角 α 进入叶轮时，在翼背上产生一个升力，同时在翼腹上产生一个大小相等方向相反的作用力，该力使气体排出叶轮呈螺旋形沿轴向向前运动。同时，风机进口处由于压差的作用，气体不断地被吸入。

对动叶可调轴流式风机，功角 α 越大，翼背的周界越大，则升力越大，风机的压差就越大，而风量越小。当功角 α 达到临界值时，气体将离开翼背的型线而发生涡流，导致风机压力大幅度下降而产生失速现象。

因为轴流式风机中的流体不受离心力的作用，所以由于离心力作用而升高的静压能为零，因而它所产生的能头远低于离心式风机。故一般适用于大流量低扬程的地方，属于高比转速范围。

2. 轴流式风机的分类

轴流式风机可分为以下四种基本形式。

（1）在机壳中仅有一叶轮，没有导流叶片，如图6-1（a）所示。这是轴流式风机最简单的一种形式，仅用于低压风机中。

（2）在机壳内装有一个叶轮和一个固定的出口导叶，如图6-1（b）所示。一般，将叶轮称为动叶，导叶称为静叶，导叶装在叶轮后面的风机称为后置静叶型风机。此类风机常用于高压引风机，300MW 机组使用的轴流式送风机、引风机大多采用后置静叶形式。国产超临界锅炉的送风机一般采用这种形式，有些锅炉的一次风机也采用后置静叶风机。风机的动叶角度可通过液压装置在运行或停转时进行调节，适应所带负荷的变化。

（3）在机壳内装有一个叶轮和一个固定的进口导叶，如图6-1（c）所示。此类风机即前置静叶型，这种形式与后置静叶型相比，由于流入动叶时的相对速度较大，其能量损失较大。但它具有下述优点。

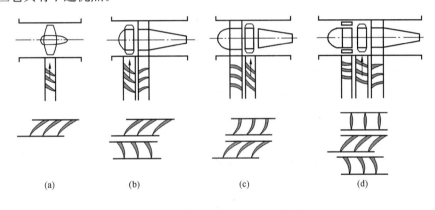

图 6-1　轴流式风机形式示意图

(a) 形式1；(b) 形式2；(c) 形式3；(d) 形式4

1）当转速和叶轮尺寸相同时，前置静叶因预旋而获得的能头比后置静叶高。若流体需获相同能量时，前置静叶型的叶轮直径比后置静叶型小一些，所以体积较小、重量轻。

2）当工况发生变化时，由于风机的冲角变动较小，所以效率变化也较小。

3）若前置静叶做成可调节角度的型式，在工况变化时，可通过调节静叶角度，使其保持高效率。

由于前置静叶型有以上优点，一些中小型风机常采用此形式。

（4）在机壳中装有一个叶轮并具有进、出口导叶，如图6-1（d）所示。若将前置静叶做成可调角度式，在设计工况时，调节静叶使其出口速度为轴向；当流量减小时，使它向动叶旋转方向转动；流量增大时，则向反方向转动。这样可以适应很大的流量变化，且一直保持为高效率，因此前置调节静叶形式适用于流量变化很大的地方，如大容量锅炉的引风机。但是这种形式的风机结构复杂，制造、操作、维护等相对较困难。

二、离心式风机

1. 工作原理

风机叶轮旋转时，叶轮的叶片迫使流体旋转，与此同时，流体在惯性力的作用下，从中

97

心向叶轮边缘流去，并以很高的速度流出叶轮，进入蜗壳，再由出口排出，这个过程称为压气过程。同时，由于叶轮中心的流体流向边缘，在叶轮中心形成了低压区，当它具有足够的真空时，在入口端压力作用下（一般是大气压）流体经入口进入叶轮，这个过程称为吸气过程。由于叶轮的连续旋转，流体也就连续的排出、吸入，形成了风机的连续工作。

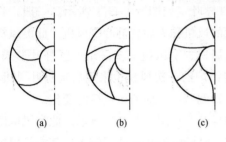

图 6-2　离心式风机叶片形式示意图

(a) 前弯式；(b) 后弯式；(c) 平直式

2. 轴流式风机的分类

离心式风机的结构比较简单，制造方便，叶轮和蜗壳一般都用钢板制成。通常采用焊接结构，有时也用铆接。

依据叶片形式不同，离心式风机可分为前弯式、平直式和后弯式三种基本形式，如图 6-2 所示。低压通风机常采用前弯叶片，因为在相同流量和总压头下，前弯叶片的通风机直径小，这样可减轻质量，但其效率比较低。中压、高压通风机多采用后弯叶片，大功率的大型通风机也常采用后弯叶片。

三、轴流式风机和离心式风机主要特点比较

轴流式风机调节效率高而且可以一直在高效率区域工作，其运行费用较离心式风机低。轴流式风机可以制造成动叶片可调或静叶片可调，效率最高可达 90%，而采用机翼型叶片的离心式风机效率可达 92.8%，因此，在设计负荷时，离心式风机的效率稍高一点。但当机组带低负荷时，采用动叶可调的轴流式风机效率比具有入口导向装置调节的离心式风机高很多。

对风道系统风量变化的适应性方面，轴流式风机优于离心式风机。如在进行风道系统的阻力计算时，计算结果不准确，计算阻力小于实际阻力；或当锅炉燃用煤种变化造成所需风量和风压不同时，会使机组达不到额定出力。而轴流式风机可以采用关小或开大动（静）叶片的角度来适应风量、风压的变化，对风机的效率影响很小。

轴流式风机在质量、飞轮效应值等方面比离心式风机好。在相同的风量、风压参数下，轴流式风机允许采用较高的转速和较高的流量系数，其转子较轻，即飞轮效应值较小，这样，轴流式风机的启动力矩比离心式风机的启动力矩小很多。计算和实际运行表明，轴流式风机的启动力矩只有离心式风机的 14.2%～27.8%。

轴流式风机的转子结构比离心式风机的转子复杂，其旋转部件多，制造精度要求高，对叶片材料的质量要求也高。因此轴流式风机的运行可靠性比离心式风机稍差一些。但是国产动（静）叶可调轴流式风机均从国外引进技术，从设计、结构、材料和制造工艺上加以改进和提高，使目前轴流式风机的运行可靠性可与离心式风机一样。

因为轴流式风机的叶片数通常比离心式风机多两倍以上，转速也比离心式风机高，所以当轴流式风机与离心式风机的性能相同时，轴流式风机噪声强度比离心式风机高。然而，对于性能相同的两种风机，若要把噪声消减到允许的噪声标准（85dB），在消声器上所花费的投资相差不大。

第二节 轴流式送风机

某厂 1205t/h MB-FRR "Ⅱ" 型锅炉分别配备两台 ML-H1-R140/255 型动叶可调轴流送风机，HG-1056/17.5-YM21 "Ⅱ" 型锅炉分别配备两台 FAP19-9.5-1 型动叶可调轴流式风机。

一、送风机的技术及性能参数

送风机的技术及性能参数见表 6-1。

表 6-1　　　　　　　　　　　　　送风机的技术及性能参数

项目		单位	参数	规范	
				BMCR	TB
送风机	形式	—	卧式单级轴流式	卧式单级轴流式	
	型号	—	ML-H1-R140/255	FAP19-9.5-1	
	数量	台/机组	2	2	
	调节方式	—	动叶倾角可调	动叶倾角可调	
	体积流量	m³/s	244.67	121.95	132.86
	入口静压	Pa	−392	—	
	出口静压	Pa	3724	—	
	风机静压	Pa	4116	3282	3775
	风机转向	—	逆时针旋转（从电动机侧看）	逆时针旋转（从电动机侧看）	
	风机转速	r/min	980	1470	1470
	风机效率	%		88.08	87.58
	入口温度	℃	20	20	31
	入口气体密度	kg/m³	1.1357	1.14	1.09
	动叶调节范围	(°)	—	45	45
	联轴器	—	刚性联轴器	RIGIFLEX 平衡联轴器	
	风机轴功率	kW		468	565
电动机	形式	—	三相感应异步电动机	三相感应异步电动机	
	型号	—		YKK4504-4	
	数量	台/机组	—	2	
	功率	kW	1340	630	
	电压	kV	6	6	
	频率	Hz	—	50	
	转速	r/min	1000	1490	
	极数	极	6	4	
	绝缘等级	—		F	
	额定电流	A	151	75	
	启动电流	A	900	423	
	轴承润滑	—	稀油润滑	油脂润滑	

续表

项目		单位	参数	规范	
				BMCR	TB
控制润滑油泵	型式	—	螺旋式	YXH2B25 齿轮泵	
	数量	台/机组	4	4	
	出口流量	L/min	34.5	25	
	出口压力	MPa	6.86	3.5	
控制润滑油泵电动机	类型		三相感应电机	Y100L1-4	
	数量	台/机组	4	4	
	功率	kW	8	2.2	
	转速	r/min	1000	1420	
	频率	Hz	50	50	
	电压	V	380	380	

二、ML-H1-R140/255 型动叶可调轴流式风机的结构及技术特点

如图 6-3 所示，ML-H1-R140/255 型动叶可调轴流式送风机主要包括进气箱、转子机壳、尾部机壳、扩散器、转子组件、主轴承组件、动叶倾角控制机构、联轴器及其保护罩、进、出口配对法兰等。

风机的结构形式为单级轴流式，由焊接构件制成。动叶片可在静止状态或运行状态用液压装置改变安装角度。叶轮由一个整体轴承组支承，轴承通过润滑装置不断地输入润滑油润滑。

为方便转子检修，电动机和风机用两个联轴器和一根中间轴连接。风机的旋转方向迎

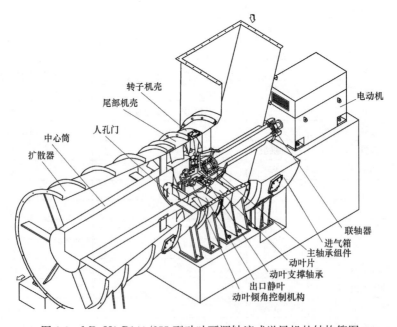

图 6-3　ML-H1-R140/255 型动叶可调轴流式送风机的结构简图

着气流方向为顺时针，从电动机方向看是逆时针。

1. 进气箱

进气箱外壳是焊接结构，由外壳、中间轴保护罩、联轴器盖等组成，如图 6-4 所示。进气箱中心线以下设计成弧形结构，能够产生良好的吸入气流，并在动叶片前形成均匀流体，更符合气流流动规律，减小进气箱进气损失，同时相对减少了气流的脉动，有利于提高风机转子的做功效率。在进气箱外壳的逆流侧，通过可伸缩式补偿器，装有一个消声器，而其顺流侧用螺栓连到转子外壳。进气箱下部设有人孔门，不仅用于检修机壳内部，还用来在移走上半部机壳之前，拆除虹吸口内部机壳的中分面连接螺栓。

2. 转子机壳

转子机壳同样是焊接结构，由外部机壳、内部机壳、轴承座、支撑导叶等组成，如图 6-5 所示。

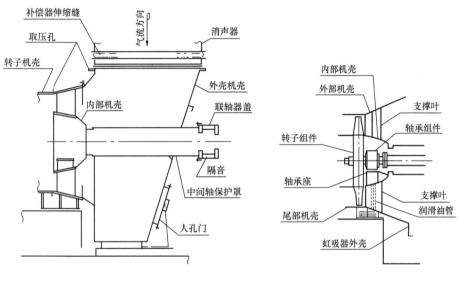

图 6-4　进气箱结构图　　　　　图 6-5　转子机壳结构图

转子机壳具有水平中分面，机壳的中分面以及前、后法兰均使用螺栓连接，很容易拆除上半部机壳，便于安装和检修转子组件，优于其他轴流式风机需轴向位移检修的繁琐。水平中分面上部可拆分机壳质量约为 3.9t。转子机壳的内表面经过机械加工，可以保证叶片顶部与壳体有准确的间隙。叶顶与机壳之间任意位置间隙保持 2～5mm。转子机壳的逆流侧与虹吸器机壳相连，内壳和外壳分别形成圆锥形，使动叶吸入气流统一，以减少压力损失。机壳在工厂内整体装配，进行整机试车后整体出厂。现场安装方便，只需把进气箱、机壳、扩压器分别装于基础预埋件上即可。连接到轴承组件的供油管、回油管安装在支撑导叶的内部，因此不会扰动气流。

3. 尾部机壳和扩压器

尾部机壳是焊接结构，由外部机壳、内部机壳、出口静叶和动叶调节连杆机构支撑组成。出口静叶被焊接在内部机壳和外部机壳之间。液压伺服装置安装在内部机壳内部，供油管、回油管以及排油管安装在出口静叶内部，均不会扰动气流，如图 6-6 所示。

扩压器也是焊接结构，由内部机壳、外部机壳和支撑板组成。扩压器逐渐减速动叶和静叶产生的轴向旋转气流，并将其恢复到静态压力。扩散器的形状有利于静态压力的最大恢复，如图 6-7 所示。

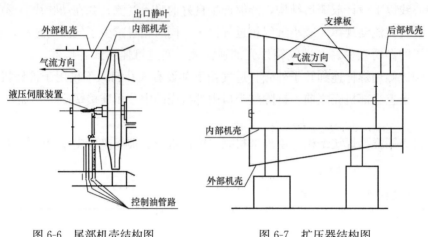

图 6-6　尾部机壳结构图　　　　　　图 6-7　扩压器结构图

4. 转子组件

转子组件由转子轮、动叶片、主轴、主轴承组件、中间轴、液压伺服装置等组成。风机转子总重约为 2.5t。

（1）转子。由动叶片、动叶支撑轴承、动叶轴螺母、曲柄以及滑片、液压伺服装置等装配而成，通过主轴和中间轴被紧紧地连接到驱动电动机上。转子配有的液压伺服装置通过定位轴、调节盘和曲柄传递到动叶，使动叶倾角旋转，因此同时改变所有动叶的倾角。

转子轮毂采用锻钢制造，强度刚度相当高，优于其他技术的铸件结构，并且加工和检验技术成熟，比铸件结构能保证质量。转子轮毂外侧设有平衡片凹槽，用于更换动叶片后的平衡。

（2）动叶片。动叶片由高强度锻铝制造而成，为实心结构，采用了层流、螺旋叶面等在高速下能够有高性能的技术。动叶片通过动叶支撑轴承与动叶轴螺母固定于轮毂上，叶柄根部与曲柄通过锯齿状插接传递力矩，打开或关闭动叶。这种连接方式不像使用螺栓的摩擦适配型，能够确保连接部位没有滑动或滞后地传递力矩，便于装配和拆卸，如图 6-8所示。叶顶与机壳之间任意位置间隙保持 2～5mm，以防发生碰擦，但间隙也不宜过大，否则泄漏量增加，效率降低。

（3）动叶支撑轴承使用了低摩擦系数的推力滚珠轴承，采用密封油脂润滑形式，不会发生由于润滑脂的散射或异物的侵入而引起黏滞或由于不平衡而加剧振动现象。

（4）主轴。主轴一端支撑叶轮，另一端通过刚挠性联轴器和穿过进气箱的中间轴与置于进气箱外侧的电动机连接。

（5）中间轴。中间轴外有中间轴护罩，用于防止进气箱漏气和转动的中间轴与气流隔开，保持进气箱气流稳定。

5. 主轴承组件

主轴承组件为整体结构，主要由轴承箱、轴承盖、滚柱轴承、斜角滚珠轴承以及油封等组成，如图 6-9 所示。轴承箱通过衬垫安装在风机内机壳的轴承座上。轴承箱内装有三列轴承，其中一盘滚柱轴承在轴承箱的内部靠近风轮侧，承载转子组件的质量；另外两盘斜角滚珠轴承靠近联轴器侧，用来承载推力。所选用的轴承，在风机的设计条件下，均有8～10 年的寿命。轴承由强制循环供油系统润滑和冷却，轴承箱底部自然形成油室，以防止在所有的润滑油泵发生故障、风机停运前烧毁轴承。轴承箱两侧装有铜制迷宫式油封，并装有聚四氟乙烯密封条，防止漏油。

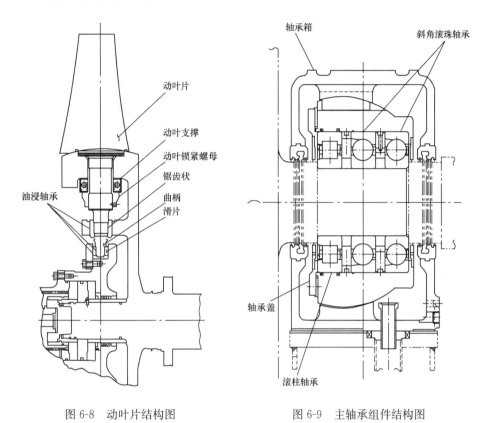

图 6-8　动叶片结构图　　　　图 6-9　主轴承组件结构图

6. 动叶倾角控制机构

ML-H1-R140/255 型动叶可调轴流式送风机如图 6-10 所示，动叶片通过伺服器、调节器和液压缸实现调节，使调节范围较广（50°～55°），可达到最小的容积流量，且调节灵敏，传动可靠，操作方便，远胜于机械调节装置。

液压动叶调节装置具有反馈机构。需要叶片调节至某一角度，叶片就定在该角度，液压动叶调节装置操纵力矩小，调节灵活、方便。机壳外设置叶片角度指针和刻度盘，现场观察直观、方便。

7. 控制/润滑油站

每台风机装设有一套油系统，由组合式的控制供油装置和润滑供油装置组成，如图6-11 所示。

油箱为防尘封闭式，有效容积约 300L，耐压 50kPa。油系统有两台容量相同的叶片泵，出口压力为 6.86MPa，流量为 34.5L/min。正常运行时，一台运行，另一台备用。

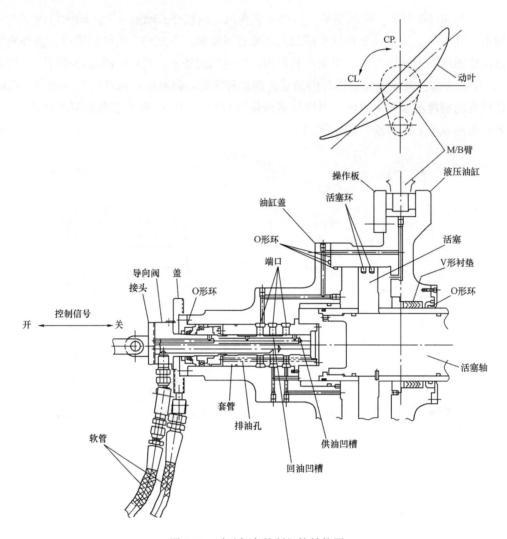

图 6-10 动叶倾角控制机构结构图

泵将油从油箱吸出，一路经过油管路过滤器把压力油送到动叶液压调节机构，另一路经恒压调节阀及油冷却器送到主轴承供润滑用，回油均返回油箱。

每台泵的入口装有一个虹吸过滤器，该过滤器的精度为 150 目，出口管路设有两台可以相互切换的过滤器，过滤精度为 20μm。油站具有温度、压力、流量、液位等保护，运行安全、可靠，调整、操作方便。

三、FAP19-9.5-1 型动叶可调轴流式风机的结构及技术特点

如图 6-12 所示动叶可调轴流式送风机一般包括进口消声器、进/出口膨胀节、进口风箱、机壳、转子、扩压器、联轴器及其保护罩、调节装置及执行结构、液压及润滑供油装置和测量仪表、风机出口膨胀节、进/出口配对法兰。此外，每台风机均设有喘振报警装置。

风机的结构形式为单级，由焊接构件制成。动叶片可在静止状态或运行状态用液压装置改变安装角度。叶轮由一个整体轴承支承，该轴承通过润滑装置不断地输入清洁的润

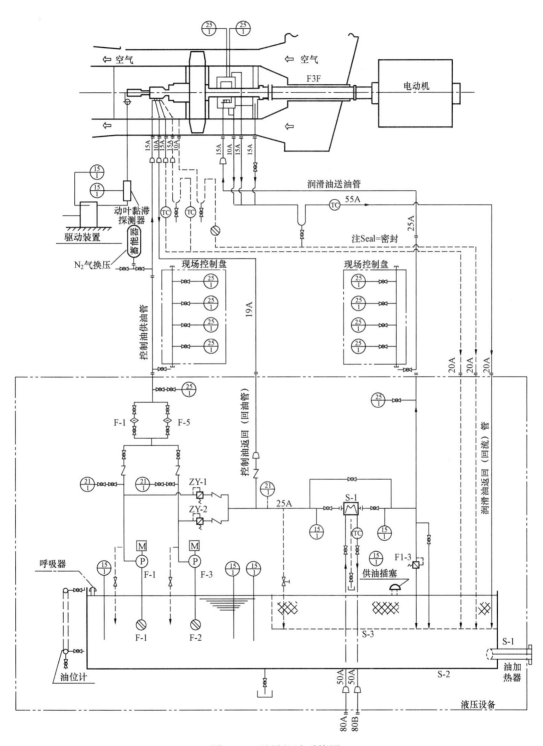

图 6-11 送风机油系统图

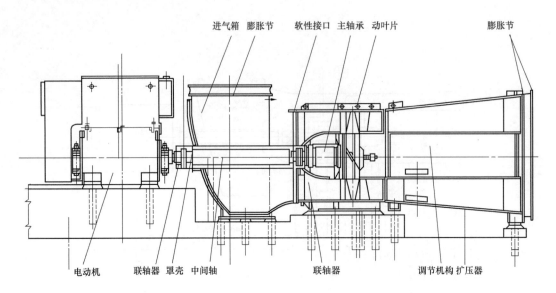

进气箱　膨胀节　　　软性接口　主轴承　动叶片　　　　　　　膨胀节

电动机　　联轴器　罩壳　中间轴　　　　联轴器　　　　　调节机构　扩压器

图 6-12　FAP19-9.5-1 型动叶可调轴流式送风机结构图

滑油。

为了使风机的振动不传递至进出气管路，在两端连接处都装有膨胀节，电动机和风机用两个联轴器和一根中间轴相连，使转子的检修方便。风机的旋转方向迎着气流方向为顺时针，从电动机方向看是逆时针。

1. 进气箱和扩压器

进气箱和进气管道、扩压器和排气管道分别通过挠性进气膨胀节和排气膨胀节连接；进气箱和机壳、机壳与扩压器间用挠性围带连接。这种连接方式可防止振动的传递和补偿安装误差和热胀冷缩引起的偏差。进气箱中心线以下设计成弧形结构，更符合气流流动规律，减小进气箱进气损失，并相对减少了气流的脉动，有利于提高风机转子的做功效率。进气箱、扩压器、机壳保证相对轴向尺寸，形成较长的轴向直管流道，较其他技术风机轴向尺寸长 30%，虽然增加了加工成本，但风机气流流动平稳，减少了流动损失，提高了抗不稳定性能，保证了风机效率。进气箱和扩压器均设有人孔门，便于检修。进气箱有疏水管。

2. 机壳

机壳的水平中分面以及机壳前、后的法兰由螺栓或挠性围带连接，很容易拆卸机壳上半，便于安装和检修转子组件，优于其他轴流式风机需轴向位移检修的繁琐。机壳底部有钢制底脚，底脚下配置独立的调平螺钉，便于安装和调平，机壳在基础上的固定采用预埋地脚螺栓箱，地脚螺栓二次灌浆，安装调整方便。机壳在工厂内整体装配，进行整机试车后整体出厂。

3. 转子

转子由轴承箱、叶轮、中间轴、液压动叶调节装置等组成。

（1）轴承箱。轴承箱为整体结构，借助两个与主轴同心的圆柱面内置于机壳内筒中的下半法兰上，轴承箱两个法兰的下半部分与机壳内圆筒的相应法兰用螺栓固定。机壳上半内筒的法兰紧压轴承箱对应法兰。整体轴承箱及其固定方式，保证了轴承箱的刚性，安装极其牢固，并且无论进行多少次装拆，不需作重新调整，总能保证叶轮和机壳的同心。

轴承箱采用进口滚动轴承，其中一端为圆柱滚动轴承，另一端为圆柱滚子轴承和向心推力轴承。轴承采用油池和强制循环润滑和冷却。轴承外侧装有氟橡胶制的径向轴密封，防止漏油。

置于整体式轴承箱中的主轴承为油池强制循环润滑。润滑油和液压油均由 25L/min 的公用油站供油。

（2）叶轮。叶轮轮壳采用低碳钢（后盘及承载环为锻件）通过多次焊接后成型，强度刚度相当高，优于其他技术的铸件结构，并且加工和检验技术成熟，比铸件结构能保证质量。叶轮悬臂装在轴承箱的轴端。叶轮与主轴采用过盈配合，需要借助液压装拆工具进行装拆，检修方便，不会损坏叶轮与轴的配合面。

（3）叶柄。叶柄置于轮壳内部，通过径向止推轴承安装在轮毂支撑环上，叶片离心力通过叶柄，最终由 2 个叶柄轴承和锻件支撑环承受。叶柄采用锻件，轴径较其他风机轴径技术粗一倍，安全系数较高，提高了风机运行的可靠性。叶柄轴承采用 2 个滚动轴承，转动灵活，寿命长。

（4）主轴。主轴一端支撑叶轮，另一端通过按引进技术制造的刚挠性联轴器和穿过进气箱的中间轴与置于进气箱外侧的电动机连接。

（5）中间轴。中间轴外有中间轴护罩，用于防止进气箱漏气和转动的中间轴与气流隔开，保持进气箱气流稳定。

（6）叶片。叶片为机翼形扭曲叶片，由高强度铸铝合金采用真空差压铸造而成，无杂质，密度高，叶片整体晶相结构紧密接合，过渡平滑，结构强度高。并按 TLT 公司技术标准 X 光拍片，进行表面渗透检验和实物解剖试棒性能试验。

为了提高局部做功，取叶片弦长最优最长，提高风机叶片的抗振能力，保证风机稳定启停。叶顶与机壳之间任意位置间隙保持 2～5mm，以防发生碰擦，但间隙也不宜过大，否则泄漏量增加，效率降低。

叶片用 6 个直径为 M10 的特制高强度螺栓固定在叶轮内的叶柄上，加上机壳水平剖分，检修更换叶片方便。叶柄通过叶柄推力轴承、导向轴承和叶柄螺母等装在叶轮内，轴承采用油脂润滑。叶柄通过调节杆、滑块、调节环与液压调节装置连接，液压调节装置固定在叶轮的支承体内。其结构布置方式使调节叶片所需的液压缸推力的反作用力由叶轮承受，不会传给主轴的推力轴承。

（7）液压动叶调节装置。动叶片通过伺服器、调节器和液压缸实现调节，使调节范围较广（50°～55°），可达到最小的容积流量，且调节灵敏，传动可靠，操作方便，远胜于机械调节装置。液压元件所用的油压是统一的（油约为 2.5MPa，润滑油约为 0.6MPa），但油缸有不同尺寸，供不同型号的风机选用。

液压动叶调节装置具有反馈机构。需要叶片调节至某一角度，叶片就定在该角度，液压动叶调节装置操纵力矩小，只需 30～50N·m，采用 100N·m 电动执行器，调节灵活、方便。

机壳外设置叶片角度指针和刻度盘，现场观察直观、方便。

值得重视的是每个叶片的叶柄上配有"平衡重"，平衡叶片离心力产生回复力矩，降低调节力,因此,调节油压实际仅需约 18×10^5 Pa 以下,调节油压设定 25×10^5 Pa,油泵 35×10^5 Pa,油压较低,调节系统安全性、可靠性强。如用油压来克服此力矩,则整台风机将需要 60×10^5 Pa 以上的油压,这将对风机安全运行增加很大的难度。

4. 油站

风机液压润滑供油装置由组合式的润滑供油装置和液压供油装置组成,FAP19-9.5-1 送风机油系统如图 6-13 所示。

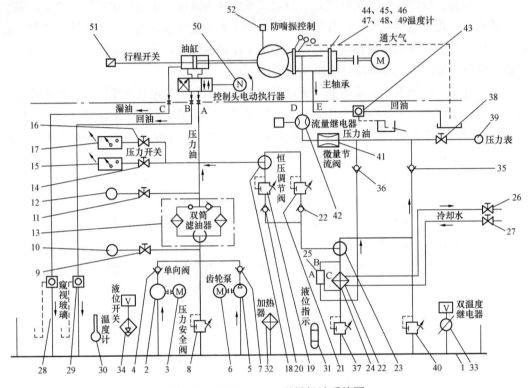

图 6-13　FAP19-9.5-1 送风机油系统图

1—油箱;2、5—齿轮油泵;3、6—电动机;4、7、20、22、35、36—单向阀;8、37、40—压力安全阀;9、11、14、16、26、27、38—截止阀;10、12、39—压力表;13—双筒滤油器;15、17—压力开关;18、23—三通;19、21—恒压调节阀;24—冷却水观察窗;25—冷油器;28、29、43—窥视玻璃;30—温度计;31—液位指示器;32—加热器;33—双温度继电器;34—液位开关;41—微量调节阀;42—流量继电器;44～46—电阻温度计;47～49—液体温度计;50—电动执行器;51—行程开关;52—防喘振控制

油站由两台油泵传动切换运行,过滤精度为 $25\mu m$。双筒过滤器可切换运行。油站具有温度、压力、流量、液位等保护,控制、报警和联锁仪表为一体式(如冰箱)设计。运行安全、可靠,调整、操作方便。

油系统有两个泵,其系统如图 6-13 所示。当主泵发生故障时,备用泵即通过压力控制器(0.8MPa)自动接通,两台泵的电动机通过压力控制器联锁。油箱为防尘封闭式,有效容积约为 250L,耐压 49kPa。泵将油从油箱吸出,经过双筒滤油器把压力油送到动叶液压调节机构,另一路经恒压调节阀及油冷却器送到主轴承供润滑用,回油均返回油箱。

油泵出口高压油为 2.5～3.5MPa,经过滤油器供液压缸动力用;经过恒压调节器的油压力为 0.6MPa 左右供轴承润滑用。润滑油经冷却器冷却后向风机轴承供油。高、低压油均设有过压安全阀。油泵出口压力低于 0.8MPa 自动启动备用油泵，低压油保护采用液压缸动力油压，油压低于 2.5MPa 时叶片角度调不动。

风机轴承设有温度保护，每个轴承上均装有轴承温度计（铂热电阻温度计、液体温度计），温度计的接线集中在风机壳体外面的接线盒内。

风机设有喘振报警装置，当发生喘振时自动发信号，此时运行人员必须立即进行处理，喘振若持续 15s 风机自动跳闸。消除喘振的办法为立即增加喘振侧的风机负荷，降低正常运行侧的风机负荷或降低锅炉负荷，降低风机出力，若在 15s 内能消除喘振，就能保证安全运行，否则风机立即跳闸。

5. 钢挠性联轴器

上鼓风机采用的 RIGIFEX 联轴器是一种平衡联轴器，能够平衡安装和运行时的误差（轴挠度和轴向变形等），如图 6-14 所示。

RIGIFEX 联轴器没有零件受到摩擦或磨损，此联轴器的联轴节是紧固的，正确公差的弹簧片是由特种高级弹簧钢制成，弹簧片成对地配置可使连接机械在三个方向上自由移动。

RIGIFEX 联轴器无需保养，不用润滑，运行在 150℃ 以下不会发生故障。

6. 消声器

消声器同样采用引进技术设计、制造。其热动力计算和流道设计是与风机技术配套引进的，消声效果良好并保证了风机的运行效率。

7. 喘振报警装置

每台风机均设有报警装置，如图6-15所示，该图中一支皮托管装于叶轮进口前，以控制喘振极限，并检查叶轮前的动压力。皮托管置于叶轮前方，开孔是背叶轮转向的，在正常情况下测到的是负压。若风机进入失速区工作，压力将波动为正常值。皮托管须经过标定，

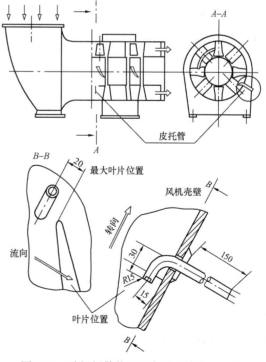

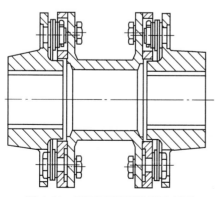

图 6-14　RIGIFEX 联轴器示意图　　　　图 6-15　喘振报警装置示意图（单位：mm）

标定值为风机在最小叶片角时的压力加上 2000Pa，作为喘振报警装置的整定值。

四、轴流式风机动叶片液压调节机构的工作原理

送风机的动叶安装角采用液压调节。动叶片在运行时通过液压调节机构可以改变叶片的运行角度并保持在一定位置。以 FAP19-9.5-1 型动叶可调轴流式风机为例，图 6-16 是叶片液压调节系统图。液压调节系统由叶片、调节杆、活塞、油缸、接收轴、主控箱（即控制滑阀）、位置反馈拉杆、输出轴、错油门滑阀、控制轴等组成。

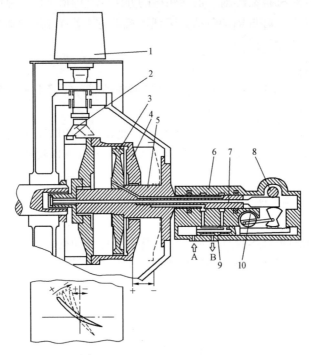

图 6-16　叶片液压调节系统图

1—叶片；2—调节杆；3—活塞；4—油缸；5—接收轴；6—控制轴；7—位置
反馈杆；8、10—输出轴；9—控制滑阀；A—压力油；B—回油

液压缸的轴线上钻有 5 个孔，中心孔是为了安装位置反馈杆，此反馈杆一端固定于缸体上，另一端通过轴承与反馈齿条连接，这样位置反馈齿条做轴向往返移动，反馈齿条带动输出轴（显示轴），输出轴与一传递杆弹性连接在机壳上显示出叶片角度的大小。同时又可转换成电信号引到控制室，作为叶片角度的开度指示，另外，反馈齿条又带动传动控制滑阀（错油门）齿条的齿轮，使控制滑阀复位。

液压缸轴中心孔周围的四孔是使缸体做轴向往返运动的供油回路。叶片装于叶柄的外端，每个叶片可用 6 个螺栓固定在叶柄上，叶柄由叶柄轴承支承，平衡块用于平衡离心力，使叶片在运动中可调。

液压缸轴固定在风机转子罩壳上并插入风机轴孔内同转子一起转动，轴的一端装液压缸缸体和活塞（固定于轴上），另一端装控制头（即控制阀，它和轴靠轴承连接）。在两轴承间被分隔成两个压力油室，该轴与风机轴同步转动，而控制头则不转动，油室的中间和两端与轴的间隙靠齿形密封环密封，使油不至大量泄出或由一油室漏入另一油室。

控制滑阀装在控制头的另一侧，压力油和回路管道通过控制滑阀与两个压力油室连接。控制滑阀的阀芯与传动齿条铰接，传动齿条穿过滑块的中心与装配在滑块上的小齿轮啮合，和小齿轮同轴的在齿轮与反馈杆相啮合。在与伺服电动机连接的输入轴（控制轴上）偏心装有约 5mm 的金属杆，嵌入在滑块的槽道中。

液压调节机构的动作原理如下。

（1）当信号从输入轴（伺服电动机带入）输入要求"＋"向位移时，控制阀左移，压力油从进油管 A 经过通路 2 送到活塞左边的油缸中，由于活塞无轴向位移，油缸左侧的油压上升，使油缸向左移动，带动调节杆偏移，使动叶片向"＋"向位移，与此同时，位置反馈杆也随着油缸左移，而齿条将带动输入轴的扇齿轮反时针转动，但控制滑阀带动的齿条却要求控制轴的扇齿轮做顺时针转动，因此位置反馈杆起到"弹簧"的限位作用。当调节力过大时，因为"弹簧"不能限制住位置，所以叶片仍向"＋"向移动，图 6-16 所示的即为叶片调节正终端的位置；但由于弹簧在一定时间内油缸的位移会自动停止，由此可避免叶片调节过大，防止小流量时风机进入失速区。

（2）当油缸向左移时，活塞右侧缸的体积变小，油压也将升高，使油从通路 1 经回油管 B 排出。

（3）当信号输入要求叶片"－"向移动时，控制阀右移，压力油从进油管 A 经通路 1 送到活塞右边的油缸中，使油缸右移，而油缸左边的体积减小，油从通路 2 经回流管 B 排出。整个过程正好与上述（1）、（2）过程相反，图 6-16 右下角所示即为叶片调节负终端时控制阀及进、出油的位置。

从上述的动作可以看出，当伺服电动机带动输入轴正、反转动一个角度时，滑块在滑道中正、反移动一个位置，液压缸的缸体和叶片也相应地在一定的位置和角度固定下来，这样输入轴正、反转动角度也可以换算成叶片的转动角度。

要注意的是液压缸的运动速度（即叶片角度的调节速度）与油压有关，油压越高，运动速度越快（一般油压为 2.45～3.43MPa），油压太高，液压缸的强度和密封元件无法承受；压力太低，当低于 1.96MPa 时推不动液压缸。一般液压缸由一端运动到另一端，全程 100mm，约需 1min。而输入轴的转动速度只与伺服机构的速度有关，这样伺服机构的速度必须与液压缸的动作相匹配。如果伺服机构动作太快，调节叶片时要滞后一段时间才能达到被调位置（因开度指示只装在指示轴上，则开度指示与叶片的实际角度是相对应的），这样就会造成调节过程中开度指示不准，造成过调或调节不足。如果伺服机构的动作速度与液压缸的动作相匹配，就可以看着叶片的实际角度位置来调节；伺服电动机的速度低于液压缸的动作速度时，液压缸的动作快慢受伺服机构的动作速度控制，叶片角度的变化由输入轴转动角度的大小通过开度指示显示出来。

五、风机叶片角度的调整

将风机的设计角度作为 0°，把叶片角度转在 -3°（或 -7°）的位置（即叶片的最大角度和最小角度的中间值），叶片的可调值为 -30°～25° 及 -30°～15°，这样将曲柄轴心和叶柄轴心调到同一水平位置，然后用螺钉将曲柄紧固在叶柄上，按回转方向使曲柄滑块滞后于叶柄的位置（曲柄只能滞后而不能比叶柄超前），所有叶片均这样装配。这样当装上液压缸时，叶片角处于中间位置，以保证叶片角度开到最大时，液压缸活塞在缸体的一端，叶片角关得最小时，液压缸活塞移动到缸体的另一端，否则当液压缸全行程时叶片能开到最大，而不能关到最小位置；或者相反，只能关到最小，而不能开到最大。

液压缸与轮毂组装时应使液压缸轴心与风机的轴心同心，安装时偏心度应调到小于0.05mm，用轮毂中心盖的三角螺钉顶住液压缸轴上的法兰盘进行调整。

当轮毂全部组装完毕后进行叶片角度转动范围的调整，当叶片角度达到20°时，锁紧液压缸正向的限位螺钉；当叶片达到−30°时，锁紧液压缸负向的限位螺钉，这样叶片只能在−30°~20°的范围内变化，而液压缸的全行程为78~80mm。当整个轮毂组装完毕后再在低速（20r/min）动平衡台上找动平衡，找好动平衡后进行整体试转，其振动值一般为0.01mm左右。

动叶可调轴流式风机在每个叶柄上都装有重6kg的平衡块，它的作用是保证风机在运行时产生一个与叶片自动旋转时相反的力，其大小相等。设计计算中总是按叶片全关来计算叶片的应力，因为叶片全关时离心力最大，即应力最大，所以叶片在运行中总是力求向离心力增大的方向变化。有些无平衡块的送风机叶片关闭时容易，启动时打不开就是这个原因。

平衡块在运行中也是力求向离心力增大的方向移动，但平衡块离心力增加的方向正好与叶片离心力增加的方向相反而大小相等，这样就能使叶片在运行时无外力的作用，可在任何一个位置保持平衡，开大或关小叶片角度的力是一样的。如果没有平衡块要想实现液压调节，液压缸就得做得很大，否则不易调整。

第三节　轴流式送风机调节

一、风机调节

锅炉运行中，风机的工作状况将随着锅炉负荷的变化而变化，以适应不同负荷时锅炉对风量的实际需要。风机的调节，实际上就是改变风机工作点的位置，使风机输出的工作流量与锅炉实际需要的风量平衡。

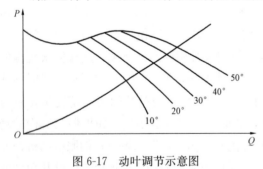

图 6-17　动叶调节示意图

动叶调节是在风机运行中，通过改变风机叶片的角度，来实现改变风机工作点和调节风量的，如图 6-17 所示。动叶调节，由于经济性和安全性均较好，且每一叶片角度对应一条性能曲线，叶片角度的变化几乎和风量呈线性关系，因而在目前 300MW 等级机组锅炉的轴流式风机中是一种普遍采用的调节方式。

二、两台风机并联运行

亚临界机组锅炉的主要风机如送风机、引风机和一次风机一般是采用两台性能相同的风机并联布置的联合运行方式。风机在并联运行方式下，出口风压相同，总流量为各风机出口流量之和，如图 6-18 所示。采用并联方式运行时，可以增、减设备运行台数来适应较大范围流量改变的需要，既可保持每台风机运行的经济性，又增加了锅炉运行的安全可靠性。

　　当一台风机运转时启动第二台风机，要做到并联切换，要将第一台风机的负荷减少，使得两台风机由提升压力和输出风量所决定的实际运行点仍然处于喘振线的最低点以下。在上述极限以下，任何时候都可停下一台风机，做到并联切换。已在运转的那台风机的叶片角度要调到喘振线以下接近关闭位置。当第二台风机叶片挡板处于关闭位置时，启动风机，叶片要与并联切换的风机挡板同步地把开度调大，而已在运转的风机的叶片的开度要调小，直到两台风机的运行压力相等为止，这时两台风机可以借助自动调节机构而并联运转。

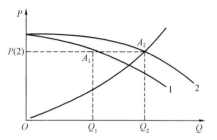

图 6-18　两台性能相同的风机
并联运行特性曲线
1—单台风机特性曲线；
2—并联运行特性曲线；
A_1—并联运行时单台风机工作点；
A_2—并联运行时系统的工作点

　　两台风机并联运行时停下一台风机的操作：两台风机的叶片角度都要调到喘振线以下接近关闭位置；将应停下来的那台风机的叶片调到关闭位置，与此同时，继续运转的那台风机的叶片角度要开大，直到负荷完全调整过来和另一台风机的挡板关闭为止。

　　风机并联运行时，无论在温度工况下或风量调节过程中，均应尽量保持各风机的负荷相同（可以通过各风机的电流和出口风量来判断），以避免发生"抢风"现象。所谓抢风就是两台风机其中一台风机的风量特别大，而另一台风机的风量却很小。如果开大小风量风机的风门，关小大风量风机的风门，则两台风机的风量又互相交换，原来风量大的风机突然变为小风量运行，而原来风量小的风机又变成大风量运行。两台风机的电流值也跟着发生交换变化，两台风机往往很难进行并联工作。"抢风"现象是由于并联运行中小风量的那台风机，已落入不稳定工况区域运行所造成的，为此，应采用一切降低系统阻力或降低锅炉负荷的措施，尽快使风机回到稳定区域运行。

　　为使并联运行风机的负荷能保持相同，应禁止采用单台风机投入自动，而另一台风机处于手动状态的运行方式。此外，在风机自动控制回路中还应设有偏置装置，以便于在风机特性存在差异时，可通过改变偏置值来达到各风机出力相等。

三、风机正常运行和调整

　　正常运行中，风机的电流不仅是风机负荷的标志，也是一些异常事故的预报，因此必须重点加以监视。风机的进、出口风压，不仅反映了风机的运行工况，还反映了锅炉及所属系统的漏风或受热面的积灰和结渣情况，应经常进行检查和分析。风机及其电动机的轴承温度、振动、润滑油量、润滑情况、各种形式的冷却系统、液压系统、转动部分的声音、电动机的绕组和铁芯温度等应定期进行检查，发现异常情况及时进行分析和处理。

　　并联运行的两台风机正常运行时，连通风门应保持开启位置，以便在一台风机故障跳闸转为单风机运行时，可通过连通风门仍保持锅炉运行工况正常。一般情况下，只有在一台空气预热器故障停用时，方可关闭连通风门。

锅炉除尘器的除尘效率及工作情况，将直接影响引风机的使用寿命和安全运行，为了尽量减少烟气中含尘量，以减少对引风机叶片的磨损和防止发生叶片断裂等事故，除尘器的正确投、停和确保除尘器的高效运行将是十分重要的。

正常运行时，引风机应根据炉膛负压进行调节，在进行除灰、清渣或观察炉内燃烧情况时，炉膛负压应保持比正常值更高一些。在自动调节系统中，为了保持炉膛负压稳定，一般还将送风机调节作为引风机调节的前馈信号，以改善自动系统的调节质量。

锅炉受热面发生结渣、积灰时，由于烟气通道局部阴塞，通流截面减小，将使引风机电流增大，进口负压增高，风机运行工作点向不稳定工况区域方向移动，不但影响风机运行的经济性，严重时甚至会使风机进入不稳定工况区域运行。为此，应定期对锅炉各受热面进行吹灰，经常保持受热面的清洁。

为了降低锅炉辅机电耗，提高机组运行的经济性，除了经常保持受热面清洁外，还应尽量减少锅炉各部分的漏风，尤其是空气预热器的漏风。因为空气预热器的漏风，不但使送风机、引风机、冷一次风机的出力同时增加，而且还将使风机运行工作点偏离高效区，严重时甚至由于风量不足而造成机组出力下降。

第四节 引 风 机

引风机用来将炉膛中燃料燃烧所产生的烟气吸出，通过烟囱热排入大气。由于通过引风机的是高温（150~200℃）和具有灰粒等杂质的烟气，故应采取叶片、壳体防磨和轴承冷却的措施，并要具有良好的严密性。

某电厂 1205t/h MB-FRR "Ⅱ" 型锅炉分别配备两台 AL15-R200 型双吸双速离心式引风机；HG-1056/17.5-YM21 "Ⅱ" 型锅炉分别配备两台 AN28e6（V19＋4°）型入口静叶可调轴流式引风机。

一、引风机的参数

AL15-R200 型双吸双速离心式引风机技术及性能参数见表 6-2，AN28e6（V19＋4°）型入口静叶可调轴流式引风机的技术及性能参数见表 6-3。

表 6-2　　　　　　　　**AL15-R200 型双吸双速离心式引风机的技术及性能参数**

项目		单位	规范（高速/低速）
风机	形式	—	双吸双速离心式
	型号	—	AL15-R200
	数量	台/机组	2
	调节方式	—	进口静叶调整
	体积流量	m³/min	17 980/15 362
	入口静压	Pa	−3038/−2214
	出口静压	Pa	980/705.6
	风机静压	Pa	4018/2920.4
	风机转速	r/min	735/590
	入口温度	℃	117
	入口气体密度	kg/m³	0.8666

项目		单位	规范（高速/低速）
电动机	形式	—	三相感应异步电动机
	数量	台/机组	2
	功率	kW	1670/1020
	电压	kV	6
	频率	Hz	50
	转速	r/min	750/600
	极数	极	8/10
	额定电流	A	196/138
	启动电流	A	1170

表 6-3　　AN28e6（V19＋4°）型入口静叶可调轴流式引风机的技术及性能参数

项目		单位	规范	
			BMCR	TB
引风机	形式	—	静叶可调轴流式	
	型号	—	AN28e6（V19＋4°）	
	数量	台/机组	2	
	调节方式	—	进口静叶调节	
	体积流量	m³/s	264.18	299.6
	入口静压	Pa	—	—
	出口静压	Pa	—	—
	风机全压	Pa	3515	4125
	全压效率	%	85.3	82.1
	风机转速	r/min	740	
	入口温度	℃	132.3	140
	入口气体密度	kg/m³	0.831	
	风机轴功率	kW	1074.5	1513.8
	风机转向（从电动机端看）	—	逆时针	
	轴承形式	—	滚动轴承	
	轴承润滑	—	油脂润滑	
	联轴器形式	—	Rigiflex 平衡联轴器	
引风机电动机	形式	—	三相感应异步电动机	
	型号	—	YKK710-8-W	
	电机台数	台/机组	2	
	功率	kW	1800	
	电压	kV	6	

项目		单位	规范	
			BMCR	TB
引风机的电动机	频率	Hz	50	
	转速	r/min	744	
	极数	极	6	
	绝缘等级	—	F	
	额定电流	A	214	
	启动电流	A	1220	
冷却风机	形式	—	离心式	
	型号	—	4-73-11. No. 3.2A	
	数量	台/机组	4	
	体积流量	m³/h	2729	
	风机压力	Pa	1091	
	风机功率	kW	2.2	
冷却风机的电动机	型号	—	9-19N04A	
	电压	V	380	
	功率	kW	3	

二、双吸双速离心式引风机的结构及特点

如图 6-19 所示的 AL15-R200 型双吸双速引风机主要包括涡壳、入口箱、出口箱体、叶轮、转子、入口静叶、轴承组件、联轴器等。

1. 箱体

由入口箱体、涡型箱体以及出口箱体组成，分别由钢板焊接而成，最终由法兰进行连接装配。各部位箱体的形状有利于改进气流，因此增加了风机的性能。

入口箱体和出口箱体分别设有人孔门，便于检查和维修。

2. 主轴和叶轮

叶轮叶片使用高强度钢弯制而成，同时焊接在由高强度钢制成的主板和侧板上，并经过退火处理以消除残余应力。

主板用镶嵌螺栓与主轴安装板固定连接。主轴与叶轮安装完成后经过动、静平衡处理，以保证风机运转平稳。

叶轮与箱体集流器之间任意位置间隙保持 3～4mm，以防发生碰擦，但间隙也不宜过大，否则泄漏量增加，效率降低。

3. 轴承（轴瓦）

轴承为自调心套筒型滑动轴承，使用甩油环进行润滑（推荐润滑剂见表 6-4），并设有冷却水系统进行冷却。

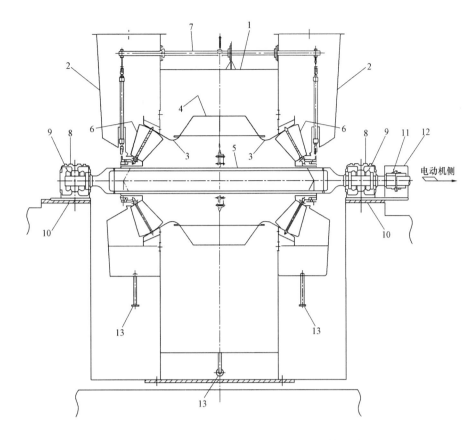

图 6-19　AL15-R200 型双吸双速引风机的结构简图

1—蜗壳；2—入口箱；3—导流板；4—叶轮；5—转子；6—入口静叶；

7—叶片传动连接组件；8—轴承箱；9—轴承；10—轴承座；11—齿轮

联轴节；12—齿轮联轴节盖；13—排泄管

表 6-4　　　　　　　　　　AL15-R200 型双吸双速引风机推荐润滑剂

润滑点		风机轴承	齿轮联轴器
推荐润滑剂及牌号	COSMO	特级涡轮油 46	DINAM AXEP1
	SHILL	涡轮油 46	ALVANIA EP1
	MOBIL	DTE OIL MEDIUM	MOBIL AXEP1
	MITSUBISH	TURBINE OIL 46	钻石万能型 EP1
初始注油量（每台）		60L	700mL
更换频率		一年或 8000h	一年或 8000h

驱动端轴承为推力滑动轴承，非驱动端轴承为支撑滑动轴承。推力滑动轴承在电动机侧，通过与轴成一体的推力盘承担风机产生的推力载荷，与电动机相对一侧的推力盘与轴承主体之间留有足够的间隙，各间隙部位结构如图 6-20 所示。

4. 入口静叶

风机两侧入口箱体各装有一组可调节静叶。每组静叶有 11 个叶片。如图 6-21 所示。入口静叶通过开启和关闭来调节风量，以提供与叶轮旋转方向相同的进气流。

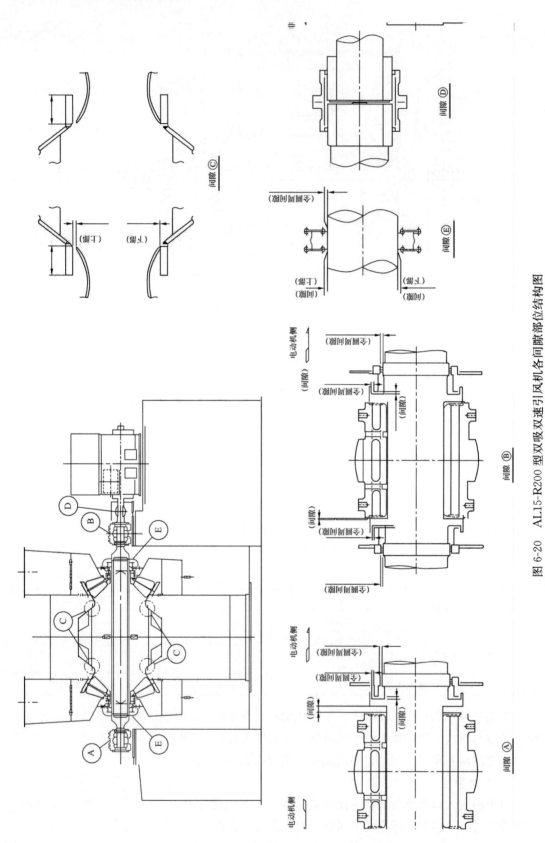

图 6-20　AL15-R200 型双吸双速引风机各间隙部位结构图

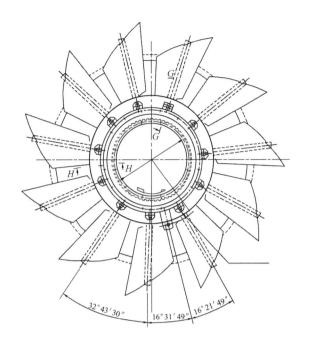

图 6-21 AL15-R200 型双吸双速引风机入口静叶示意图

5. 齿轮联轴器

如图 6-22 所示，功率从紧固的电动机驱动轴上轭毂通过传动齿轮传送到与其配合的套筒，然后传送到安装在从动轴上的轭毂，从而驱动风机转动，推荐润滑剂见表 6-4。

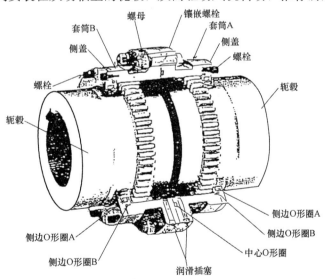

图 6-22 AL15-R200 型双吸双速引风机齿轮联轴器结构图

三、AN28e6（V19＋4°）型进口静叶可调轴流式引风机的结构及特点

如图 6-23 所示，按照气流流动方向，引风机主要部件包括进口弯头（进气箱）、进口集流器、进口导叶调节器、机壳及后导叶、转子（带滚动轴承），扩压器。

所有静止部件均用钢板制造，各部分之间皆用法兰螺栓连接。进气箱内设有导流板，

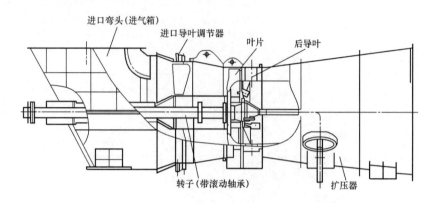

图 6-23　静叶可调轴流引风机结构简图

以提高气流的均匀性。进口集流器和导叶调节器采用水平剖分式。

引风机机壳是一个整体，它与后导叶连在一起后，通过焊在其上的两个支座用螺栓固定在基础上。沿径向布置的后导叶既可稳定和引导通过叶轮后的气流沿轴向流动，还可连接外壳与芯筒，并使之同心对中，因此当后导叶因磨损需要更换时，应按 180°对称成对进行更换，以免因芯筒移动而影响对中，更换后导叶，运行中也可进行。

转子包括叶轮、主轴、传扭中间轴和联轴器等部件。

叶轮为钢板压型焊接结构件，由于其叶片具有比较理想的空气动力学特征，因而不仅有较高的气动效率，而且还具有很好的耐磨性。在结构上，叶片采用等强度设计，既提高了强度，又提高了叶片自身固有频率，使叶轮的可靠性和安全性大大提高。安装时叶轮装在主轴承上，即悬臂结构，叶轮和电动机之间用空心管轴和联轴器挠性连接，空心轴放于护轴套筒内，可避免介质的冲刷和烘烤。

由于介质温度高，扩压器芯筒内壁和冷风管道外壁均采用隔热保护。扩压器外壳和芯筒依靠焊在扩压器内的双层椭圆管及其他支撑连接。

转子选用三盘轴承支撑，两盘向心推力轴承，型号为 FAG7240B；一盘向心滚子轴承，型号为 NU240E M1/C3。轴向负荷由向心推力轴承支承，径向负荷由三盘轴承共同支撑。滚动轴承用油脂从外侧通过一油脂管进行润滑，剩余油脂漏入一排泄管排除，引风机的给油脂保持在每月一次。润滑脂牌号为 SKF-LGMT3，前轴承油腔加注量为 100g，中、后轴承油腔加注量为 120g。在轴承范围内装有一冷空气罩，用一台冷风机做强制冷却。为了监视轴承温度，装有传感器，并与报警和现场指示仪表相连接。

引风机采用安装在叶轮前的进口导叶改变运行工况，轴向方向的气流用可以旋转的进口导叶，按照叶轮旋转方向进行导向。入口静叶挡板由 25 个拐臂支撑，调节过程中，电动头的指令通过轮盘将力传给铰接组件，铰接组件将力传给拐臂，用挡板进行调节。日常维护中要对铰接组件的万向头部和拐臂轴承进行保养，以保证它们有良好的调整性能。

引风机运行区域指的是不损坏风机的前提下风机的连续运行区域。在设计范围内，AN28e6 型静叶可调轴流引风机的性能可以通过调节进口导叶以满足实际要求。在该范围以外运行，如果持续运行时间较长，则会造成设备损坏。引风机性能曲线如图 6-24 所示。

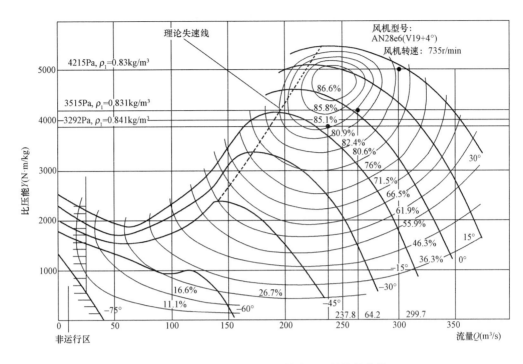

图 6-24 AN28e6 静叶可调轴流风机的性能曲线

如果进口流量太小，会产生旋转失速，在此工况下长期运行，将会增加某些叶片的负荷，造成设备损坏。

引风机故障原因及处理措施见表 6-5。

表 6-5   **引风机故障原因及处理措施**

故障	原因	处理措施
轴承温度高	轴承损坏、轴承间隙小，冷却效果不好	更换轴承，重新装配轴承，检查冷却风道和冷却风机
两台引风机并联运行时所消耗的功率大小不同	进口导叶调节不同步	重新调整进口导叶，检查执行器组件
运行噪声大，不平稳，引起异常振动	转子上的沉积物不均匀，基础变形或找正不正确	清理沉积物，检查基础或重新找正

第五节 一 次 风 机

某电厂 1205t/h MB-FRR "Ⅱ" 型锅炉分别配备两台翼型双入口离心式风机，HG-1056/17.5-YM21 "Ⅱ" 型锅炉分别配备两台 1854B/1115 型单吸双支撑离心式风机。

一、一次风机的参数

翼型双入口离心式一次风机技术参数，见表 6-6，1854B/1115 型单吸双支撑离心式一次风机技术参数，见表 6-7。

表 6-6   翼型双入口离心式一次风机的技术参数

	项目	单位	规范（高速/低速）
风机	形式	—	翼型双入口离心式
	数量	台/机组	2
	调节方式	—	入口静叶调节
	体积流量	m³/min	3590
	入口静压	Pa	2361.8
	出口静压	Pa	15 395.8
	风机静压	Pa	13 034
	风机转速	r/min	1470
	入口温度	℃	24
	入口气体密度	kg/m³	1.1514
电动机	形式	—	三相感应异步电动机
	数量	台/机组	2
	功率	kW	870
	电压	kV	6
	频率	Hz	50
	转速	r/min	1475
	极数	极	4
	额定电流	A	100
	启动电流	A	600

表 6-7   1854B/1115 型单吸双支撑离心式一次风机的技术参数

	项目	单位	规范	
			BMCR	TB
风机	形式	—	单吸双支撑离心式	
	型号	—	1854B-1115	
	数量	台/机组	2	
	调节方式	—	进口导叶调节	
	体积流量	m³/s	40.49	58.8
	入口静压	Pa	−80	−104
	出口静压	Pa	9374（BMCR）	12 186
	风机全压升	Pa	10 732.6	12 712.8
	风机转速	r/min	1480	1480
	风机效率	%	68.5	88.9
	入口温度	℃	20	31
	入口气体密度	kg/m³	1.14	1.09
	转动惯量	kg·m²	640.1	
	联轴器型号	—	JM1J13 型膜片联轴器	
	轴承形式	—	滚动 FAG 22224EAS. MC3	

项目		单位	规范	
			BMCR	TB
电动机	形式	—	YKK500-4W	
	功率	kW	1000	
	电压	kV	6	
	转速	r/min	1490	
	极数	极	4	
	绝缘等级	—	F	
	额定电流	A	114	
	启动电流	A	754	
	轴承润滑	—	油脂润滑	

二、翼型双入口离心式一次风机的结构

如图 6-25 所示翼型双入口离心式一次风机主要包括涡壳、入口箱、出口箱、叶轮、转子、入口静叶、轴承组件、联轴器等。

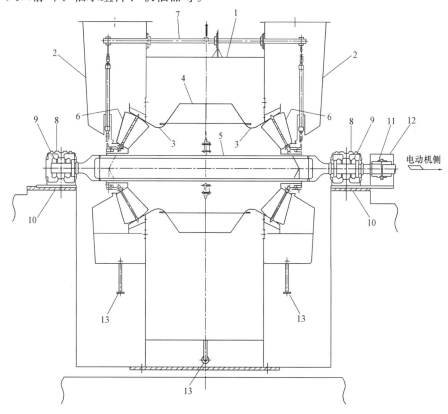

图 6-25　翼型双入口离心式一次风机的结构简图

1—蜗壳；2—入口箱；3—导流板；4—叶轮；5—转子；6—入口静叶；

7—叶片传动连接组件；8—轴承箱；9—轴承；10—轴承座；11—齿轮

联轴节；12—齿轮联轴节盖；13—排泄管

1. 箱体

由入口箱体、涡型箱体以及出口箱体组成，分别由钢板焊接而成，各部件由法兰进行连接装配。各部位箱体的形状有利于改进气流，因此增加了风机的性能。

入口箱体和出口箱体分别设有人孔门，便于检查和维修。

2. 主轴和叶轮

叶轮叶片使用高强度钢板弯制而成，同时焊接在由高强度钢板制成的主板和侧板上，并经过退火处理以消除残余应力。

主板用镶嵌螺栓与主轴安装板固定连接。主轴与叶轮安装完成后经过动、静平衡处理，以保证运转平稳。

叶轮与箱体集流器之间任意位置间隙保持 1～2mm，以免发生碰擦，但间隙也不宜过大，否则泄漏量增加，效率降低。

3. 轴承（轴瓦）

轴承为自调心套筒型滑动轴承，使用甩油环进行润滑（推荐润滑剂见表 6-8），并设有冷却水系统进行冷却。

表 6-8　　　　　　　　　　　　　翼型双入口离心式一次风机推荐润滑剂

润滑点		风机轴承	齿轮联轴器
推荐润滑剂及牌号	COSMO	特级涡轮油 46	DINAM AXEP1
	SHILL	涡轮油 46	ALVANIA EP1
	MOBIL	DTE OIL MEDIUM	MOBIL AXEP1
	MITSUBISH	TURBINE OIL 46	钻石万能型 EP1
初始注油量（每台）		60L	700mL
更换频率		一年或 8000h	一年或 8000h

驱动端轴承为推力滑动轴承，非驱动端为支撑滑动轴承。推力滑动轴承在电动机侧，通过与轴成一体的推力盘承担风机产生的推力载荷，与电动机相对一侧的推力盘与轴承主体之间留有足够的间隙。

4. 入口静叶

风机两侧入口箱体各装有一组可调节静叶，每组静叶有 11 个叶片。入口静叶通过开启和关闭来调节风量，并保证进气流风向与叶轮旋转方向相同。

5. 齿轮联轴器

功率从紧固的电动机驱动轴上轭毂通过传动齿轮传送到与其配合的套筒，然后传送到安装在从动轴上的轭毂，从而驱动风机转动。（推荐润滑剂见表 6-8）

三、1854B/1115 型单吸双支撑离心式一次风机的结构

1854B/1115 型单吸双支撑离心式一次风机主要由机壳、进气箱、进风口部、转子组件、叶轮、轴承箱、入口导叶等组成。风机由膜片联轴器与电动机连接驱动。膜片联轴器型号为 JM1J13。

叶轮为单吸式叶轮，共有 8 个机翼形叶片，轮盖、轮盘和叶片焊接在一起，轮盖、轮盘和叶片的材质均为 15MnV。叶轮叶片为圆弧形，外径为 φ2063，出口角为 35.8°，叶轮总质量为 1016kg。

叶轮和主轴通过铰制孔螺栓用法兰连接，达到固定和传递扭矩的目的。

风机为双支撑形式，主轴由滚动轴承支撑，最大直径为 250mm，总质量为 1200kg。

机壳剖分成上、下两部分，机壳与进气箱连成一体，由钢板焊接制成。为了加强机壳部的刚性，在侧板外焊有扁钢。进风口由钢板压型焊成，进风口插入叶轮的长度及与叶轮进口圈的间隙要调整适当，确保风机运行性能良好。

轴承箱为铸铁制作，分为上、下两部分。轴承为滚动轴承，型号为 FAG-22224EAS.MC3。轴承润滑油采用 N46 汽轮油。

四、一次风机的常见故障

一次风机的常见故障见表 6-9。

表 6-9　　　　　　　　　　　　　一次风机的常见故障

现象	原因	现象	原因
轴承或风机剧烈振动	（1）风机与电动机轴不同心，联轴器中心不正。 （2）机壳或进风口与叶轮摩擦。 （3）叶轮轮毂孔与轴配合松动。 （4）基础刚度不够或不牢固。 （5）机壳、轴承座与轴承盖等连接螺栓松动。 （6）风机进、出风口管道连接不良，产生共振。 （7）轴弯曲，使转子产生不平衡	电动机电流过大或温升过高	（1）启动时进、出口挡板未关闭。 （2）电源电压低和电源单相断电。 （3）受轴承箱剧烈振动的影响。 （4）主轴转速高过额定值。 （5）流量过大或介质密度过大。 （6）联轴器中心不正
轴承温度高	（1）轴承箱振动剧烈。 （2）润滑油变质、含灰尘杂质或油量不当。 （3）轴承箱座盖连接螺栓紧力过大或过小。 （4）轴与轴承安装歪斜，前、后两轴承不同心。 （5）轴承损坏	轴承箱漏油	（1）轴承箱充油过多。 （2）轴承箱密封损坏

第六节　空气预热器

一、空气预热器的作用

空气预热器是一种利用锅炉尾部烟气热量来加热燃料燃烧所需空气的热交换设备。由于发电厂均采用给水回热系统，进入省煤器的水温较高，不可能将排烟降低到更低的温度，故在烟气温度最低区设置了空气预热器，它是锅炉沿烟气方向流程的最后一个受热面，作用如下。

（1）进一步降低排烟温度，回收烟气热量，提高进入炉膛助燃空气的温度，强化燃料着火和燃烧过程，减少未完全燃烧热损失，提高锅炉效率。

（2）提高炉膛内烟气温度，强化炉内辐射换热。

（3）高温热空气作为制粉系统中煤的干燥剂，提高磨煤机的出力，降低磨煤机的单耗及厂用电率。

（4）改善引风机的工作条件。

总而言之，空气预热器的作用是通过锅炉尾部烟气的热量再利用，改善燃烧系统的工况，来达到提高锅炉效率的目的。

二、空气预热器的种类

空气预热器按传热方式可分为传热式和蓄热式（再热式）两大类。

1. 传热式

如管式空气预热器，它通过管内烟气（作纵向冲刷）放热给钢管壁、管外空气（作横向冲刷）吸收钢管壁的热量。即热量连续地通过传热面由烟气传给空气，而且烟气和空气各有自己的通道，它是以导热式的传热方式进行热量交换。

（1）优点：结构简单、运行可靠、制造安装方便、漏风系数小。

（2）缺点：在大型锅炉中采用，其体积庞大，在低温段其低温腐蚀情况严重，并容易造成堵灰。在定期大修中均需更换较大数量的空气预热器管箱，造成检修费用高、工作量大。

2. 蓄热式

如回转式空气预热器，它是烟气和空气交替通过受热面，当烟气通过时，热量由烟气传给受热面（金属波纹板），并储存起来；然后空气与受热面接触，热量便由金属传给空气。它属于再生式传热方式的热量交换器。烟气和空气交替流过受热面，即交替进行放热和吸热。

（1）优点：结构紧凑、外形尺寸小、质量轻、布置方便；受热面温度较高，烟气腐蚀的危险性小；传热元件允许有较大的磨损。

（2）缺点：漏风量大（密封良好时为 6%～8%；漏风严重时可达 15%，甚至更高）导致引风机电耗增加，风量不足，从而降低锅炉负荷；结构复杂，制造工艺要求高；增加了传动机构，维修工作量大。

总之，回转式空气预热器有结构紧凑等突出优点，故在大容量锅炉中得到广泛应用。

回转式空气预热器，按旋转方式可分为受热面旋转式和风罩旋转式两种，按布置方式可分垂直轴和水平轴两种；根据空气加热情况的不同，受热面旋转式空气预热器又分为二分仓和三分仓两种。下面以 28.5VNT-2100 型三分仓回转式空气预热器为例，重点介绍回转式空预器的结构、特点及维护等。

三、28.5 VNT-2100 型空气预热器简介

（一）空气预热器设计理念

回转再生式（蓄热式）空气预热器的设计目的是提供燃烧所需的热空气，它在相对较小的空间内可装有较大的换热面。当空气预热器换热元件经过烟气侧时，烟气

携带的一部分热量就传给换热元件；而当换热元件经过空气侧时又把热量传给空气。这样，由于空气预热器吸收了烟气的热量、降低了排烟温度、提高了燃料与空气的初始温度、强化了燃料的燃烧，因而进一步提高了锅炉效率。空气预热器结构图如图 6-26 所示。

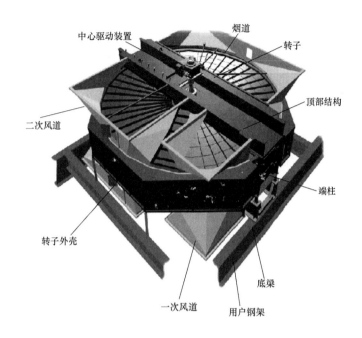

图 6-26 空气预热器结构图

注：1. 本图为回转再生式空气预热器标准布置。

2. 个别项目的底梁与用户钢架为侧接结构。

转子是空气预热器的核心部件，其中装有换热元件。从中心筒向外延伸的主径向隔板将转子分为 24 仓，各分仓又被二次径向隔板分隔成 48 仓。主径向隔板和二次径向隔板之间的环向隔板起加强转子结构和支撑换热元件盒的作用。转子和换热元件等转动元件的全部质量由底部的球面滚子轴承支撑，而位于顶部的球面滚子导向轴承则用来承受径向水平载荷。

三分仓设计的空气预热器通过三种不同的气流，即烟气、二次风和一次风。烟气位于转子的一侧，而相对的另一侧为二次风侧和一次风侧。上述三种气流之间各由三组扇形板和轴向密封板相互隔开。烟气和空气流向相反，即烟气向下，一、二次风向上。通过改变扇形板和轴向密封板的宽度实现双密封，以满足空气预热器总漏风率和一次风漏风率的要求。

转子外壳用封闭转子，上、下端均连有过渡烟风道。过渡烟风道一侧与空气预热器转子外壳连接，另一侧与烟风道的膨胀节相连接。转子外壳上设有外缘环向密封条，控制空气至烟气的直接漏风和烟气的旁路量。

转子外壳与空气预热器铰链端柱相连，并焊接成一个整体支撑在底梁结构上。转子外壳烟气侧和空气侧分别由两套铰链侧柱将转子外壳支撑在钢架上，该支撑方式可以保证转子外壳在热态时能自由向外膨胀。

中心驱动装置直接与转子中心轴相连。驱动装置包括主驱动电动机、备用驱动电动机、减速箱、联轴器、驱动轴套锁紧盘和变频器等。

水冲洗时转子以低速旋转。驱动装置还配有手动盘车手柄，以便在安装调试和维修中手动盘车时使用。

空气预热器的静态密封件由扇形板和轴向密封板组成。扇形板沿转子直径方向布置，轴向密封板位于端柱上，与上、下扇形板连为一体，组成封闭的静态密封面。转子径向隔板上、下及外缘轴向均装有密封片，通过有限元计算和现场的安装调试经验来合理地设定这些密封片，可将空气预热器在正常运行条件下的漏风率降至最低。

转子顶部和底部外缘角钢与外壳之间均装有外缘环向密封条。底部环向密封条安装在底部过渡烟风道上，与底部外缘角钢面组成密封对；顶部环向密封条焊在转子外壳平板上，与顶部外缘角钢组成密封对。

（二）空气预热器结构介绍

1. 换热元件

换热元件由薄钢板制成，一片波纹板上有斜波，另一片上除了方向不同的斜波外还有直槽，带斜波的波纹板和带有斜波和直槽的定位板交替层叠。直槽与转子轴线方向平行布置，使波纹板和定位板之间保持适当的距离。斜波与直槽呈 30°夹角，使得空气或烟气流经换热元件时形成较大的紊流，以改善换热效果。

由于冷端（即烟气出口和空气入口端）受温度和燃烧条件的影响最易腐蚀，因而换热元件分层布置，其中热端和中温段换热元件由低碳钢制成，而冷端换热元件则由等同考登钢制成。配套脱硝改造时，一般将冷端换热元件镀搪瓷。

换热元件均装在元件盒内以便安装和取出。其中，热端和中温段换热元件垂直向上抽取，冷端换热元件向外侧抽取。配合脱硫改造时，一般均将元件改为两层，均从上抽取。

2. 转子

连在中心筒轮毂上的低碳钢主钢板为转子的基本构架，转子隔仓由中心筒和外部分仓组成。转子中心筒包括中心筒轮毂和内部分仓，其中转子主径向隔板与中心筒轮毂连为一体，这些分仓同时又被二次径向隔板和环向隔板分割成若干个隔仓，用以安装规格不同的换热元件盒。

在冷端换热元件为侧抽的转子结构中，转子冷端还设有冷端换热元件支撑格栅，此外每个转子外缘环向隔板均开有冷端换热元件侧抽门。换热元件吊装及其分解如图 6-27 所示，转子中心筒安装如图 6-28 所示，外围转子隔仓安装如图 6-29～图 6-31 所示，15°转子隔仓安装如图 6-32 所示。

3. 转子外壳

转子外壳封闭转子并构成空气预热器的一部分，由低碳钢板制成。

转子外壳由六个部分现场组装成正八面体，位于两个端柱之间。端柱两侧的转子外壳由四套铰链侧柱支撑在钢架上，铰链侧柱的布置角度考虑到转子外壳和铰链侧柱能沿空气预热器中心向外自由、均匀膨胀。

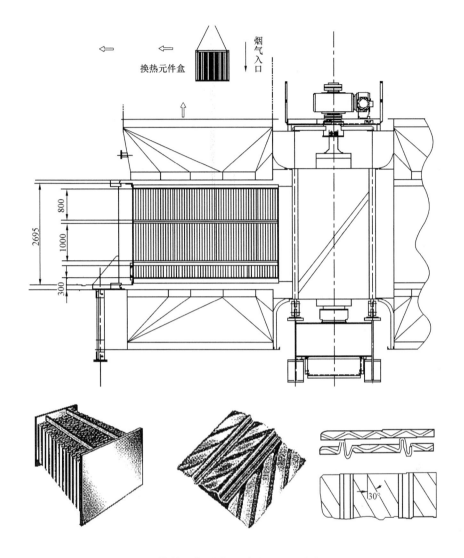

图 6-27 换热元件吊装及其分解图（单位：mm）

铰链侧柱和端柱的设置确保空气预热器静态部件在热态运行时能沿不同方向自由膨胀，以实现空气预热器安全、经济的运行。

转子的外壳还支撑着顶部和底部过渡风烟道的外部，过渡烟风道分别与转子外壳的顶部和底部平板连接。安装完毕的整个转子示意图如图 6-33 所示。

4. 端柱

端柱支撑着包括转子导向轴承在内的顶部结构。每一个端柱上都含有轴向密封板，轴向密封板与上、下扇形板连为一体。端柱与底部结构的扇形支板相连，并通过铰链将载荷直接传递到底梁和钢架上。空气侧转子外壳及三分仓结构安装图如图 6-34 所示，端柱安装图如图 6-35 所示，端柱垂直度检查示意图如图 6-36 所示。

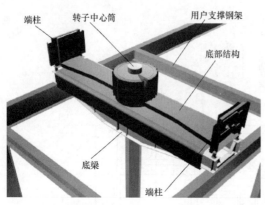

图 6-28 转子中心筒安装图

图 6-29 外围转子隔仓安装图（一）

图 6-30 外围转子隔仓安装图（二）

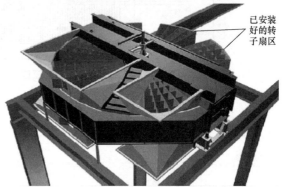

图 6-31 外围转子隔仓安装图（三）

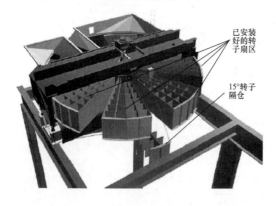

图 6-32 15°转子隔仓安装图

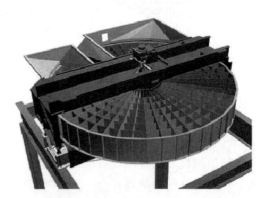

图 6-33 安装完毕的整个转子示意图

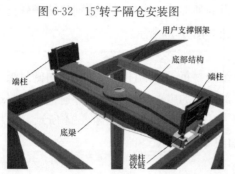

图 6-34 空气侧转子外壳及三分仓结构安装图

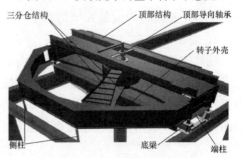

图 6-35 端柱安装图

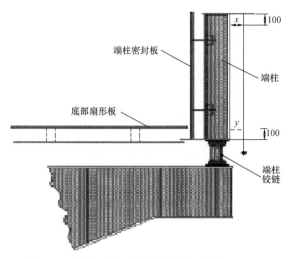

图 6-36　端柱垂直度检查示意图（单位：mm）

5. 顶部结构

顶部结构上连接有顶部扇形密封板，顶部扇形密封板在固定前由若干个调节螺杆悬吊在扇形板支板上。顶部结构将两侧端柱连为一体，组成一中心承力框架，一方面将顶部导向轴承定位在中心位置并支撑由顶部轴承传递的横向载荷，另一方面还承受着由驱动装置扭矩臂传递过来的载荷。

顶部结构扇形板支板的翼板在烟气和空气侧均开有若干个通流槽口，以使顶部结构梁上的上、下温度场尽可能分布均匀，从而减少顶部结构纵向热变形和转子热端径向间隙的变化。顶部结构安装图如图 6-37 所示。

6. 底部结构

底部结构包括底梁、底部扇形板和底部扇形板支板等。底梁通过底部轴承凳板支撑着空气预热器转动部件的载荷。底梁还支撑端柱、底部扇形板和底部扇形板支板的质量。底部过渡烟风道的质量由底部结构承受。底梁上的所有载荷分别由两端传递到钢架上。底部结构安装图如图 6-38 所示。

7. 过渡烟风道

过渡烟风道位于转子热端和冷端的烟气侧和空气侧，其作用是将气流导入和引出转子。三分仓布置的风道又被进一步分为二次风道和一次风道。过渡烟风道连接在转子外壳平板以及顶底结构上。为保证空气预热器结构合理受力，所有过渡烟风道内均设置内撑管。一、二次风道安装图如图 6-39 所示。

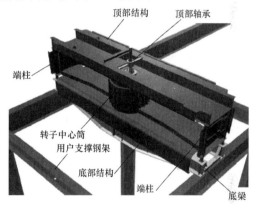

图 6-37　顶部结构安装图

8. 转子驱动装置

转子由中心驱动装置驱动，驱动装置直接与转子顶部端轴相连。两台电动机均能以正、反两个方向驱动空气预热器，只有在空气预热器不带负荷时才允许改变驱动方向。两台驱动电动机与初级减速箱均为法兰连接。终级减速箱通过输出轴套直接套装在驱动轴上并用锁紧盘固定。终级减速箱一侧装有扭矩臂，扭矩臂被固定在顶部结构上的扭

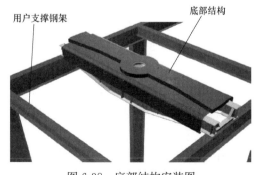

图 6-38　底部结构安装图

矩臂支座内，扭矩臂支座通过扭矩臂给驱动机构一个反作用扭转力矩，从而驱动驱动轴和

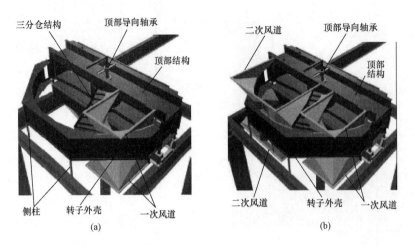

图 6-39　一、二次风道安装图

(a) 一次风道安装；(b) 二次风道安装

转子旋转，而驱动装置扭矩臂沿垂直方向可以在扭矩臂支座内上下自由移动，以适应转子与顶部结构的热态涨差。

主电动机的非驱动端设有键连接的输出轴，以便在维护时用盘车手柄进行手动盘车。

减速箱为油浴润滑。

驱动装置的驱动电动机配有变频器，用以降低空气预热器启动时的启动力矩，减轻启动时对减速箱的冲击作用，以实现"软启动"。此外，通过变频控制，可以改变空气预热器的转速，用以满足停炉时空气预热器在低速下对换热元件进行水冲洗的需要。

9. 底部推力轴承

底部轴承定位图如图 6-40 所示。

转子由自调心球面滚子推力轴承支撑，底部轴承箱固定在支撑凳板上。转子的全部旋转质量均由推力轴承支撑。

底部轴承箱在定位后，将螺栓和定位垫板一起锁定，并将垫板焊在支撑凳板上。

底部轴承两侧均设有防护网，以防止空气预热器正常运行时无关人员靠近转动部位而发生意外。

底部轴承采用油浴润滑。轴承箱上装有注油器和油位计，并设有用于安装测温元件的螺纹孔。

底部轴承箱下面配有不同厚度的调整垫片，用于现场调整转子的上、下位置和顶底径向密封间隙的大小。安装时还应适当增加垫片数量，用以补偿底梁承载后的弯曲变形。

10. 顶部导向轴承

顶部导向轴承为球面滚子轴承，安装在轴套上。轴套装在转子驱动轴上，并用锁紧盘与之固定。导向轴承和轴套大部分处于顶部轴承箱内。顶部轴承和驱动装置结构图如图 6-41 所示。

顶部轴承箱两侧焊有槽形支臂，通过调节固定在顶部结构上的螺栓和支臂的相对位置来改变转子顶部轴承中心的位置，从而达到调整转子中心线位置的目的。顶部轴承支臂与顶部结构用 8 个锁紧螺栓和上、下垫板定位固定，待顶部轴承位置最终调整就位后，即可

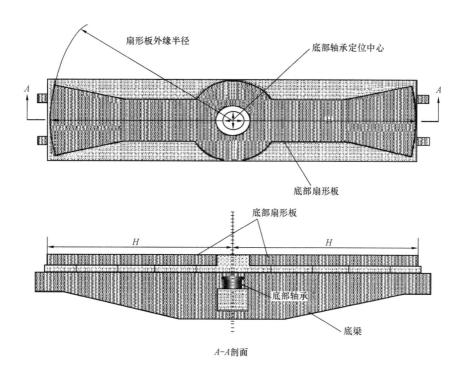

图 6-40 底部轴承定位图

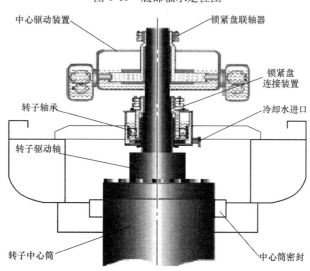

图 6-41 顶部轴承和驱动装置结构图

将上述垫板与顶部结构的翼板焊在一起。此外，通过调整顶部轴承支臂下不同位置的垫片高度可以调节顶部轴承箱的水平度。顶部轴承采用油浴润滑，润滑油等级与底部推力轴承相同。顶部导向轴承和驱动装置布置如图 6-42 所示。

顶部轴承箱上有加油孔、注油器、油位计、呼吸器和放油塞。另外，还设有用于安装测温元件的螺纹孔。

顶部轴承箱还配有水冷却系统，冷却水入口温度不得高于 38℃。

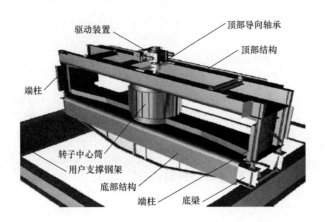

图 6-42　顶部导向轴承和驱动装置布置图

11. 转子密封系统

空气预热器的密封系统由转子径向、轴向、环向以及转子中心筒密封组成。转子径向、轴向密封结构图如图 6-43 所示。

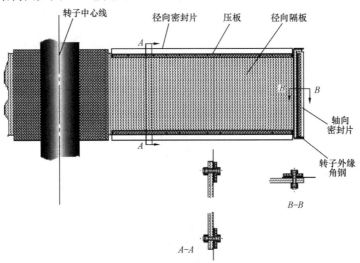

图 6-43　转子径向、轴向密封结构图

12. 径向密封

径向密封片安装在转子径向隔板的上、下缘。密封片由 1.6mm 厚的考登钢制成，与 6mm 厚的低碳钢压板一起通过自锁螺母固定在转子隔板上。所有密封片均为单片直叶型。径向密封片用来减小空气到烟气的直接漏风。

13. 轴向密封

轴向密封片和径向密封片一起用于减小转子和密封挡板之间的间隙。轴向密封片由 1.6mm 厚的考登钢制成，安装在转子径向隔板的垂直外缘处，其冷态位置的设定应保证锅炉带负荷运行以及停炉无冷风时与轴向密封板之间保持最小的密封间隙。轴向密封的固定方式与径向密封片相同。

14. 环向密封

环向密封条安装在转子中心筒和转子外缘角钢的顶部和底部，其主要功能是阻断因未经过热交换而影响空气预热器热力性能的转子外侧的旁路气流。此外，环向密封降低了轴向密封片两侧压差的大小，有助于轴向密封。

在转子底部外缘，由 1.6mm 厚等同考登钢加工的单片环向密封条，安装在底部过渡烟风道上并与转子底部外缘角钢构成密封对。由于在满负荷运行时转子向下变形，因此，安装环向密封条时需预先考虑到这一间隙要求。环向密封条用螺母以及压板固定。

转子外缘、内缘环向密封详图如图 6-44、图 6-45 所示，外缘密封示意图如图 6-46 所示。

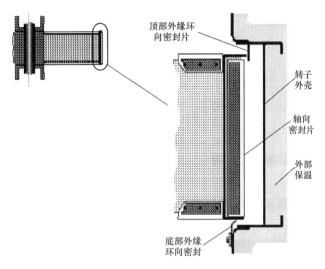

图 6-44　转子外缘环向密封详图

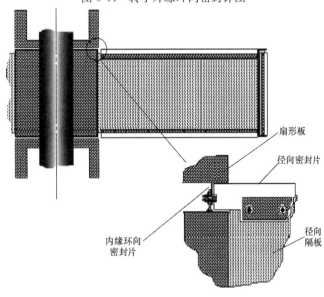

图 6-45　转子内缘环向密封详图

顶部环向密封由焊在转子外壳上的密封条组成。在设置该密封条时应预先考虑到满负荷时转子以及外壳的径向变形差。

内缘环向密封条安装在转子中心筒的顶部和底部，与顶部和底部扇形板一起构成密封

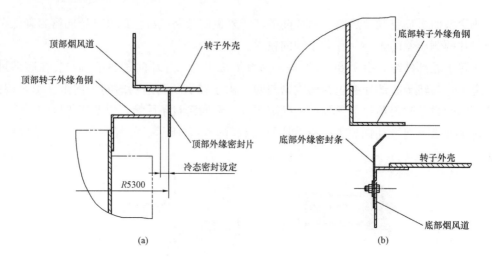

图 6-46　外缘密封示意图（单位：mm）

（a）顶部外缘密封；（b）底部外缘密封

对，通过螺栓与焊在固定板内侧的螺母一起锁定。

15. 转子中心筒密封

转子中心筒密封详图如图 6-47 所示，中心筒密封示意图如图 6-48 所示。

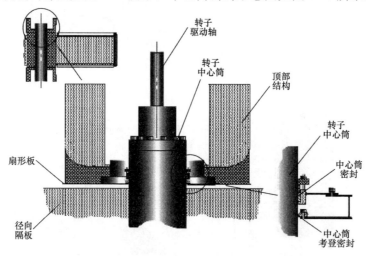

图 6-47　转子中心筒密封详图

中心筒密封为双密封布置，密封片安装在扇形板上，与中心筒构成密封对。内侧密封由两个 1.6mm 厚等同考登钢制作的圆环组成，两个圆环之间用低碳钢支撑环固定，内侧密封直接装到扇形板上。

为便于更换，内侧密封分作两段安装，可以直接进行更换和安装。

外侧密封为盘根填料密封。盘根填料座的支撑板固定在扇形板的加强板上。盘根填料选为非石棉石墨专用盘根，盘根耐热温度不低于 500℃。盘根填料设为三层，截面为 15mm×15mm。

上述中心筒内、外侧密封之间的填料室设有一直接通向烟气侧的槽形管道（负压孔），

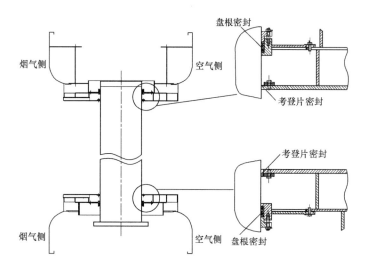

图 6-48 中心筒密封示意图

通过烟气侧的负压将漏入填料室的空气和灰一同导入烟气侧。中心筒密封的主要功能是减少空气漏入到大气中。

16. 吹灰器

锅炉每台空气预热器通常配有两台蒸汽吹灰器，均位于烟气出、入口。

17. 消防设备

消防系统安装在顶部过渡烟风道内。每个烟风道内都有一组喷嘴，喷嘴的布置可使消防水能有效地覆盖各烟风道内整个转子。消防喷嘴按一定角度通过螺纹连接在一总的弯管上，总弯管带配对法兰，消防水管直接焊在法兰上。各喷嘴均设有薄片耐热钛盘，以防止喷嘴内侵入杂物。当压力高于 0.07MPa 时，钛盘将自动爆裂。任何时候，不得拆除消防钛盘。底部烟道及风道最底侧均配有排水系统。

18. 火灾监控装置

空气预热器在洁净状态时不可能着火，即使换热元件表面不干净，如果空气预热器在稳定的 BMCR 工况下运行，空气预热器内着火的可能性也不大。

在低负荷或者在燃烧不充分的条件下运行时，特别是用油作为燃料时，随时都有可能发生火灾。这种条件下沉积在换热元件表面上的微细碳颗粒，只要温度稍高于其沉积温度就可能着火。火灾发生时并不是换热元件表面各处的沉积碳粒同时着火，而是元件表面上的某一点先着火，然后从该点逐渐向外扩展，且火势越来越大。在大多数情况下沉积物会自行燃尽，并不影响换热元件。但如果沉积层足够厚，其燃烧时所产生的高温会点燃换热元件并造成严重后果，这种潜在的危险随时都存在。

然而，从初始着火到火焰扩展直至点燃换热元件有一定的延迟时间。由于流经燃烧面的烟气和空气流将部分热量带走，沉积物的火焰要遍布到单个换热元件盒的整体至少需要 60～90min，而要扩展到邻近换热元件盒则需要更长的时间，为 3～4h。由于转子在旋转，着火元件盒初期表现为一环形，离开该元件盒的烟气受到火焰的再次加热将变成环状的过热烟气。

火灾监控装置是将一系列固定的热电偶探头沿转子径向布置且不触及转子，这些探头所监测到的是离开换热元件环的气流的温度。若某个时候在某环上一点处测得的温度高于

137

正常值，则立即给出报警信号。

19. 火灾探头

火灾探头在出口过渡风道内径向布置。探头由固定法兰支持，并能在空气预热器运行过程中抽出，进行检查和维护。

火灾探头呈管状结构，管端有一固定热电偶的可拆卸式端盖。端盖呈网状结构，既能使热电偶丝受到机械保护，又将其置于热空气流中。热电偶通过陶瓷管与端盖绝缘并使用陶瓷敷料定位，另一端通过不锈钢压盖固定在探头法兰内。

转子隔仓内每一环换热元件中心上方均布置一火灾探头，用以监测空气预热器内每一环换热元件的瞬时温度和温升。热电偶探头通过法兰安装的护管置入空气预热器风道内，护管上配有截止阀，以便在空气预热器运行时能够更换热电偶探头。抽出火灾探头时，须预先接入压缩空气。

20. 转子失速报警装置

转子失速报警装置的功能是在转子失转时给出报警信号，以便现场采取措施，防止转子发生异常变形。速度探头通过接线盒与就地柜相连，转子失速报警继电器装在就地柜内。

21. 轴承油温监测装置

顶部和底部轴承箱上各设有安装测温元件。轴承油温报警的设定值为：70℃ 时高温报警，85℃ 时高高温报警。当发生高温报警时，应及时检查轴承油位和油质，并采取降温措施。

（三）技术参数

1. 主要部件

（1）换热元件。

1）热端：2.78 DU，厚 0.5mm，深 800mm，低碳钢。

2）中温端：2.78 DU，厚 0.5mm，深 1000mm，低碳钢。

3）冷端：APC2.5DU_JC*，厚 1.0mm，深 300mm，等同考登钢。

4）型号：Ⅲ型，可倒置。

5）材料：低碳钢。

（2）气流布置。烟气向下，空气向上。

（3）密封系统。

1）顶部扇形板：固定式不可调。

2）轴向弧形板：固定式不可调。

3）底部扇形板：固定式不可调。

（4）驱动电动机。

1）2 台，11kW，转速为 1455r/min；

2）框架规格为 GM160，380(±10%)V，三相，50(±5%)Hz，防护等级为 IP55。

（5）变频控制。驱动电动机非驱动端带手动盘车输出轴。

（6）减速箱。

1）GMF5D 型斜齿轮减速器，速比为 9.11：1。

2) TSMWD17 型蜗轮蜗杆两级减速箱，初级速比为 43：4，次级速比为 59：4。

3) 减速箱组合速比为 1444.5：1。

(7) 联轴器。

1) 2 套 D71BBWP 型挠性联轴器，分别连接主辅驱动电动机。

2) 驱动装置轴套锁紧盘为 220 REF 4091。

(8) 电源。380V 交流，三相，50Hz。

(9) 转子轴承。

1) 顶部导向滚柱轴承：SKF 23972 CC/W33。

2) 底部推力滚柱轴承：SKF 29480EM。

3) 顶部轴承轴套锁紧盘：SD280-71。

(10) 转子转速。正常运行时为 1.0r/min，水洗时为 0.5r/min。

(11) 轴承润滑。

1) 两轴承均使用油浴润滑。

2) 顶部导向轴承：20L。

3) 底部推力轴承：35L。

4) 润滑油等级：MOBIL SHC639/VG1000 合成油。

(12) 减速箱润滑。减速系统的润滑油明细见表 6-10。

表 6-10 减速系统的润滑油明细

减速箱	油量	类型	黏度要求（40℃）	一次注油型号
GMF5D	3L×2	高级合成油	288～352Pa·s	SHC632
TSMWD14	125L	高级合成油	288～352Pa·s	SHC632

(13) IK-AH/B 型半伸缩式吹灰器。

1) 吹灰介质：过热蒸汽。

2) 蒸气阀前压力：1.03MPa。

3) 安装位置：入口烟道、出口烟道。

4) 吹灰间隔：推荐正常每 8h 吹灰一次。

(14) 低压水洗（与吹灰器联为一体）。

1) 水洗介质：推荐 60℃ 左右的水。

2) 低压水阀前压力：0.53MPa。

3) 供水量：705kg/（min·台）。

4) 水洗时转子转速：0.5r/min。

5) 水洗间隔：根据需要停炉时进行。

(15) 消防设备。空气预热器配有消防喷水设备，分别安装在顶部烟风道内。工作压力范围为 0.38～0.52MPa。

各喷管的喷水量如下：

1）烟气侧：2970～3450L/min。

2）二次风侧：2970～3450L/min。

3）一次风侧：1340～1565L/min。

（16）火灾监控装置。每台空气预热器的空气（二次风）出口侧装有 5 个火灾监控探头，并配有一个就地柜。

2. 空气预热器主体参数

（1）空气预热器型号：28.5 VNT 2100。

（2）换热元件传热总表面积（双侧，每台空气预热器）：56 688m²。

（3）空气预热器（本体）总重：约 290t。

（4）外壳高度：2885mm。

（5）运行环境：室外。

（6）每台锅炉的空气预热器数目：2。

（7）气流布置：烟气向下，空气向上。

（8）旋转方向：烟气/二次风/一次风。

（四）空气预热器的维护

1. 密封系统维护

检查密封间隙，必要时进行适当调整。为防止密封系统和空气预热器构件受损，所有间隙均按锅炉极端运行条件设定。通过所供密封间隙测量仪和底部扇形板的测点测量转子冷端径向密封间隙，并据此对冷态密封间隙和转子进行适当调整。停机期间应检查密封片的磨损情况并依照下述要求更换或重新设定密封片。

（1）顶部和底部径向密封维护。径向密封安装示意图如图 6-49 所示。

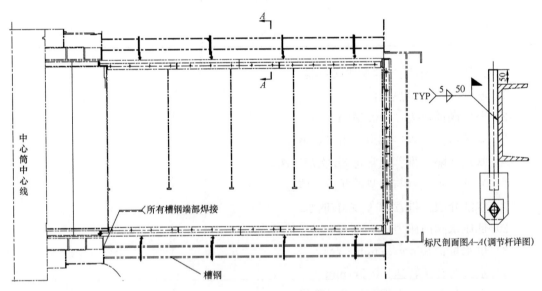

图 6-49　径向密封安装示意图

1）安装固定径向密封设定杆（设标尺）。

2）选择一套径向密封条和压板。人工盘动转子直至该密封片对准顶部扇形板边缘，重新安装固定密封片。

3）转动转子直至密封片对齐密封设定杆。

4）人工盘动转子，依次将其余的密封片对准密封设定杆，就位后固定。安装和固定时应注意切勿损坏密封片，确保所有压板和紧固件均已安装并锁紧。

5）拆除密封标尺。标尺剖面图如图6-49所示。

（2）轴向密封的维护。轴向密封片的安装和固定通过位于转子外壳上的轴向密封检修门进入，人工盘动转子直到所选密封片对准轴向密封板，将密封设定杆安装到适当位置。根据密封片的位置调整和固定密封设定杆，根据轴向密封设定杆的位置重新设定所有轴向密封片。确保所有中心密封片就位并固定。轴向密封片安装示意图如图6-50所示。

（3）环向密封的维护。对于热端与冷端外缘环向密封，检查其密封紧固件，看有无松动和腐蚀迹象。调试后检查密封片边缘看有无摩擦痕迹，对摩擦严重的部位应重新设定。转子顶部和底部内缘环向密封条，应与顶部和底部径向密封片平齐。

（4）转子中心筒密封的维护。顶部和底部中心筒密封与轮毂之间无间隙，应仔细检查中心筒盘根密封和中心筒轮毂的磨损情况并作记录。中心筒内侧密封片安装在扇形板上，检查时应首先拆下法兰密封。

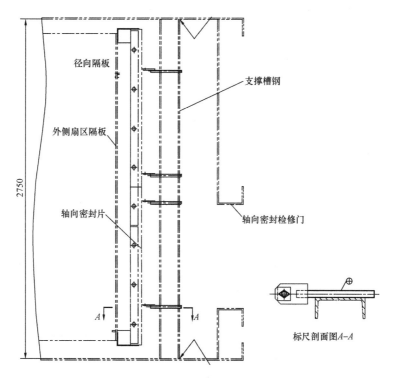

图6-50 轴向密封片安装示意图

2. 转子驱动装置维护

应按如下要求进行检查：

（1）每三个月检查一次整个驱动装置的运行及连接状态，特别是驱动装置扭矩臂两侧与扭矩臂支座的横向间隙以及扭矩臂支座的连接固定状态。

（2）每三个月检查一次减速箱各润滑油透气塞。

（3）每月检查一次减速箱的油位（注意：不要过量注油）。

3．转子顶底轴承检查

（1）每周必须检查一次顶部和底部轴承箱的油位，确保润滑油量和品质正确。

（2）为了判断轴承的寿命，从轴承开始运行起每隔四个月从轴承箱中取样交由专业部门检测以确定其中的金属含量，在此基础上即可推测轴承何时可能出现问题。如需更换轴承，可安排在年度正常停机期间进行。

4．驱动电动机检查

（1）每年对电动机轴承进行检查和注油。

（2）检查轴承时切勿使用被污染的润滑油，以免将污物或灰尘带入轴承。

5．吹灰器维护

吹灰器示意图如图 6-51 所示。

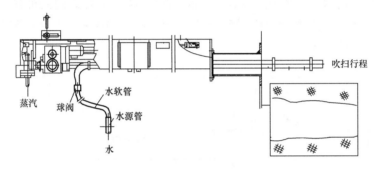

图 6-51　吹灰器示意图

在每年停炉时检查吹灰器连接固定、喷嘴堵塞和磨损以及吹枪的密封和腐蚀情况。

每三个月检查一次吹灰器是否漏油以及蒸汽管路的疏水和泄漏情况。

检查吹枪伸缩或摆动是否完全自由，内部导向支架连接固定是否可靠，以防空气预热器运行时发生意外。

6．消防设备检查

停炉时检查每个消防喷嘴口是否带有钛盘，发现有缺，及时补装。检查喷嘴本身是否有锈蚀磨损痕迹，必要时更换喷嘴并采取防护措施。

7．换热元件的检查

停炉时应检查换热元件表面的堵灰和磨损情况，并检查是否有腐蚀性的沉积物。如果需要，应对换热元件进行水洗并更换磨损和腐蚀严重的换热元件。如空气预热器运行阻力较大，则表明换热元件存在堵灰或低温腐蚀现象，需水冲洗。吹灰压力超出规定值将导致换热元件的变形和损坏。

8．空气预热器本体检查

停炉时应按如下要求对空气预热器本体进行检查。

（1）检查空气预热器内部有无腐蚀、磨损痕迹并记录其腐蚀、磨损程度。

（2）检查扇形板、轴向密封板和密封片有无摩擦痕迹。

（3）检查所有内部紧固件有无松动和损坏。

（4）检查扇形板和扇形支板之间的密封板有无泄漏。

（5）检查轴向密封板和端柱之间的密封板有无泄漏。

（6）检查外部保温层有无破损，必要时应进行修补。

（7）检查膨胀节有无泄漏和破损。

9. 空气预热器水冲洗

空气预热器在正常条件下运行且定期进行吹灰，则无需进行水洗。长期运行实践表明，吹灰是控制积灰形成速度的一个有效方法。

当空气预热器的阻力超过设计值且小于设计值的 130% 时，应采用低压水冲洗。低压水洗装置与蒸汽吹灰器设计为一体，为电动半伸缩式双枪结构。水洗管上有足够的喷嘴可以覆盖整个转子表面，用以清除热端和冷端元件上的沉积物。

水洗后必须检查换热元件表面是否需要进行进一步水洗。一旦使用水洗，就要一次将换热元件彻底清洗干净，否则留在元件表面的沉积物在空气预热器带负荷时将变成硬块，一般来说再次水洗很难清除这些硬块。因此，在机组带负荷之前一定要确保换热元件表面干净。为减少水洗时间，避免由此产生的腐蚀，应将冲洗水温提高至 50～60℃。不推荐在燃煤锅炉的空气预热器中采用碱水冲洗。

水洗通常在低转速条件下进行，因而在烟气侧和空气侧都装有疏、排水管。在空气预热器卸负荷前应做好水洗准备，以便在换热元件温热状态时（比环境温度高出 30～40℃）进行水洗，此时水洗效果较好。空气预热器水洗完毕后需用热风干燥，以防空气预热器和其他设备锈蚀。

当空气预热器阻力超过设计值的 30% 且换热元件堵灰严重时，应尽早进行高压水冲洗。

水洗步骤如下。

（1）确保驱动装置各电动机的电源已切断且转子完全停转。

（2）检查换热元件表面的积灰堵塞情况。

（3）检查水冲洗喷嘴的方向，确认喷嘴无堵塞现象。

（4）检查底部烟风道内的疏、排水口是否已打开以及冲洗水是否能有效排放。

（5）启动低速水洗电动机或通过变频器使空气预热器转子以低速旋转。

（6）确保冲洗水源供应，启动水洗装置，清洗换热元件。

（7）彻底清洗后用热风干燥。

（8）清除烟风道内的杂物后装回各人孔门。

10. 设备润滑

（1）空气预热器顶部和底部轴承的润滑。空气预热器顶底轴承均采用油浴润滑。换油时应按照润滑要求先全部放出原有润滑油，必要时用优质冲洗油冲洗干净后方可加注适当等级和适量的润滑油。润滑油每年更换一次。冲洗顶底轴承箱时要人工盘动转子。

（2）减速箱的润滑。驱动装置各级减速箱配有适于所有运行速度的自润滑系统。该系统的油封可有效防止润滑油泄漏，使用过程中只需目测有无漏油现象。要经常注意检查油位视窗的油位是否合适。减速箱配有透气口，透气口应保持清洁状态，以保证正常工作。加注或更换润滑油时不要过量，否则会导致设备温度过高。润滑标准见表 6-11。

表 6-11 润 滑 标 准

部件名称	润滑油等级	每台空气预热器所需润滑油量	润滑间隔	润滑点	加油方式
空气预热器转子主轴承（顶部、底部）	合成油 ISO VG 1000（加高压添加剂）	顶部轴承 15L、底部轴承 30L	每 10 000h 或每 2 年	顶部和部轴承箱（油浴）	底部轴承箱上的加油口/疏油口和顶部轴承箱上的加油口
主减速箱	高级合成油 MOBIL SHC632 288～352Pa·s（40℃）	125L	1 年	加油塞	—
电动机减速箱	高级合成油 288～352Pa·s	3L×2	1 年	加油塞	—

第七章

吹 灰 系 统 及 设 备

第一节 概 述

吹灰器的作用是清除锅炉受热面上的结焦与积灰,保持受热面的清洁,确保锅炉安全、稳定运行。

炉膛积灰时,不仅使炉膛内受热面的吸热量减小,影响锅炉的蒸发量,而且使炉膛出口烟气温度升高,造成过热器和再热器出口蒸汽温度以及管壁温度升高,影响受热面的安全运行。另外,锅炉积灰结焦还会引起锅炉热偏差,使锅炉工作条件恶化。

对流受热面积灰时,不但会降低其传热效果,使过热蒸汽温度和再热蒸汽温度降低,而且使锅炉的排烟温度升高,排烟损失增加。另外,由于积灰往往是局部的,所以过热器和再热器的热偏差增加。对流受热面的积灰还会使管束的通风阻力增加,使引风机的电耗增加,严重时会限制锅炉的出力。

若受热面上的积灰不及时清除,任其进行烧结反应,积灰的强度将逐渐增大,清除就更加困难,积灰就越来越多,在高温区造成结渣,半熔化状态的灰渣会引起受热面管子的腐蚀。当炉膛内的结焦达到一定程度时会自动脱落,大量焦掉入捞渣机内,会造成捞渣机内的水汽化,大量蒸汽涌入炉膛,可能影响炉膛负压,严重时会引起锅炉的正压保护动作,造成锅炉灭火。

第二节 吹 灰 系 统 布 置

某电厂1205t/h MB-FRR"Ⅱ"型锅炉本体吹灰器所用蒸汽汽源取自三级过热器出口联箱及再热器入口。空气预热器用的吹灰汽源取自2.1MPa辅助蒸汽联箱,其蒸汽压力不小于1.3MPa,温度约为350℃。HG-1056/17.5-YM21"Ⅱ"型锅炉本体吹灰器所用蒸汽汽源取自分隔屏出口联箱。空气预热器吹灰汽源取自后屏过出口联箱。空气预热器及本体吹灰疏水通过各墙及空气预热器疏水关断阀排入锅炉定期排污扩容器。

锅炉尾部受热面和水平烟道受热面采用IK-525型吹灰器,该吹灰器是长伸缩吹灰器;电厂锅炉炉膛受热面采用IR-3D型吹灰器,该吹灰器是短杆吹灰器。吹灰器型号及数量见表7-1。1205t/h MB-FRR"Ⅱ"型锅炉吹灰系统整体布置如图7-1所示,炉膛吹灰器布置如图7-2所示,HG-1056/17.5-YM21"Ⅱ"型锅炉炉膛吹灰器布置如图7-3所示。

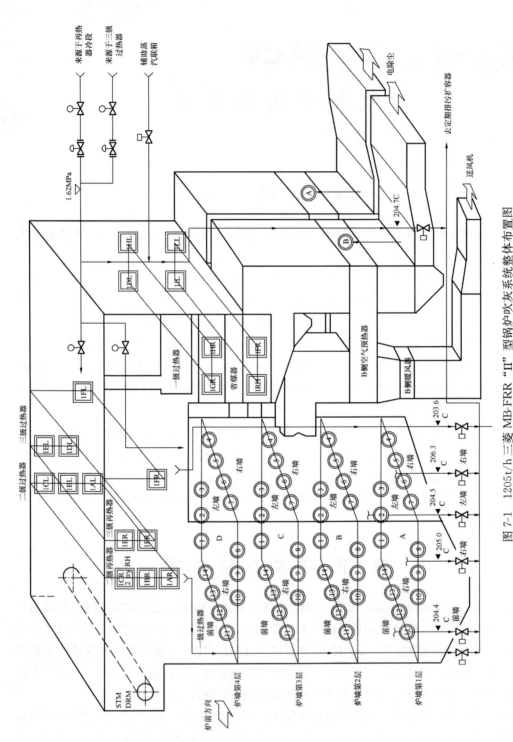

图 7-1 1205t/h 三菱 MB-FRR "Π" 型锅炉吹灰系统整体布置图

注：1AR 表示 A 层右侧长杆吹灰器，同理有 1BR\1CR\1DR\1ER\1FR\1GR\1HR\1IR\1JR；1AL 表示 A 层左侧长杆吹灰器，同理有 1BL\1CL\1DL\1EL\1FL\1GL\1HL\1IL\1JL。

表 7-1　　　　　　　　　　　　　　吹灰器型号及数量

型号	吹灰半径（mm）	吹灰角度（°）	吹灰行程（mm）	1205t/h MB-FRR "Ⅱ" 型锅炉吹灰器数量	HG-1056/17.5-YM21 "Ⅱ" 型锅炉吹灰器数量	安装位置
炉膛吹灰器（IR-3D）	2000	360	267	56	60	炉膛
加长枪式吹灰器（IK-525EL）	1200～1500	360	6500（覆盖12 500）	8	8	用于低温过热器、省煤器区域
加长枪式吹灰器（IK-525EL）	1200～1500	360	2500（覆盖5360）	12	22	水平烟道区域
空气预热器吹灰器（IK-AH）	—	—	1168	2	4	空气预热器

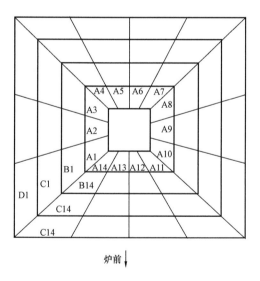

图 7-2　炉膛吹灰器布置图

注：A 层吹灰器标高为 27.1m，B 层吹灰器标高为 32.1m，C 层吹灰器标高为 34.9m，D 层吹灰器标高为 37.7m。

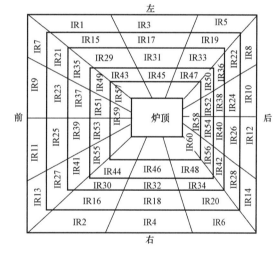

图 7-3　HG-1056/17.5-YM21 "Ⅱ" 型锅炉炉膛吹灰器布置图

第三节　吹灰器结构及工作原理

一、IK-525 型长伸缩式吹灰器简介

IK-525 型长伸缩式吹灰器主要用于吹扫锅炉过热器、再热器及省煤器等受热面上的积灰。

（一）工作原理

1. 清扫原理

从伸缩旋转的吹灰枪管端部的喷嘴中喷出压缩空气或蒸汽，持续冲击、清洗受热面是吹灰器的工作原理。喷嘴的轨迹是一条螺旋线，导程为 100、150mm 或 200mm，由吹灰器行程或吹灰要求决定。吹灰器退回时，喷嘴的螺旋线轨迹与前进时的螺旋线轨迹错开 25mm 节距。图 7-4 为两个喷嘴、100mm 导程的吹灰轨迹。

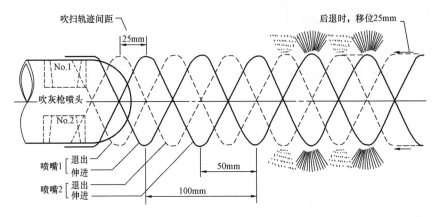

图 7-4　两个喷嘴、100mm 导程的吹灰轨迹示意图

如果选用螺旋线相位变化机构装在吹灰器上，则在每个吹灰周期中，喷嘴的相位预先改变，喷嘴的吹灰轨迹就不会恒定重复。

2. 主要机构

（1）高效喷嘴：对每类吹灰器专门选定。

（2）喷嘴传动机构：吹灰枪管、跑车和电动机。

（3）向喷嘴提供吹灰介质的机构：阀门、内管、填料压盖和吹灰枪管。

（4）支承吹灰器元件的机构：两点支吊的箱式梁。

（5）控制系统：提供控制电源和动力电源，控制吹灰器运行的部件。

3. 吹灰过程

吹扫周期从吹灰枪在起始位置开始。电源接通后，电动机驱动跑车沿着梁两侧的导轨前移，将吹灰枪送入锅炉内。喷嘴进入炉内后，跑车开启阀门，吹灰开始。跑车继续将吹灰枪旋进锅炉，直至到前端极限后，跑车反转，引导枪管以与前进时不同的吹灰轨迹后退。当喷嘴接近炉墙时，阀门关闭，吹灰停止。跑车继续后退，回到起始位置。

（二）部件介绍

1. 电动机

与该吹灰器相匹配的电动机为 Y90IKS-4 型，380V、1.1kW、1400r/min，端部为大法兰，直接与跑车连接。

2. 跑车

跑车包括电动机、齿轮箱及吹灰枪和内管间的填料密封压盖。作用是驱动吹灰枪进、退。

电动机通过位于主齿轮箱外部的一级齿轮变速后，将运动传给主齿轮箱。当需要改变进退速度，而保留螺旋线导程不变时，只需要更换一级齿轮。当需要改变螺旋线导程时，必须变换主齿轮组，齿轮系如图 7-5 所示。

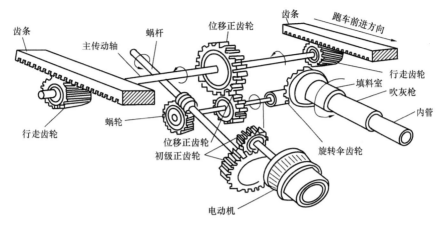

图 7-5 齿轮系结构图

标准行进速度和螺旋线见表 7-2。

表 7-2   标准行进速度和螺旋线

行进速度（mm/min）	螺旋线导程（mm）	枪管转速（r/min）
900	100	9
1750	100	17.5
2500	100	25
3500	100	35
1750	200	8.75
2500	200	12.5
3500	200	17.5
1750	150	12.5

跑车内的主减速机构是蜗轮蜗杆副。蜗轮蜗杆副的输出轴驱动末级正齿轮使吹灰枪移动，同时驱动伞齿轮使吹灰枪旋转。末级正齿轮带动主传动轴，主传动轴驱动两端的行走齿轮，行走齿轮分别与梁两侧的齿条啮合。

跑车填料室包括吹灰枪的安装法兰和密封内管的填料压盖，跑车完全密封，能有效防止脏物及腐蚀性气体进入。

3. 吹灰器阀门

机械操纵的阀门位于吹灰器的最后端，它可用蒸汽或压缩空气做吹灰介质，并有一个压力调节装置。阀门的开与关均由跑车进退自动控制，跑车上的撞销操纵凸轮和启动臂机构自动启闭阀门。撞销位置可调节，以保证在吹灰枪处于吹灰位置时提供吹灰介质，吹灰器退到非吹灰位置时，阀门自动关闭。

4. 梁

梁为一箱盖型部件，对吹灰器的所有零部件提供支承和最大限度的保护，梁的两端有端板，后端板支承阀门和内管，前端板支承吹灰枪管，梁由两点支承，前支承一般靠固定在锅炉外壳的墙箱支托，后支承位于吹灰器后部，固定在钢梁上，这种支承方法可使吹灰器承受锅炉在三个坐标方向的膨胀与收缩，有时梁也可以完全由钢架支承。

5. 墙箱

墙箱有两个位于同一水平面的孔，销轴螺栓从梁的前支承穿入此两孔内并将负荷（约为吹灰器质量的 1/2）传递给墙箱。

墙箱分为正压墙箱和负压墙箱。当炉内压力为负压时采用负压墙箱，炉内为正压或负压较低时，采用正压墙箱。

负压墙箱用弹簧压紧的密封板密封吹灰枪管周围，并能适应锅炉的膨胀，墙箱铸件与安装在锅炉外壳的套管焊接。正压墙箱与之类似，只是其内部有一腔室，采用压缩空气密封，防止炉烟外泄。

6. 动力电缆

电源可通过下垂电缆、弹性电缆或环挂电缆输送给移动的电动机，下垂电缆在吹灰器侧面的接线盒与电动机之间形成一个环状，弹性电缆在吹灰器梁的上半部分，环挂电缆在吹灰器梁的一侧或下面。

7. 内外管托架

内外管托架用在行程超过 7.6m 的吹灰器上，设在吹灰器梁的中点附近；在前进行程的前一半，它支托吹灰枪及内管；在前进行程的后一半，它只支托内管。

8. 前托架

前托架在吹灰器梁的前端，固定在墙箱铸件上，大约支承着吹灰器质量的 1/2。托架底部有托轮，这些托轮支承着吹灰枪管，并对枪管通过墙箱进入锅炉起导向作用。调整滚轮旋转方向对准吹灰枪管螺旋线十分重要。

9. 内管

内管是高度抛光的不锈钢管，用以将吹灰介质输送到吹灰枪。对于特殊用途，内管可镀铬，以增加表面硬度。

10. 吹灰枪管

吹灰枪管材质有多种，取决于每台吹灰器的安装位置。如果一台锅炉上有几种枪管，那么每一枪管安装时必须"对号入座"。吹灰枪由跑车和前托架支承，行程超过 7.6m 的吹灰器在梁的中部有一辅助托架。前托架的两个托轮应调节到旋转方向，与枪管螺旋线一致。

11. 喷头

吹灰枪有一个旋压的喷头，喷头上钻有孔以焊装喷嘴，喷嘴是垂直还是前倾或后倾根据吹灰器而定。喷嘴的大小和数量由不同位置吹灰器的吹灰介质流量与压力要求而定。喷嘴的焊装非常重要。喷头在工厂内已作好平衡试验，确保两个方向喷射介质时的径向推力相等，从而防止枪管抖动。

12. 控制装置

电动机驱动的吹灰器在梁的前端、后端都装有限位开关，以控制前进和后退的行程。这些开关由装在跑车的上拨销触动。

13. 螺旋线相变结构

螺旋线相位变化机构简称螺旋线相变结构，安装在梁的后部左、右两侧，用螺栓固定在梁上，以便调整。此机构使跑车的行车齿轮每次前进时相对齿条多转过一个齿，从而使每次吹灰开始时，喷嘴的相位（即所在方位）不同。螺旋线相变机构（左侧）结构图，如图 7-6 所示。

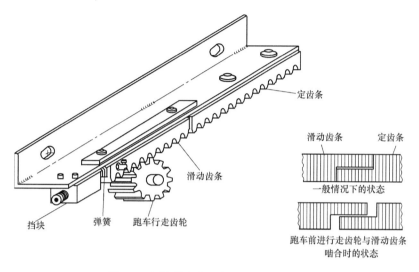

图 7-6　螺旋线相变机构（左侧）结构图

二、IR-3D 型炉膛吹灰器简介

（一）概述

锅炉所配 IR-3D 型吹灰器是一种短伸缩式吹灰器，主要用于吹扫锅炉水冷壁上的结灰和结渣。

IR-3D 型吹灰器采用单喷嘴前行到位后定点旋转吹灰，以固定的弧度吹灰（由凸轮弧长决定），如图 7-7 所示，为便于显示，图中吹灰器去掉防尘罩板。

（二）吹灰过程

IR-3D 型吹灰器为电动吹灰器，可近操、远操和程控。吹灰时，按下启动按钮，电源接通，减速传动机构驱动前端大齿轮做顺时针方向转动，大齿轮带动喷头、螺纹管及后部的凸轮同方向转动。转动一定角度后，凸轮的导向槽导入后棘爪和导向杆，凸轮等不再转动而沿导向杆前移，喷头及螺纹管伸出。当螺纹管伸至前极限位置时，凸轮脱开导向杆，拨开前棘爪，使喷头、螺纹管和

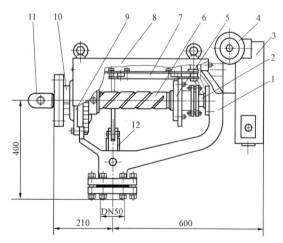

图 7-7　IR-3D 型吹灰器结构图（单位：mm）

1—阀门；2—内管；3—电控箱；4—减速箱；5—凸轮；6—螺纹管；7—支撑导向机构；8—罩板；9—前支撑座；10—墙箱；11—喷嘴；12—空气阀

凸轮一起再随大齿轮旋转，随之，凸轮开启阀门、吹灰开始。吹灰过程由后端的电气箱控制。完成预定的吹灰圈数后，控制系统使电动机反转，喷头、螺纹管和凸轮同时反转，随之阀门关闭。接着，凸轮的导向槽导入前棘爪和导向杆，喷头、螺纹管和凸轮停止转动而退至后极限位置，凸轮脱开导向杆，拨开后棘爪继续做逆时针方向旋转，直至电控系统动作，电源断开，凸轮停在起始位置。至此，吹灰器完成了一次吹灰过程。

（三）主要技术参数

常规设计的吹灰器主要技术参数如下：

吹灰器行程	267mm
吹灰器行进速度	290mm/min
吹灰枪转速	2.3r/min
每次工作时间	2.76min（吹扫1圈）
	3.62min（吹扫2圈）
	4.49min（吹扫3圈）
吹灰介质	蒸汽或压缩空气
吹灰压力	1.5MPa
介质耗量	30kg（吹扫1圈）
	60kg（吹扫2圈）
	90kg（吹扫3圈）
喷嘴数量	1
喷嘴口径	25.4mm
喷嘴后倾角	3°
有效吹灰半径	1.5～2m
电动机型号及有关参数	AO2-6324　B5型　0.18kW
	1400r/min　380V　3P
质量	110kg

（四）结构介绍

1. 鹅颈阀

鹅颈阀是吹灰器控制吹灰介质的阀门，位于吹灰器的下部，是吹灰器的主要部件，因其形如鹅颈，俗称鹅颈阀。吹灰器的全部部件都支撑在鹅颈阀上。阀内有压力调节装置，可根据现场的吹灰要求，进行压力调整。阀门上装有启动臂，由凸轮操作启动臂，开启和关闭阀门。

2. 内管

内管为表面高度抛光的不锈钢管，一端与阀门连接，用以将吹灰介质输送到吹灰枪。

3. 吹灰枪与喷嘴

IR-3D型吹灰器的吹灰枪是一根外面加工有螺纹的管子，一般称螺纹管，它既是此吹灰器的吹灰枪，也是重要的传动部件，伸缩运动就是靠螺纹管上的双头螺旋槽来完成的。螺纹管的后端焊有填料室，用以装入填料，实施吹灰枪与内管间的密封，其前端加工有内螺纹，与喷头连接。通常IR-3D型吹灰器的喷头为一标准件，上面有一个后倾3°

的喷嘴，口径为 25.4mm。喷头尾部带有螺纹，可根据炉墙的厚度来调节喷头旋入螺纹管的长度。

4. 减速传动机构

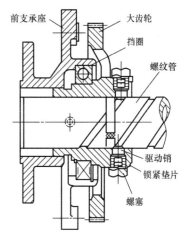

图 7-8 驱动销、螺纹管与
前支承结构图

IR-3D 型吹灰器的减速传动系统由电动机、蜗轮箱（一般减速比为 1∶60）和一组开式传动的齿轮及驱动销和螺纹管等组成，吹灰器的旋转和伸缩运动最终通过两个驱动销和螺纹管来完成。螺纹管伸缩时不旋转，旋转时不伸缩。

驱动销用定位螺塞固定在末端大齿轮的内孔内，起到内螺牙的作用。驱动销用硬质合金制成，不仅耐磨性好，而且减少了传动中的卡涩现象，同时也易于更换。控制阀门的凸轮装在螺纹管后端，随螺纹管一起运动，开启和关闭阀门。

吹灰器可手操转动蜗杆的方柄，但较慢。在进行行程开关调整等工作时，可取下联轴节销，直接转动小齿轮轴，能得到较高的速度。驱动销、螺纹管与前支承结构图如图 7-8 所示，电动机、控制盒和减速箱结构图如图 7-9 所示。

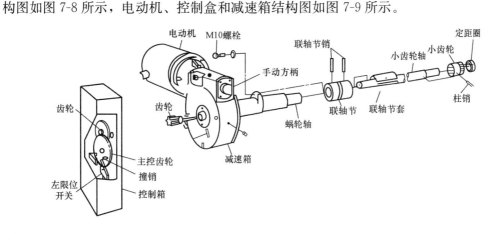

图 7-9 电动机、控制盒和减速箱结构图

5. 支撑板和导向杆系统

支撑板安装在吹灰器的上部，支撑板上安装有控制凸轮转动的导向杆和靠弹簧复位的前后棘爪。

6. 防护罩

开式齿轮传动副上装有齿轮罩。吹灰器最上面装有Ⅱ型罩板，将传动部件置于罩板之下。无论室内安装还是室外安装都能起到防护作用。

7. 电气控制机构

电气控制机构位于吹灰器的后端，控制箱内装有行程开关，行程开关由蜗轮轴传动的齿轮控制，改变主控制齿轮上撞销的位置可调整吹扫的圈数和吹灰角度。

8. 墙箱

墙箱是吹灰器与锅炉预留接口连接的密封接口箱，同时也是将吹灰器固定在炉墙上的支撑点。负压墙箱仅为一接口法兰和密封环，不需接密封空气，炉膛负压吸引空气由吹灰器前端支座导入，对吹灰器接口处进行密封，并使墙箱和吹灰器零件免受烟气倒灌的污染。正压墙箱内装有密封环，高压风从密封环导入，对吹灰枪与密封环间的间隙进行密封。

第八章

Dresser1700 系列安全阀

Dresser1700 系列安全阀具有反压关闭性能，并配备有 THERMOFLEX 型阀芯，为快速平衡阀座周围的温度创造条件，其严密性远远超过同类阀门，该类阀属于全启式、限程纯弹簧安全门。Dresser1700 系列安全阀结构图如图 8-1 所示。

一、安全门专用术语

（1）背压：安全阀排放时，存在于安全阀出口处的静压。

（2）回座压差：指安全门启座压力与回座压力之差。用设定压力的百分比或压力单位表示。

（3）振颤：指安全阀运动部件的异常往复动作，在这一过程中，阀芯与阀座频繁接触。

（4）回座压力：安全阀关闭时，介质停止排出时的进口压力。

（5）阀芯：指安全阀中起关闭作用的一个承压运动件。

（6）严密性试验压力：指按标准进行阀座严密性试验所需的入口静压。

（7）升程：指当阀门泄压时，阀芯离开关闭位置的实际行程。

（8）提升装置：指安全阀的手动打开装置，使阀门在外力作用下将保持阀门关闭的弹簧力减小。

（9）入口尺寸：在未特别注明时，指安全门入口管的公称尺寸。

（10）出口尺寸：在未特别注明时，指安全门出口管的公称尺寸。

（11）阀座：流体进入通道，包括阀座的固定部分。

（12）过压：指超过安全阀设定压力的压力，一般用设定压力的百分比表示。

（13）启座压力：指当入口静压增大时，在该压力作用下，阀芯朝打开方向快速移动时的压力。

（14）额定升程：指阀门达到其额定减压能力的设计升程。

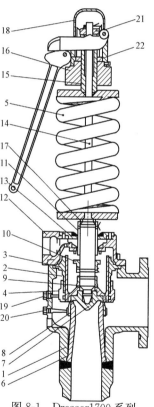

图 8-1　Dresser1700 系列
安全阀结构图

1—阀体；2—阀芯套筒；3—阀导；4—上调整环；5—弹簧组件；6—阀座；7—阀芯；8—下调整环；9—阀芯环；10—升程挡圈；11—背压调整环；12—阀盖组件；13—顶板组件；14—阀杆；15—调整螺杆；16—阀架；17—阀架螺杆；18—手动提升装置；19—上调整环销；20—下调整环销；21—释放螺母；22—锁紧螺母

（15）设定压力：标示于安全阀上的启座压力。

（16）前泄：入口静压低于启座压力时，阀芯与阀座之间出现可以看到或听到的流体泄漏现象。

二、工作原理

在过压状态下，阀门入口内的压力增大，施加在阀芯上的力大于弹簧向下的力，使安全门迅速启座，将多余蒸汽释放，当流体压力降至弹簧作用力以下后，阀门快速关闭。

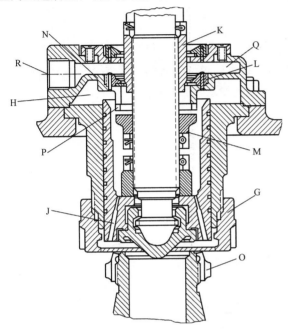

图 8-2　安全阀上下调整环示意图

根据 Dresser1700 系列安全阀的结构特点，利用其上、下调整环，背压调整环的作用，能够使阀门迅速启座，并达到全升程。在关闭过程中，利用反压原理工作，即利用积聚在阀芯套筒上侧的蒸汽压力来帮助弹簧，使阀门回座，而且能较好地消除安全门的前泄和后泄现象。

在图 8-2 中，将上、下调整环（G）和（O）分别准确定位，可获得 100％的升程。当达到全升程时，升程限制圈（M）坐于盖板（P）上，使振动消除，增强了阀门的稳定性。当阀门阀芯处于打开位置时，蒸汽通过阀芯套筒顶部的两个放气孔（J）进入腔室（H）中。背压调整环（K）升至下浮动环（L）上方的一个固定位置，使下浮动环和背压调整环之间间隙增大。

在这种状态下，腔室（H）中的蒸汽通过该间隙和孔口（N）进入腔室（R），释放到大气中。

阀门关闭时，背压调整环下移，使得背压调整环与下浮动环之间间隙变小，有效地减少了腔室（H）进入腔室（Q）的蒸汽量。此时，腔室（H）中蒸汽压力瞬间增大，在弹簧负载方向产生的向下推力增大，使得阀门迅速关闭，下调整环（O）为关闭动作提供缓冲作用。

三、安全门的整定

1. 调整启座压力

调整之前先降低锅炉运行压力，确保在调整中阀门不会打开，为改变阀门的启座压力，必须取下手动提升装置，松开调整螺杆上的锁紧螺母，顺时针转动调整螺杆增大启座压力或逆时针转动减少启座压力。

每次调整完后，必须拧紧锁紧螺母。顶部弹簧垫圈臂不允许顶住阀架（轭杆），为达到这一目的，在调整过程中，可用一把改锥固定在臂与杆之间，防止顶部弹簧垫圈移动。调整完设定压力后，装上手动提升装置。

2. 调整环、回座压差和背压环的调整

（1）上调整环和下调整环位置分别由上调整环销和下调整环销固定，这些销穿入阀体与调整环上的切槽啮合，调整必须取下相应的环销，可将一把改锥（或其他合适的工具）插进环销孔中，将环转动。调整时，必须将安全阀压紧，防止阀门启座，烫伤工作人员。

（2）如果下调整环位置有问题，可按以下方法调至出厂前设定的位置。

1）压紧安全阀；

2）取下下调整环销；

3）上移下调整环，直至其触到阀芯套筒；

4）如图 8-3 所示，将下调整环下移表 8-1 中的槽数，设定压力每增加 413kPa 就增加一个槽，最多调整 6 个槽；

5）装上、下调整环销；

6）拆下阀门压紧装置。

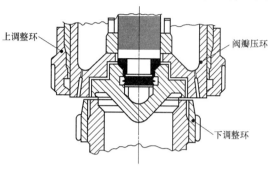

图 8-3　安全阀下调整环示意图

表 8-1　　　　　　　　　　　　　　下调整环出厂最终位置（现场起始位置）

阀门名称	编号	下移槽数
汽包安全门	11-01～04	12
过热器安全门	13V-01	12
再热器入口安全门	14-01～04	37
再热器出口安全门	14V-05	37

（3）上环和背压调整环与回座压差之间的关系曲线。

上环用于启座压力下获得全升程，而且其位置影响着阀门的回座压力。如果上环处在这样一个位置：阀门在启座压力下刚刚达到全升程，就因锅炉压力略微降低而开始结束全升程，用图 8-4 中 ABF 线表示，如果没有升程挡块，阀门动作将由 $ABCF$ 代表。

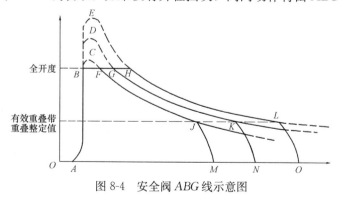

图 8-4　安全阀 ABG 线示意图

如果上环位置低于设定值，阀门动作将由图 8-4 中 ABG 代表；如果没有升程挡块，将由 $ABDG$ 代表。

如果上环处于一个更低的位置，阀门动作将由图 8-4 中 ABH 代表，如果没有升程挡块，由 $ABEH$ 代表。

由此可见；上环位置低会使阀门在较长时间的压力降低过程中较长时间保持全升程位置，使阀门回座压差增大。另外，还应注意，阀门背压调整与下浮动环的实际重叠设定值与重叠开始起作用点之间差别很大。因为在重叠伞齿轮上角实际进入下浮动环之前，重叠通气孔区域已开始大大减小。如果上环处在一个产生图 8-4 中 ABH 线的位置，则重叠设定应大大高于图 8-4 中 ABF 线时上环所处的位置，缩短排放时间，重叠设定值大将导致阀座在阀门关闭时损坏。因此，将上环设定在一个使阀门处于全升程位置时间尽可能短的位置，最理想的循环由图 8-4 中 ABFJM 线表示。

3. 调整上环

如果上环位置有问题，可按以下方法设定为出厂前位置。

（1）压紧阀门。

（2）取下上调整环销。

（3）移动上调整环，直至其与阀芯套筒一样高（可借助手电筒进行观察，观察时可从一个检修口观察，同时用手电筒从另一个检修口照入）。

（4）将上调整环向下移动表 8-2 中的槽数。

（5）装上调整环销，将上调整环锁紧到位。

（6）去掉压紧装置。

表 8-2　　　　　　　　　上调整环出厂最终位置（现场起始位置）

阀门名称	编号	移动槽数
汽包安全门	11V-01～04	16
过热器安全门	13V-01	16
再热器入口安全门	14V-01～04	45
再热器出口安全门	14V-05	45

4. 调整回座压差

为获得最终回座压差设定值，需要进行进一步调整时，应一次将上环移动 5～10 个槽。

（1）减小回座压差：将环上移，逆时针转动。

（2）增大回座压差：将环下移，顺时针转动。

上环有可能升得过高，使得难以达到全升程，出现这一问题时，应将环降低至可以达到全升程的位置，并通过调整背压调整环，将回座压差设定值最终确定。如果阀门不提升，应对下调整环进行进一步调整。为了达到 4% 的回座压差，应确保上、下调整环位置相距不能太远，以免使阀门失去控制。达到这一状态的最终表现是，在阀门即将关闭前阀门产生一次缓慢的"上下振动"。如果出现回座压差过大，可将两个环均向下稍微移动一点，使排放时间缩短，在进行这一调整时，应将上环移动两次，每次移动槽数与下环相同。调整完成后，检查环销，看其是否与环槽啮合，且不能到槽底，销不可以挤压环。

5. 调整背压调整环

背压调整环是控制回座压差的二次调整点，与上调整环配合使用。在有些情况下可能不需要使用背压调整环，但是无论在何种情况下都不允许将背压调整环专用于设定回座压差，而不对上调整环进行调整。

向下移动背压调整环可减小回座压差，向上移动可增大回座压差，最终设定完成后一定要装上开尾销，将其锁紧到位。

通过移动背压调整环来最终调整回座压差的方法见表 8-3。

表 8-3 通过移动背压调整环来最终调整回座压差的方法

阀门名称	编号	调整方法
汽包安全门	11V-01～04	先调整 5 个槽，然后每次调整 2～3 个槽
过热器安全门	13V-01	先调整 5 个槽，然后每次调整 2～3 个槽
再热器入口安全门	14V-01～04	首次和随后的调整每次调整 5～8 个槽
再热器出口安全门	14V-05	首次和随后的调整每次调整 5～8 个槽

四、拆卸要点

（1）拆下顶部操纵杆销和操纵杆。

（2）松开阀盖产定位螺钉，搬走阀盖和放下操纵杆组件。

（3）拆下卡住复位螺母的开口销，然后拆下复位螺母。

（4）如图 8-5 所示，测量记录尺寸 A，这个尺寸对重新正确地回装阀门很重要。

（5）均匀地拆下两个顶轭杆的螺母，以防轭架扭曲。

（6）小心地把轭架从阀杆上提起，然后离开阀门，拆除支座组件和顶部弹簧垫圈。

（7）确保底部弹簧垫圈不与弹簧粘住。如果底部弹簧垫圈与弹簧粘住，则应用铜棒振动它使之松动并落下。下一步做出弹簧顶部标记，以便在重新装配时正确地安装弹簧。最后，把弹簧从阀杆上提起，离开阀门，然后拆下底部弹簧垫。

（8）从重叠套环和阀杆组件上拆下环的开口销，注意这时重叠套环的槽口与阀杆上的开口销孔相对应。如图 8-6 所示仔细地数清通过阀杆开口销孔前面的环槽口数，开始逆时针转动环，直到环上的最低线（四条线中）与上浮垫圈找平。记录通过阀杆上开口销孔前的重叠套环槽口数，这个数据在重新安装阀门时需要。

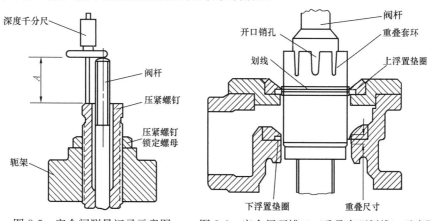

图 8-5 安全阀测量记录示意图　　图 8-6 安全阀环槽口（重叠套环划线）示意图

（9）标出盖板的通气孔，以确定与阀底座的关系，此数值保证重新安装时正确地对中，然后拆下盖板的双头螺栓螺母，并从双头螺栓上提升盖板。

（10）吊起阀杆，从阀门里拆下阀杆、阀瓣和阀瓣压环组件。应当小心，保证在把组件放在地面上或其他工作面上时不要损伤阀瓣支承面。

（11）从阀杆上拆下阀瓣和阀瓣压环，先把阀杆夹在台钳里，如图 8-7 所示，不要损伤阀杆的螺纹。然后向上提起阀瓣压环，逆进针转动阀瓣/压环，使之与下降螺纹啮合。只要螺纹啮合，松开阀瓣压环，拆下阀瓣。拆除阀瓣后，从阀杆上提起阀瓣压环。

一般不必从阀杆上拆除重叠套环、开度止动块和/或阀瓣环，除非要更换阀杆。

（12）用深度千分尺或其他合适的测量仪测量从导承顶部至套筒座的距离，如图 8-8 尺寸 B 所示。记录尺寸 B，在上调整环的下表面放一比例尺或其他薄平的金属片，测量从导承顶部至上调整环表面的距离，如图 8-8 尺寸 C 所示。记录尺寸 C。

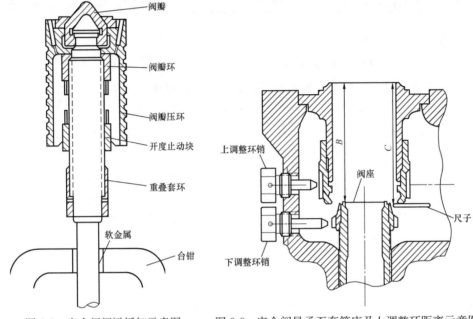

图 8-7 安全阀阀瓣拆卸示意图　　图 8-8 安全阀导承至套筒座及上调整环距离示意图

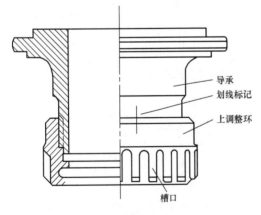

图 8-9 安全阀上调整环标记示意图

（13）从阀底座拆下上调整环销。垂直提升导承，从底座上拆下调整环和导座组件，不要破坏上轴承环的调整值。标出上环槽口相对于导承的径向位置，在导承上做轴向标记或划线，然后在上调整环上做出相应的轴向标记，如图 8-9 所示。记录尺寸 B 和 C，以及做出上调整环和导承的标记，有助于使高速环置于与拆卸前完全相同的位置上。

（14）松开下调整环销，直至销与环里的槽口稍微离开，注意不要移动下调整环，在套筒座顶部放一环形研磨工具，如图 8-10 所示。然后，利用环销作为"指针"或基准点，逆时针旋转下调整环，并且记下通过"指针"前方的槽口数，直到与研磨环接触。记录这个数据，重新正确装配阀门时需要。

（15）从阀门底座拆除下调整环销和下调整环。

（16）一般不必从阀座拆除轭杆，但是，如必须拆除时，应遵循下列程序：

1）标出每根轭杆与轭杆接触阀座"环"部位的关系，还要规定哪根轭杆在阀门出口的左侧，哪根在右侧。

2）用合适尺寸的套筒扳手和手柄松开轭杆螺母。

3）拆下螺母，向上拔起轭杆，使轭杆从阀座上拆下来。

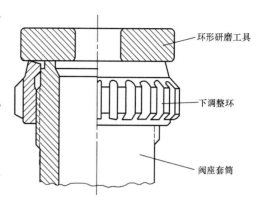

图 8-10 安全阀下调整环定位
（环形研磨工具装配）示意图

五、组装要点

（1）把轭杆装在底座上，然后装轭杆螺母。把轭杆按拆卸时的记录放在阀底座的原始位置上。润滑全部螺纹，用轭杆螺母扭矩扳手和套筒扳手拧紧轭杆螺母。按表 8-4 拧紧螺母。

表 8-4 　　　　　　　　　　　　　轭杆螺母扭矩　　　　　　　　　　　　　lb·ft

节流孔	压力等级					
	5	6	7	8	9	0
1	150	150	150	120	120	120
2	150	120	120	150	150	150
3	250	150	150	300	300	300
4	300	300	300	350	350	350
5	300	300	300	350	350	350
6	300	300	300	500		1000
7	500	350	500			
8	500	500	750			

注 　1lb·ft＝0.138kg·m。

（2）重新安装下调整环前，润滑下调整环销的螺纹，并把销部分地插入阀体。这时销又可以作为"指示器"或基准点，如前面"拆卸"中所述。其次，润滑下环的螺纹，把环装在阀体上。然后顺时针旋转下调整环，直到环的顶部离开阀座。

（3）定位下调整环，在喷嘴座上安装一个干净的环形研磨工具，向上移动下调整环，使之与环形研磨工具接触。按"拆卸"步骤记录的槽口数向下移动下调整环。如果原始下环位置数据不适用，则应降低环，每 600lb/in² （2.07MPa）的整定压力下降一个槽口。

对于 1200lb/in² （8.16MPa）的阀门整定压力，环应下降低于套筒座两个槽口。这是起始位，在现场试验过程中确定最终位置。如图 8-10 所示。

（4）一旦下调整环的位置正确，拧紧下环的销，使环锁住、定位。确认下环能够稍微活动。如下环不动，说明销太长。应稍微打磨销端部，使之缩短，但应保持原有端部外形，重新安装销。

（5）润滑上调整环的螺纹，并重新把环装到导承上。

（6）应把调整环和导承组件装入阀门底座，以便从阀门出口或检测孔可以看见划线。在上调整环的下表面放一钢板尺或其他适用的薄金属片，并测量上环和导承组件的总长度。调整上环至"拆卸"步骤记录的尺寸 C，如图 8-8 所示。观测环和导承上做出的标记，并把上调整环调整为与标记对齐，如图 8-9 所示。重新检查调整环和导承组件的总长，以保证上环在原始位置上。

（7）用深度千分尺测量从导承的顶部至套筒座的距离。用测量的尺寸减去"拆卸"步聚中测量的尺寸 B，得出的差是上调整环必须向下调整的距离。参见表 8-5，以确定向下降低环的槽口数。

（8）确认上调整环/导承组件调整正确，润滑阀底座的导承支承面，然后把组件重新装入底座，随后润滑上调整环销的螺纹，拧紧销来锁定环/导承组件。确认上环能够轻微地活动。如果上环不动，说明销子太长，应打磨销子端部使之缩短，但要保持销端部的原有外形，再重新装上销子。

表 8-5　　　　　　　　　　上调整环向下调整距离　　　　　　　　　　in（mm）

节流孔	调整每个槽口时环的垂直行程	节流孔	调整每个槽口时环的垂直行程
1	0.002 5（0.063 5）	5	0.001 5（0.038 1）
2	0.002 0（0.050 8）	6	0.000 9（0.022 86）
3	0.001 5（0.038 1）	7	0.001 0（0.025 4）
4	0.001 5（0.038 1）	8	0.001 6（0.040 64）

（9）用一台钳夹住阀杆，阀杆的"球头端"朝上。

（10）确认阀杆支承面与阀瓣凹处结合严密。

（11）如果从阀杆上拆下开度止动块，应润滑螺纹，安装开度止动块。

（12）如果已拆下阀瓣环，润滑螺纹并把环安装在阀杆上。然后，小心地把阀瓣压环降在阀杆上，使之坐在阀瓣环的面上。

（13）把阀瓣拧到阀杆上，确认阀瓣按规定在阀杆上自如地晃动。阀瓣晃动合格后，拆下阀瓣和阀瓣压环，用不锈钢开口销夹阀瓣环，使用切割机小心地切掉开口销臂的多余部分，然后安装弯曲开口销。

（14）润滑阀杆端部，把阀瓣压环和阀瓣装到阀杆上。重新检验晃动情况。

（15）从台钳上拆下全套组件，整个作业过程应保证阀瓣结合面不受损伤。

（16）把阀杆组件装在底座之前，擦净阀瓣座，小心地把阀杆组件装入导承。

（17）按拆卸做出的标记，在阀杆组件上安装盖板，保证盖板与阀底座定位正确，然后安装盖板螺母。

（18）在轭杆和阀杆上安装轭架和压紧螺钉组件。

（19）安全阀盖板与阀底座尺寸测量图如图 8-5 所示，确定尺寸 A。

（20）向上拉阀杆，直到开度止动块触及盖板，当开度止动块和盖板接触时，重新测量尺寸 A。这两个尺寸的差值是阀门开度，阀门的开度最大为铭牌上标示开度与表 8-6 所示附加推荐开度之和。

表 8-6　　　　　　　　　　　安全阀附加开度表　　　　　　　　　in（mm）

节流孔	孔　径	额定开度	要求的附加开度
1	1.125 (28.6)	0.282 (7.16)	0.020 (0.508)
2	1.350 (34.3)	0.338 (8.59)	0.020 (0.508)
3	1.800 (45.7)	0.450 (11.43)	0.030 (0.762)
4	2.250 (57.2)	0.563 (14.30)	0.050 (1.270)
5	2.062 (52.4)	0.517 (13.13)	0.040 (1.016)
6	3.000 (76.2)	0.750 (19.05)	0.060 (1.524)
7	3.750 (95.3)	0.938 (23.83)	0.070 (1.778)
8	4.250 (108.0)	1.063 (27.00)	0.080 (2.032)

（21）如果开度尺寸不正确，按照以下方法调整。

加大阀门开度，要求每增加 0.001in（0.025 4mm）移动开度止动块 1 个槽口。

减小阀门开度，要求每降低 0.001in（0.025 4mm）移动开度止动块 1 个槽口。

（22）重复上述（17）～（21），直到阀门开度正确。

（23）润滑重叠套环的螺纹，把有槽口的阀杆放在环上方（即离开盖板）。重叠套环有四条圆周划线，图 8-6 的划线是离槽口最远的线。

顺时针旋转，把重叠环拧到阀杆上，直到划线与可见的浮置垫圈齐平。向下移重叠套环，使最近的重叠套环槽口与阀杆上的钻孔对正。

（24）进行初次重叠套环调整，参见表 8-7。

表 8-7　　　　　　　　　　　重叠套环调整示意图

节流孔	孔径 [in (mm)]	调整值（槽口）	
		标准	限制开度 [in (mm)]
1	1.25 (28.6)	6	3 (76.2)
2	1.350 (34.3)	7	3 (76.2)
3	1.800 (45.7)	8	4 (101.6)
4	2.062 (52.4)	9	4 (101.6)
5	2.250 (57.2)	10	5 (127)
6	3.000 (76.2)	13	6 (152.4)
7	3.750 (95.3)	16	8 (203.2)
8	4.250 (108.0)	18	9 (228.6)

（25）如果调整重叠套环，按表 8-7 规定的槽口数向下移重叠套环。

（26）通过重叠套环的槽口和阀杆安装开口销。修整开口销至适合的长度。

（27）安装弹簧垫圈前，润滑下弹簧垫圈和阀杆的支承面。然后把下弹簧垫圈装到阀杆上。

（28）按拆卸做出的标记，轻轻地把弹簧盖放在阀杆上方，直到弹簧坐在弹簧垫圈上。

在弹簧上装上部弹簧垫圈，保证凸耳与左轭杆啮合。

（29）润滑压紧螺钉和阀杆的螺纹，把锁定螺母套在压紧螺钉上，把螺钉拧入轭架，直到螺钉刚刚从轭架的下部伸出为止。

（30）润滑上轭杆的螺纹。在轭杆上仔细地给轭架组件定位，小心地使压紧螺钉与轴承或上弹簧垫圈对正。

（31）使用轭杆螺母扭矩扳手和套筒扳手扭紧轭杆螺母。

（32）把压紧螺钉旋回至拆卸时记录的初始位，并且拧紧螺钉的锁定螺母。

（33）确认上垫圈凸耳在压紧螺钉最后调整后未与轭杆接触。

（34）把复位螺母套在阀杆上，顺时针旋转，直到复位螺母在阀杆螺纹上完全啮合。

（35）在复位螺母上方装盖，把盖牢固地坐在轭架上。安装盖上的顶部操纵杆，然后通过顶部操纵杆和盖孔插入操纵杆销。

六、1700 系列阀门的故障排除

1700 系列阀门故障的起因及排除方法见表 8-8。

表 8-8　　　　　　　　　　　1700 系列阀门故障的起因及排除方法

故障	可能的起因	排除方法
无动作	整定压力太高	重新调整弹簧
阀门无法全开	（1）阀瓣压环和导承之间落入杂质。 （2）重叠套环调整得太低	（1）拆开阀门和排除异常现象，检查系统的清洁度。 （2）重新调整初始整定值，从右向左移动重叠套环 1 或 2 个槽口，然后再实验，如必要，重复进行附加调整
缓漏	（1）下环太低。 （2）蒸汽管线振动	（1）调整下环。 （2）找出振动原因并处理
阀门泄漏或出现不稳定的突发动作	（1）阀座损坏。 （2）零件对正不良。 （3）阀瓣晃动量不够。 （4）排放竖管在出口处粘住	（1）拆开阀门，研磨阀座结合面。 （2）拆开阀门，检查阀瓣和喷嘴的接触面、下弹簧垫圈或阀杆、压紧螺钉、阀杆垂直度等。 （3）拆开阀门，检查阀瓣和晃动。 （4）按要求改正
挂起或阀门不能完全关闭	（1）下环太高。 （2）杂质	（1）每调整一次，使下环向左移动一个槽口，直到故障消除。 （2）拆开阀门和更正任何异常工况。检查系统的清洁度
关闭压力过大	（1）上环太低。 （2）排汽压力过高。 （3）重叠套环太高	（1）调整上环，降低启闭压力。 （2）加大竖排放管面积来减小排汽压力。 （3）检查初始整定值，从左向右移动重叠套环一个或两个槽口，然后再做实验。必要时重复附加调整
频跳或关闭压力小	（1）上环行程太高。 （2）重叠套环行程太低。 （3）进口管压降太大	（1）降低上环。 （2）提高重叠套环。 （3）重新设计管道，降低进口压降至阀门所需关闭压力的一半以上

七、NSH 系列安全阀在线定压仪的结构特点及施工方法

1. NSH 系列安全阀在线定压仪的结构

在线检测系统由机械夹具、液压动力单元和数据采集处理单元三大部分组成，彼此相对独立，由两条 10m 长的液压软管和两条 10m 长的五芯屏蔽电缆互相联成一个完整的安全阀测试系统。它具有体积小、质量轻、组件模块化、设备计算机化、操作简单、稳定可靠等显著特点，性能在许多方面都超过国外同类仪器水平。

（1）机械夹具。保证对待测安全阀实施夹持定位，为液压动力单元提供施加外力的环境，采用组合式结构，拆卸十分方便。部件现场安装实物图如图 8-11 所示，部件安装示意图如图 8-12 所示。

图 8-11　部件现场安装实物图

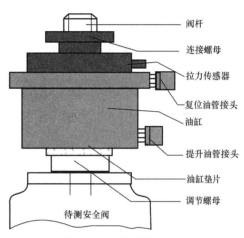

图 8-12　部件安装示意图

（2）液压动力单元。提供可调节的液压输出和流量，最大输出为 10MPa，最大提升力为 50kN，用以控制外加的提升力和提升速度。液压控制单元示意图如图 8-13 所示。

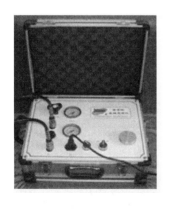

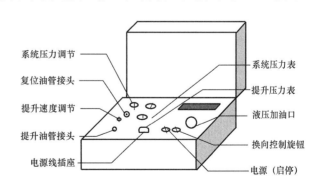

图 8-13　液压控制单元示意图

其中，提升力传感器采用轮辐式结构，灵敏度极高，精度可达到 0.05%，压力传感器采用高温型传感器，工作温度可达 200～250℃。两种传感器均为高输出式，内藏放大器，其线性度、重复性和抗干扰能力极强。提升力传感器实物图如图 8-14 所示，压力传

感器实物图如图 8-15 所示。

图 8-14　提升力传感器实物图

图 8-15　压力传感器实物图

测试系统采用了二通道低增益、高精度放大电路，智能化 A/D 转换和数据采集电路，可同时采集力、压力两个参数，核心部分选用目前市场上先进的笔记本电脑（CPU PM1.6G），可绘制曲线并打印测试结果，具有汉字化的人机对话功能，各测量通道的数据均可在屏幕上显示，在超量程的情况下，确保系统和安全阀的安全，全部硬件采用模块化结构，便于维修和调试。数据采集器单元示意图如图 8-16 所示。

为保证主机能在 50℃ 以上的高温环境下正常连续地工作，特别设计了辅助配套设备——电脑低温工作台，最低可以降温到零下 5～10℃，确保笔记本电脑正常工作。

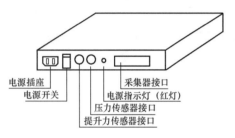

图 8-16　数据采集器单元示意图

2. NSH 系列安全阀在线定压仪的特点

（1）采用笔记本计算机管理，自动化程度高，自动处理数据，完成计算，避免了许多手工处理和人为判断的弊病，大大提高了数据的准确性、一致性。

（2）显示整定压力和调整"方"数，指导操作人员正确调整，大大减少现场时间，采用进口电动液压泵，完全实现操作按钮化。

（3）在热态或冷态条件下校验，大大提高了操作安全性。

（4）校验时间短，参数测定时间仅几秒钟，每个安全阀一般只需十分钟就可完成定压。

（5）存储安全阀主要参数，随时打印测试报告，便于存档和复查，提高管理水平；测量图形形象直观，易于分析阀门动态特性。

（6）阀门校验时，无需提高系统压力，生产不必中断，可显著降低燃料成本和噪声水平。

（7）由于在正常运行温度下可进行试验，不需要温度补偿以校正压力，大大提高校验准确性。

（8）短时间内可对阀门进行多次试验和调定。计算机低温工作台如图 8-17 所示。

3. NSH 系列安全阀在线定压仪的使用

选择被测试安全阀，完成在线定压仪各部件的安装和连接。

图 8-17　计算机低温工作台实物图

（1）在计算机主控窗口上单击"装入参数"，选定被测安全阀及其参数；选择压力传感器测量方式，输入基础压力值。

（2）核对无误后，单击"再线定压"，此时系统提示："正在测试！请等待！"打开液压单元电源开关至"开启"位置，调整"系统压力调整"旋钮至计算机指示"所需油压"值；将换向控制旋钮旋至"提升"位置，使油缸活塞带动被测阀的阀杆向上移动。

（3）通过观察阀杆上升或听到介质排泄的声音，确定阀已开启后，将换向控制旋钮旋回"复位"位置，关闭电源。

（4）计算机将自动进入结果显示窗体，显示测试曲线、测试时间、整定压力、调整高度等参数。

（5）根据计算机提示的调整高度，调节定压螺母。

（6）单击"退出"钮，重新启动测试程序，得出新的测试曲线和结果。

（6）反复执行上述步骤，直至整定压力和整定压力相差不大于"测量允许误差"时，此时计算机显示"调节完毕"，表示测量结束。

现场调试完成后，可根据要求随时调用、查看以及打印测试曲线和测试报告。测试步骤简图如图 8-18 所示。

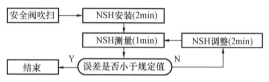

图 8-18　测试步骤简图

第九章

炉 水 循 环 泵

一、设备参数

（1）炉水循环泵参数见表9-1。

表9-1 炉水循环泵参数

项目	参数	项目	参数
型 号	HLAV300-420/1C	设计温度	368℃
形式	离心扩散式	入口压力	18.65MPa
台数	3台/单元	入口温度	355.9℃
容量	2050m³/h	实验压力	32.88MPa
转速	1460r/min	流体密度	559kg/m³
总压头	30m	差压	264kPa
所需净吸入压头	17m	电动机设计温度	100℃
设计压力	20.5MPa	效率	80%

（2）电动机参数见表9-2。

表9-2 电动机参数

项目	参数	项目	参数
型号	HLV5/4GV22-605	额定电流	32.5A
形式	湿式定子鼠笼式感应电动机	启动电流	210A
数量	3台/单元	电动机报警温度	60℃
额定功率	220kW	水温度	35℃
转速	1460r/min	绝缘等级	Y
电压	6000V	电动机跳闸温度	65℃

（3）隔热栅低压冷却水参数见表9-3。

表9-3 隔热栅低压冷却水参数

项目	参数	项目	参数
冷却水量	30L/min	事故冷却水量	18L/min
进水温度	35℃		

（4）电动机冷却水参数见表9-4。

表 9-4 电动机冷却水参数

项目	参数	项目	参数
型号	3450A2	表面积	4.2m²
冷却水量	117L/min	入口水温	35℃
设计压力	0.98 MPa（壳体）、20.18MPa（管道）	带走的热量	117 210kJ/h
设计温度	50℃（壳体）、100℃（管道）	压力损失	≤5m
水压实验压力	47 MPa（壳体）、32.88MPa（管道）	水压	0.29～0.39MPa

（5）清洗水冷却器参数见表 9-5。

表 9-5 清洗水冷却器参数

项目	参数	项目	参数
冷却方式	表面式	出口温度	64.1℃
数量	1 台/单元	消防水流量	2160kg/h
面积	7m²	入口温度	178℃
冷却水流量	11m³/h	出口温度	45℃
入口温度	38℃		

二、炉水循环泵结构

炉水循环泵机组主要由水泵、电动机及水泵与电动机之间的隔热层组成，如图 9-1 所示。这三个部件由双头螺栓紧固在一起，形成气密总成。水泵和电动机所承受的系统压力是相同的。这两部分之间的压力由转轴和隔热层之间的间隙形成。

流体通过吸水喷头轴向流进水泵。流体压力和动能在水泵的转子中被提高，一部分动能在扩散器中被转换成压力能量，通过一个排水喷头径向排出。

电动机为湿式三相鼠笼式转子电动机。定子绕组用塑料绝缘。

水泵机组的转轴架在两个用水润滑的径向滑动轴承和一个用水润滑的止推轴承内。水泵机组装有电动机冷却器并由管线连接到电动机，以便带走水泵机组运行时，电动机和轴承所产生的热量。

电动机内的止推轴承板安装成辅助转子的形状，并把来自电动机的冷却流体通过电动机循环后流回电动机冷却器（高压冷却回路）。流体在通过时吸收掉电动机和轴承所产生的热量，再流向电动机冷却器。高压冷却环路中的流体压力与从水泵水密舱中送出来的流体压力是相同的，但是其温度保持在绕组绝缘材料允许的极限之内。电动机定子绕组的三个相位分别通过电动机壳壁，经气密绝缘套管进入接线箱内。来自电网的供电电缆在这个接线箱内与电动机连接。

三、磁铁过热器

在运行中，安装在电动机总成的止推轴承底座影响着高压冷却循环流体的连续循环。循环中的污染物或者在循环中形成的污染物，例如水中的沉淀物、污染物或者微小的金属颗粒，也会随着循环而运动。如果这些杂物进入水润滑轴承，会损坏轴承的接触面，不能

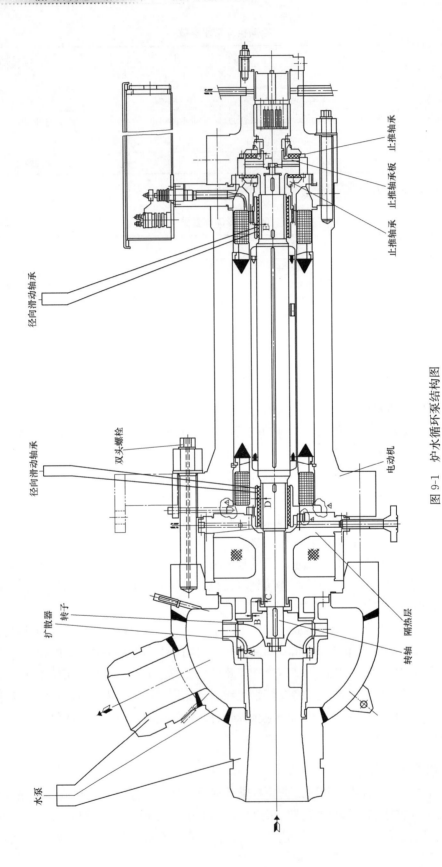

图 9-1 炉水循环泵结构图

止推轴承
止推轴承板
止推轴承

径向滑动轴承

径向滑动轴承

双头螺栓

电动机

扩散器
转子

转轴 隔热层

水泵

保证轴承形成一层非常薄的液膜。考虑到是用水润滑，这层薄膜是必需的。因此止推轴承室内装有一套磁铁过滤器，确保高压循环水的清洁，在水泵运行时，电动机内部高压循环水连续不断地流经磁铁过滤器如图 9-2 所示。

1. 流体过滤原理

电动机冷却器中流出的需过滤的液体，通过粗滤网（7911.2）进入电动机底部。一部分污染物由于沉淀作用，在流进粗滤网前或流进粗滤网后沉积下来。没有沉积下来的颗粒会被磁铁过滤器或细滤网（7911.1）过滤掉。

2. 保养

卸下螺钉打开罩盖（1600.2）时，过滤器可从止推轴承室中取出。拧松两个六角螺母（9200.8），细滤网（7911.1）和磁铁过滤器即可取出。要取出粗滤网（7911.2），松开螺母（9200.7）即可。解体的过滤器零部件必须用清洁的煤油清洗，O 形圈必须更换，壳体内部也必须进行清洗。磁铁过滤器示意图如图 9-2 所示。

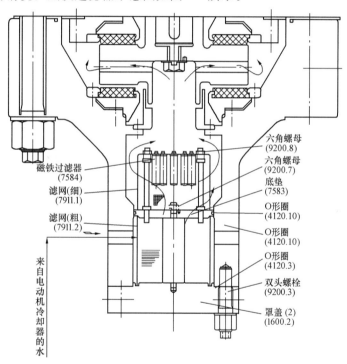

图 9-2　磁铁过滤器示意图

四、炉水循环泵电动机总成的拆卸

（1）用打钢印或划线等适当方法在部件外面做上标记，记录下各零部件的确切位置。

（2）拆除电动机接线。

（3）排放水泵、电动机和冷却器内的存水。

（4）拆除高压、低压冷却水与电机相连接的水管。

（5）把电动机冷却器连同高压连接管线一起卸下。

（6）卸下电动机法兰上的温度监测装置。

（7）在电动机吊环上挂好钢丝绳，与起吊葫芦可靠连接，并吊起电动机总成，注意不得损坏接线盒。

（8）用内径千分尺测量电动机法兰与泵体法兰之间的距离（A）。

（9）进行螺栓加热器通电检查，保证有 16 个螺栓加热器运行正常。

（10）拆除电动机与泵体连接螺栓，为松开螺母，需用螺栓加热器加热所有的双头螺栓，加热的时间要尽量长（只要加热一次即可），直到能用普通扳手可以拧松螺母为止。

（11）松开螺母，把电动机总成连同热屏、轴、叶轮、扩散器及推力轴承一起从泵壳上拆下来（拆卸零件的总质量为 6200kg），不得损坏泵壳与热屏的密封面。

（12）电动机总成拆下来后，在泵壳与热屏的密封面上涂上防尘油脂。

（13）拆下的螺栓与螺母应配套带好，集中保管，逐根包裹，防止损伤丝扣等。

五、炉水循环泵电动机总成的回装

（1）回装前，对接合面进行清理，保证干净光洁，并更换新的 O 形垫圈。

（2）为保证螺栓的正确拧紧程度，应确定开始时的拧紧位置（当螺旋形垫片靠放在密封面上时）。

（3）每次组装前，应该在外圈相等分布的 4 个点上测量下列部件的尺寸（B、C），B的参考值为 90mm，C 的参考值为 375mm。

（4）电动机法兰与泵体法兰的开始距离（A）的计算公式为

$$A = C - B + 1.6 + \cdots \pm 0.1 \ （mm）$$

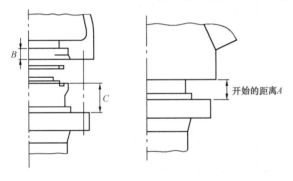

电动机法兰与泵体法兰距离回装示意图如图 9-3 所示。

（5）把安装好的电动机安装到水泵外壳上时，首先借助标准的短扳手用手均匀地呈十字形拧紧螺母，直到螺旋形垫片贴紧水泵外壳的密封面为止。

（6）用内径千分尺测量开始的距离（A），确认所测得的（A）在上述计算的（A）值之间（±0.1mm），并

图 9-3　电动机法兰与泵体法兰距离回装示意图

作记录。确认后，在每个螺母和电动机法兰之间标出接合标记，以便确认下一次螺母拧紧的开始位置。在这种情况下，每个螺母应按 1，2，…，16 顺序标号。

（7）把 16 个螺栓加热器插入 16 个双头螺栓的孔（直径为 16mm）中。

（8）利用带螺纹的插销（3/4）拧紧螺栓加热器。

（9）把连接电缆（一共 16 根）的接地插头插入开关箱。

（10）接通开关箱的主电缆。

（11）间隔接通螺栓加热器（共 8 个），尽量长时间的加热 8 个双头螺栓，由于双头螺栓的延长使得这 8 个螺栓紧固在 20 刻度分度上（螺栓刻度分度如图 9-4 所示）。在加热过程中，用测温仪监视温度，双头螺栓的表面温度不得超过 300℃，加热时间最长不得超

过 1h。

(12) 切断螺栓加热器的电源，用双头螺栓冷却到 60℃左右。冷却后，螺旋形垫片被压缩，产生拧紧应力。

(13) 将另外 8 个双头螺栓接通螺栓加热器的电源，达到所需温度后，把这 8 个螺栓拧紧在 34 刻度分度上（借助于上列的拧紧顺序，这些螺母已经松开，可以很方便地拧动几度）。

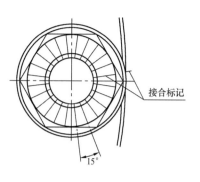

图 9-4　螺母刻度分度示意图

(14) 切断螺栓加热器的电源，让双头螺栓冷却到 100℃左右。

(15) 把第一组 8 个螺栓加热器接通电源，加热第一组 8 个双头螺栓，然后拧紧各螺母 14 刻度分度，总分度为 34 刻度分度。

(16) 切断电源，卸下双头螺栓加热装置。

(17) 用内径千分尺在外圈均匀分布的 4 个点上测量电动机法兰与泵体法兰之间的距离，并在所有螺栓冷却到环境温度时，确认拧紧是否均匀，并记录下法兰到法兰的距离。

(18) 安装结束后，回装电动机冷却器供、回水法兰，对炉水循环泵进行注水试转，检查各法兰结合面是否泄漏。

第十章

锅炉防磨防爆

第一节 防磨防爆基础知识

锅炉是火力发电厂锅炉的重要设备之一。锅炉一旦发生四管泄漏就只有采取强迫停炉，进行抢修的办法，严重影响了火力发电厂的正常生产，造成巨大的经济损失，火力发电厂锅炉四管爆漏是长期困扰火力发电厂安全生产的一大难题。

一、概述

锅炉防磨防爆是为了防止火力发电厂锅炉水冷壁、过热器、再热器和省煤器及其联箱（以下简称锅炉四管）泄漏的管理工作，可有效地减少锅炉非计划停运，提高锅炉运行的可靠性。防止锅炉四管泄漏，要在锅炉的设计、制造、安装、运行、检修、改造等各个环节实施全过程的技术监督和技术管理，并严格贯彻执行 DL 612—1996《电力工业锅炉压力容器监察规程》、DL 647—2004《电站锅炉压力容器检验规程》、DL/T 438—2009《火力发电厂金属技术监督规程》等有关规程、规定。

防止锅炉四管泄漏，要规范管理，坚持"趋势分析，超前控制、重在检查"的原则，将"预测"和"检查"有机地结合起来。通过检查，掌握规律，从而预测四管的劣化倾向、检查重点、修理方法。根据锅炉防磨防爆的要求，制订本企业的具体实施细则，做到组织健全、程序合理、管理有序、责任落实、持续改进、闭环控制，要采取"统筹分析、综合判断"的方法指导锅炉防磨防爆的管理，对运行、检修、技术监控等各种资料数据进行统筹分析，从中寻求四管的劣化趋势。通过综合判断，指导锅炉防磨防爆的各种管理活动。

二、检修管理

（1）对四管的检查。

1）检查的手段主要有宏观检查、测壁厚、蠕胀测量、弯头椭圆度测量。

2）检查应保证一个检修期内（1~1.5 年）不发生爆管。

3）建立明确分工责任制。锅炉受热面的全部管子按检查部位分工到防磨防爆小组成员，每个检查部位均应明确一、二级责任人，每个人对其检查结果负责。

4）大、小修应制订四管检查作业指导书，内容包括锅炉编号、受热面的设计参数及规格、常规检查部位和内容、检查重点部位、检查标准和方法、检查记录表及检查总结等。

5）检查实行二级复查制度。第一级，由本厂检修人员或检修承包方进行检查。第二级，由防磨防爆小组的成员进行检查并对第一级检查结果核实。两级检查，层层把关，第二级检查对第一级检查进行考核。

6）坚持逢停必查。各企业根据设备状况和机组停运（停备或临检）时间，确定重点检查项目。原则上，停运3～5天，应对尾部受热面、水平烟道受热面进行检查。停运5天以上的，防磨防爆小组要召开专题会议，制订检查项目。

7）大、小修必须进行全部受热面的检查。

8）结合本企业实际，制订大、小修和停备期间防磨防爆检查的项目与周期。

9）检查的重点部位。

a. 锅炉受热面经常受机械和飞灰磨损部位，易因膨胀不畅而拉裂的部位、受水力或蒸汽吹灰冲击的部位，水冷壁或包墙管上开孔装吹灰器的部位及邻近管子，过热器和再热器有超温记录的部位。

b. 水冷壁重点检查内容是腐蚀、磨损、拉裂、机械损伤。检查部位是冷灰斗、四角喷燃器处、折焰角区域、上下联箱角焊缝、悬吊管、吹灰器区域。抽查部位是热负荷最高区域的焊口、管壁厚度、腐蚀情况，喷燃器滑板处，刚性梁处，鳍片焊缝膨胀不畅部位。

c. 过热器和再热器重点检查内容是过热、蠕胀、磨损。检查部位，管排向火侧外管圈及弯头的颜色、磨损、蠕胀、金相、氧化情况，吹灰器吹扫区域内的管子，疏形定排卡子，管卡子处的磨损。抽查部位是内圈管子蠕胀、金相分析、管座角焊缝。

d. 省煤器重点检查内容是磨损。检查部位是表面3排管子的磨损情况，护铁或防磨罩情况；边排管子、前5列吊挂管、烟气走廊的管子、穿墙管、通风梁处。抽查部位是内圈管子移出检查，管座角焊缝、受热面割管及外壁腐蚀检查。对检查不到的部位应定期（1个大修周期）割出几排检查。

e. 应根据设备的状况和四管泄漏暴露出的问题，分别确定本厂的重点检查内容。

10）应制订防磨防爆检查奖惩办法，鼓励检查人员积极主动发现问题。

（2）四管的修理。

1）严格执行检修作业指导书要求，重要缺陷处理必须制订技术方案，经批准后组织实施。

2）制订缺陷处理记录表，内容包括炉号、检修部件及日期、缺陷具体部位、管子规范及材质、缺陷详细情况、处理情况、原因分析、遗留问题及意见、检查及处理人与验收人员签名等。

3）受热面管排排列整齐，管距均匀。检修时拉弯的管排必须恢复原位，原有的管架、定位装置必须恢复正常。出列的管子应检查原因，向外鼓出超过管径时应采取措施，并再拉回原位。

4）尾部烟道侧管排的防磨罩和中隔墙、后墙处的防磨均流板应结合停炉进行检修，必要时进行更正，凡脱落、歪斜、鼓起、松动翻转、磨穿、烧损变形的均进行更换处理。

5）检修中应彻底清除残留在受热面上的焦渣、积灰以及遗留在受热面的检修器材、杂物等。

6）加强锅炉本体、烟道、人孔、看火孔等处的堵漏工作，同时消除漏风形成的涡流所造成的管子局部磨损。

7）管壁温度测点损坏或测值不准的，必须及时修复。

8）检修中要恢复修理膨胀指示器，保证指示正确。

9）改造锅炉四管或整组更换时，应制订相应的技术方案和措施。

（3）主要检修用材料的保管。

1）新进的管材入库前应进行检查（包括外径、壁厚偏差、管内外有无裂纹、锈蚀等，对合金钢还应进行 100%光谱复检）。

2）焊接材料（焊条、焊丝、钨棒、氩气等）应符合国家及有关行业标准，质保书、合格证齐全，并经验收后方准入库。

3）管材、焊接材料的存放、使用，必须按规定严格管理，标识清晰，防止存放失效或错收、错发。

（4）检修用管材、焊丝应全部进行光谱确认。对更换的管子进行 100%涡流探伤。焊工必须持证上岗，焊前应进行焊接工艺评定，焊接时严格执行焊接工艺卡制度。焊口进行 100%无损探伤。

（5）锅炉受热面管子有下列情况之一时，应予更换。

1）碳钢和低合金钢管的壁厚减薄大于 30%或剩余寿命小于一个大修周期的。

2）碳钢管胀粗超过 $3.5\%D$，合金钢管超过 $2.5\%D$ 时（新标准中加入 T91、T122 胀粗超过 1.2%，奥氏体不锈钢胀粗超过 4.5%）。

3）腐蚀点深度大于壁厚的 30%时。

4）石墨化大于或等于四级的。

5）高温过热器表面氧化皮超过 0.6mm 且晶界氧化裂纹深度超过 3~5 晶粒的。

6）表面裂纹肉眼可见的。

7）割管检查，常温机械性能低，运行一个小修间隔后残余计算壁厚已不能满足强度计算要求的。

（6）按规定对锅炉四管进行定点割管检查，检查管内结垢、腐蚀情况。

（7）水冷壁垢量或锅炉运行年限达到 DL/T 794—2012《火力发电厂锅炉化学清洗导则》中的规定值时，应进行酸洗。锅炉酸洗间隔年限见表 10-1。

表 10-1 锅炉酸洗间隔年限

炉型	汽包锅炉			直流炉
主蒸汽压力（MPa）	<5.88	5.88~12.64	>12.74	—
垢量（g/m²）	600~900	400~600	300~400	200~300
清洗间隔年限（a）	12~15	10~12	5~10	5~10

注 表中的垢量，是指在水冷壁管热负荷最高处向火侧 180°部位割管处取样，用洗垢法测定的。

（8）运行 10 万 h 以上的小口径角焊缝检验推荐使用磁记忆探伤。（简单介绍磁记忆）

（9）运行 8 万~10 万 h 的过热器和再热器，应对与不锈钢连接的异种钢接头外观进行检查和无损探伤，必要时割管做金相检查。

（10）对超温管段和运行时间接近金属监督规程要求检查时间的管段，应割取管样进行机械性能、金相检验。对运行时间已超过 10 万 h 的受热面应开展寿命评估工作，以确定管子剩余寿命。

三、技术管理

（1）建立锅炉四管寿命管理台账（或数据库）。

1）建立锅炉四管原始资料台账（或数据库），包括锅炉的型号、结构、设计参数，汽水系统流程，四管的规格、材质、布置形式、原始组织、原始厚度、全部焊口数量、位置和性质、强度校核计算书等。

2）建立锅炉运行台账（或数据库），包括锅炉运行时间、启停次数，超温幅度及时间，汽水品质不合格记录等数据。

3）建立锅炉四管检修台账（或数据库），包括锅炉四管泄漏后的抢修、常规检修、更换和改造等技术记录。

4）建立锅炉四管每次大、小修和停备检查及检验资料台账（或数据库）。内容包括受热面管子蠕胀测量数据、厚度测量数据、弯头椭圆度测量数据、内壁氧化皮厚度测量数据、取样管的化学腐蚀和结垢数据、取样管组织和机械性能数据。

（2）防磨防爆小组应每月（特殊情况下随时）对企业每台锅炉四管上述各种台账（或数据库）进行分析，研究锅炉四管的劣化趋势，每年编写每台锅炉四管磨损和劣化的趋势分析报告。

（3）根据对各种台账的综合分析，统筹制订运行管理、检修（包括检查和检验）管理、技术管理和技术监督等方面动态的防磨防爆措施。

（4）根据对各种台账的综合分析，在每次锅炉大、小修或锅炉停运时间超过 5 天时，防磨防爆小组要结合动态的防磨防爆措施和相应的四管检查（检验）、修理标准，确定对四管进行重点检查的内容、范围和方法，确定要采取的重点措施。

（5）四管发生泄漏后，防磨防爆小组应及时组织运行、检修及技术监督、技术管理部门共同分析爆管原因，制订防范措施和治理计划。原因不清时，应及时联系技术监控单位进行分析。

（6）对发生的锅炉四管泄漏事件均应进行分析，于检修结束后一周内编写分析报告，并录入安全生产管理信息系统。

（7）要积极主动了解、掌握国内外同类型锅炉四管泄漏发生的问题及解决办法，吸取经验教训，在机组检修时采取针对措施，防止同类事件重复发生。

四、火力发电厂锅炉本体检修导则

1. 联箱检修

（1）焊缝检查工艺要点及质量要求见表 10-2。

表 10-2　　　　　　　　　　　焊缝检查工艺要点及质量要求

序号	工艺要点	质量要求
1	联箱管座角焊缝去锈、去污检查。对运行 10 万 h 以上的过热器和再热器出口联箱的管座角焊缝应进行全面普查或无损探伤	焊缝表面及边缘无裂纹

续表

序号	工艺要点	质量要求
2	对联箱封头焊缝进行去锈、检查，必要时进行无损探伤检查。运行 10 万 h 后应进行超声波探伤	联箱封头焊缝无裂纹
3	焊缝裂纹补焊前应对裂纹进行打磨，在确认无裂纹痕迹后方可进行焊接，并采取必要的焊前预热和焊后热处理的措施	补焊焊缝合格

（2）外观检查工艺要点及质量要求见表 10-3。

表 10-3　　　　　　　　　　外观检查工艺要点及质量要求

序号	工艺要点	质量要求
1	检查联箱外壁的腐蚀点，对于布置在炉内的联箱还应检查磨损，必要时测量壁厚	联箱腐蚀或磨损后的壁厚应大于设计允许壁厚
2	宏观检查高温过热器和高温再热器的出口联箱，运行 10 万 h 后，首先，应进行宏观检查，应特别注意检查联箱表面和管座孔周围的裂纹。然后，对联箱进行金相检查，对金相检查超标的联箱应进行寿命评估，并采取相应的措施	联箱的表面、管座孔周围和联箱三通弯曲部分无表面裂纹
3	联箱三通去锈后，检查其弯曲部分，运行 10 万 h 后应进行超声波探伤	联箱金相组织的球化应小于 5 级（应引入组织老化的概念）

（3）联箱内部检查和清理工艺要点及质量要求见表 10-4。

表 10-4　　　　　　　　　联箱内部检查和清理工艺要点及质量要求

序号	工艺要点	质量要求
1	检查和清理联箱内部积垢	联箱内部无结垢
2	检查联箱内壁与管座孔拐角处腐蚀和裂纹	联箱内壁无腐蚀和裂纹
3	对于有内隔板的联箱，在运行 10 万 h 后应用内窥镜对内隔板的位置及焊缝进行全面检查	隔板固定良好，无倾斜和位移，焊缝无裂纹

（4）吊杆、吊耳及支座检查工艺要点及质量要求见表 10-5。

表 10-5　　　　　　　　吊杆、吊耳及支座检查工艺要点及质量要求

序号	工艺要点	质量要求
1	检查吊杆的腐蚀和变形	吊杆表面无腐蚀痕迹
2	检查吊杆与吊耳连接的销轴变形情况	吊杆受力均匀，销轴无变形
3	对吊耳与联箱焊接的角焊缝去锈去污后进行检查或打磨后进行着色检查	吊耳与联箱的角焊缝无裂纹
4	检查弹簧支吊架的弹簧弹力	吊杆受力垫块无变形
5	检查联箱支座膨胀间隙	弹簧支吊架弹簧受力后位移正常

2. 水冷壁检修

（1）水冷壁清灰和检修准备工艺要点及质量要求见表 10-6。

表 10-6　　　　　　　　　水冷壁清灰和检修准备工艺要点及质量要求

序号	工艺要点	质量要求
1	管子表面的结焦清理。清焦时不得损伤管子外表，对渣斗上方的斜坡和弯头应加以保护，以防砸伤	(1) 管子表面无结焦和积灰。 (2) 管子无损伤
2	管子表面的积灰应用高压水冲洗	符合 GB 26164.1—2010《电业安全工作规程　第 1 部分：热力和机械》的脚手架安装和使用要求，以及检修升降平台制造厂所制定的安装和使用要求
3	炉膛内应搭置或安装专用的脚手架或检修升降平台	
4	炉膛内应有充足的照明，所有进入炉膛的电源线应架空，电压符合安全要求	进入炉膛的电气设备绝缘良好，触电和漏电保护可靠

（2）水冷壁外观检查工艺要点及质量要求见表 10-7。

表 10-7　　　　　　　　　水冷壁外观检查工艺要点及质量要求

序号	工艺要点	质量要求
1	检查磨损。 (1) 检查吹灰器吹扫孔、打焦孔、看火孔等门孔四周水冷壁管或测量壁厚。 (2) 检查燃烧器两侧水冷壁管或测量壁厚。 (3) 检查凝渣管和测量壁厚。 (4) 检查双面水冷壁前后屏夹持管或测量壁厚。 (5) 检查双面水冷壁靠冷灰斗处的水冷壁管子，测量壁厚	(1) 管子表面光洁，无异常或严重的磨损痕迹。 (2) 磨损管子其减薄量不得超过管子壁厚的 30%。 (3) 管子石墨化应不大于 4 级
2	检查蠕变胀粗及裂纹。 (1) 检查高热负荷区域水冷壁管，必要时抽查金相。 (2) 检查直流炉相变区域水冷壁管，必要时抽查金相	(1) 管子外表无鼓包和蠕变裂纹。 (2) 碳钢管子胀粗值应小于管子外径的 3.5%，合金钢管子胀粗值应小于管子外径的 2.5%
3	检查焊缝裂纹。 (1) 检查水冷壁与燃烧器大滑板相连处的焊缝。 (2) 检查炉水封梳形板与水冷壁的焊缝。 (3) 检查直流炉中间联箱进、出口管的管座焊缝，或抽查表面探伤。 (4) 检查双面水冷壁前、后夹持管上的撑板焊缝和滑动圆钢的焊缝。 (5) 检查水冷壁鳍片拼缝，鳍片裂纹补焊须采用同钢种的焊条	(1) 水冷壁与结构件的焊缝无裂纹。 (2) 水冷壁鳍片无开裂，补焊焊缝应平整密封，无气孔、无咬边
4	检查炉底冷灰斗斜坡水冷壁管的凹痕	(1) 管子表面无严重凹痕，管子表面平整。 (2) 凹痕深度超过管子壁厚 30% 及管子变形严重的应予以更换
5	检查腐蚀。 (1) 检查燃烧器周围及高热负荷区域管子的高温腐蚀。 (2) 检查炉底冷灰斗处及水封附近管子的点腐蚀	(1) 腐蚀点凹坑深度应小于管子壁厚 30%。 (2) 管子表面无裂纹

（3）监视管检查工艺要点及质量要求见表 10-8。

表 10-8 监视管检查工艺要点及质量要求

序号	工艺要点	质量要求
1	监视管的设置应由金属监督部门和化学监督部门指定	（1）管子切割部位正确。 （2）监视管切割时管子内外壁应保持原样，无损伤
2	监视管的切割点应避开钢梁。如是第二次割管，则必须包括新旧管段（新管是指上次大修所更换的监视管）	
3	监视管切割时，不宜用割炬切割	
4	监视管割下以后应标明监视管的部位、高度、向火侧和管内介质的流向	
5	测量向火侧壁厚和内外壁点腐蚀检查	

（4）管子更换工艺要点及质量要求见表 10-9。

表 10-9 管子更换工艺要点及质量要求

序号	工艺要点	质量要求
1	割管。 （1）管子割开后应将管子割口两侧鳍片多割去 20mm。 （2）管子割开后应立即在开口处进行封堵并贴上封条。 （3）相邻两根或两根以上的非鳍片管子更换，切割部位应上、下交错。 （4）管子切割应采用机械切割，特殊部位需采用割炬切割的，则应在开口处消除热影响区。 （5）更换大面积水冷壁，应在更换后对下联箱进行清理	（1）管子切割点位置应符合 DL 612—1996 的 5.29 的要求。 （2）采用割炬切割时，在管子割开以后应无熔渣掉入水冷壁管内。 （3）切割点开口应平整，且与管子轴线保持垂直。 （4）确保下联箱内无杂物
2	悬吊管局部更换时，必须先将切割点承重一侧的管子加以固定，稳妥以后方可割管、换管，焊接结束后可撤去固定装置，管子切割后应在开口处进行封堵，并贴上封条	（1）悬吊管承重侧管子不发生下坠。 （2）悬吊管更换后保持垂直
3	检查新管。 （1）检查管子表面裂纹。 （2）检查管子表面压扁、凹坑、撞伤和分层情况。 （3）检查管子表面腐蚀情况。 （4）外表缺陷的深度超过管子壁厚的 10% 时，应采取必要的措施。 （5）检查弯管表面拉伤和波浪度。 （6）检查弯管弯曲部分不圆度，并进行通球试验，试验球的直径应为管子内径的 85%	（1）管子表面无裂纹、撞伤、压扁、沙眼和分层等缺陷。 （2）管子表面光洁，无腐蚀。 （3）管子壁厚负公差应小于壁厚的 10%。 （4）弯管表面无拉伤，其波浪度应符合要求

3. 省煤器检修

（1）省煤器清灰工艺要点及质量要求见表 10-10。

表 10-10 省煤器清灰工艺要点及质量要求

序号	工艺要点	质量要求
1	管子表面和管排间的积灰用高压水冲洗或用压缩空气清灰	管子表面和管排间的烟气通道无积灰
2	进入省煤器检修现场的所有电源线须架空，电气设备使用前应检查绝缘、触电和漏电保护装置	电气设备绝缘良好，触电和漏电保护可靠

（2）省煤器外观检查工艺要点及质量要求见表10-11。

表 10-11 省煤器外观检查工艺要点及质量要求

序号	工艺要点	质量要求
1	检查管子磨损。 （1）检查烟气入口的前三排管子。 （2）检查穿墙管或测量壁厚。 （3）吹灰器吹扫区域内的管子检查或壁厚测量。 （4）检查蛇形管管夹两侧直管段及弯头。 （5）检查横向节距不均匀的管排及出列的管子或测量壁厚。 （6）检查悬吊管或测量壁厚	（1）管子表面光洁、无异常或严重的磨损痕迹。 （2）管子磨损量大于管子壁厚30%的应予以更换
2	管排横向节距检查和管排整形。 （1）检查和清理滞留在管排间的异物。 （2）更换变形严重的管子或管夹。 （3）恢复管排横向节距	（1）管排横向节距一致。 （2）管排平整，无出列管和变形管。 （3）管夹焊接良好，无脱落。 （4）管排内无杂物

（3）监视管切割和检查工艺要点及质量要求见表10-12。

表 10-12 监视管切割和检查工艺要点及质量要求

序号	工艺要点	质量要求
1	监视段须由化学监督部门予以指定。	（1）管子切割部位正确。 （2）监视管切割时管子内外壁应保持原样，无损伤
2	监视段须避开管排的管夹，如是第二次割管，则必须包括新旧管。（新管是指上次大修所更换的管子）	
3	监视段切割时不宜用剖炬切割	
4	监视段切割下来后应标明管子部位、水流方向和烟气侧方向	
5	测量监视段厚度及检查管子内外壁的腐蚀	

（4）管子更换工艺要点及质量要求见表10-13。

表 10-13 管子更换工艺要点及质量要求

序号	工艺要点	质量要求
1	割管。 （1）对于鳍片管或膜式省煤器管进行更换，应参照水冷壁的管子更换，肋片省煤器管宜采用整段更换。 （2）悬吊管局部更换时，必须先将切割点承重一侧的管子加以固定，稳妥以后方可割管、换管，焊接结束后方可撤去固定装置，管子切割后应在开口处进行封堵，并贴上封条	（1）管子的切割点位置应符合要求。 （2）切割点开口应平整，且与管子轴线垂直。 （3）悬吊管承重侧管子不发生下坠。 （4）悬吊管更换后保持垂直。 （5）对于采用割炬切割的管子，在管子割开后应无熔渣掉进管内
2	新管检查同水冷壁新管检查	
3	新管焊接同水冷壁新管焊接	

（5）防磨装置检查和整理工艺要点及质量要求见表10-14。

表 10-14 防磨装置检查和整理工艺要点及质量要求

序号	工艺要点	质量要求
1	防磨罩磨损检查	防磨罩应完整
2	防磨罩位置检查	防磨罩无严重磨损，磨损量超过壁厚50％的应更换
3	防磨罩安装或更换应严格按照设计要求进行，不得与管子直接焊接	(1) 防磨罩无移位、无脱焊和变形。 (2) 防磨罩能与管子做相对自由膨胀

4. 过热器检修

(1) 过热器清灰和检修准备工艺要点及质量要求见表10-15。

表 10-15 过热器清灰和检修准备工艺要点及质量要求

序号	工艺要点	质量要求
1	管子表面和管排间的积灰用高压水冲洗或用压缩空气清灰	管子表面和管捧间的烟气通道内无积灰、结渣和杂物
2	包覆过热器的管子表面以及鳍片积灰用高压清水进行冲洗或压缩空气进行干吹灰	包覆过热器管子表面和鳍片无积灰
3	进入过热器检修现场的电源线应架空，电气设备使用前应检查绝缘和触电、漏电保护装置	电气设备绝缘良好，触电和漏电保护可靠

(2) 管子外观检查工艺要点及质量要求见表10-16。

表 10-16 管子外观检查工艺要点及质量要求

序号	工艺要点	质量要求
1	检查管子磨损。 (1) 检查吹灰器吹扫区域内管子或测量壁厚。 (2) 检查包覆过热器吹扫孔四周管子或测量壁厚。 (3) 检查蛇形管弯头或测量壁厚。 (4) 检查包覆过热器开孔四周管子。 (5) 检查屏式过热器和高温过热器的外圈向火侧和测量壁厚。 (6) 检查从管排或管屏出列的管子或测量壁厚。 (7) 检查屏式过热器自夹管。 (8) 检查屏式过热器与水平定位管的接触部位。 (9) 检查穿墙管和穿顶管。 (10) 检查水平布置蛇形管管夹和省煤器悬吊管附近管子	(1) 管子表面光洁，无异常或严重的磨损痕迹。 (2) 管子磨损及腐蚀的减薄量允许值应符合能源电〔1992〕1069号《防止火电厂钢炉四管爆》的要求
2	检查管子蠕胀。 (1) 检查蠕胀须使用专用的各类管径胀粗极限卡规或游标卡尺。 (2) 测量屏式过热器和高温过热器的外圈管管径。 (3) 测量低温过热器的引出管及其他可能发生蠕胀的蛇形管管径。 (4) 检查屏式过热器和高温过热器的管子外表，特别是向火侧管段表面氧化情况	(1) 碳钢管子胀粗值应小于3.5％D，合金钢管子胀粗值应小于2.5％D。 (2) 管子外表无明显的颜色变化和鼓包。材质为碳钢的受热面管子或三通、弯头的石墨化应不大于4级。合金钢管表面球化大于4级时，宜取样进行机械性能试验，并做出相应的措施。 (3) 管子外表的氧化皮厚度须小于0.6mm，氧化皮脱落后管子表面无裂纹。 (4) 管子表面腐蚀凹坑深度须小于管子壁厚的30％

序号	工艺要点	质量要求
3	检查包覆管和穿顶管的密封。 （1）对包覆管的鳍片拼缝进行去灰、去污、检查。 （2）对穿顶管的密封套管焊缝去锈、去污后，进行检查或无损探伤抽查	（1）包覆管的鳍片拼缝无裂纹。 （2）穿顶管的顶棚密封焊缝无裂纹，密封良好
4	检查管排变形和整形。 （1）检查管排横向间距。消除横向间距偏差和变形的原因，并整形。 （2）检查管排平整度，宜割除出列管段，消除变形点后再焊复。 （3）检查管排的管夹和管排间的活动连接板及梳形板。 （4）检查屏式过热器管排与水平定位冷却管的连接与定位。 （5）检查顶棚过热器下垂情况	（1）管排排列整齐、平整，无出列管，管排横向间距一致，管排间无杂物。 （2）管夹、梳形板和活动连接板完好无损，无变形、无脱焊，与管排固定良好，并保证管子能自由膨胀。 （3）水平对流定位冷却管与屏式过热器管固定良好，管卡与管子焊缝无裂纹。 （4）顶棚管无下垂变形

（3）割管检查工艺要点及质量要求见表 10-17。

表 10-17 **割管检查工艺要点及质量要求**

序号	工艺要点	质量要求
1	金属监视管段的位置应由金属监督部门确定	
2	化学监视管段的位置应由化学监督部门确定	
3	监视管割下以后应标明管子的材质、部位、向火侧面和蒸汽流向	（1）割管的切割点应符合 DL 612—1996 的规定和要求。 （2）监视管内外壁无损伤
4	封堵管子割开后现场的上、下管口	
5	管子切割后监视管应保持原样和完整	
6	严禁使用割炬切割监视管	

（4）管子焊缝检查工艺要点及质量要求见表 10-18。

表 10-18 **管子焊缝检查工艺要点及质量要求**

序号	工艺要点	质量要求
1	对联箱管座与管排对接焊缝进行去锈、去污、抽查	
2	全面检查运行 10 万 h 后的高温过热器出口联箱管座与管排的对接焊缝，并由金属监督部门对焊缝进行探伤抽查	（1）焊缝及焊缝边缘母材上无裂纹。 （2）补焊焊缝无超标缺陷。焊缝应符合 DL/T 438—2009 的要求
3	全面检查运行 10 万 h 后的异种钢焊缝，并由金属监督部门进行无损探伤抽查	
4	打磨管座焊缝裂纹，彻底消除后进行补焊。焊接时应采取必要的焊前预热和焊后热处理的措施	

（5）防磨装置检查工艺要点及质量要求见表 10-19。

表 10-19 防磨装置检查工艺要点及质量要求

序号	工艺要点	质量要求
1	检查防磨装置，防磨装置磨损和烧损变形严重时应予以更换	防磨板和烟气导流板须完整，无变形、烧损、磨损和脱焊
2	检查防磨装置的固定位置	防磨罩与管子能自由膨胀

5. 再热器检修

管子外观检查工艺要点及质量要求见表 10-20。

表 10-20 管子外观检查工艺要点及质量要求

序号	工艺要点	质量要求
1	检查管子磨损。 （1）检查吹灰器吹扫区域内管子或测量壁厚。 （2）检查壁式再热器弯头或测量壁厚。 （3）检查蛇形管弯头或测量壁厚。 （4）检查管排外圈蛇形管向火侧或测量壁厚。 （5）检查从管排或管屏出列的管子或测量壁厚。 （6）检查屏式再热器夹持管或测量壁厚。 （7）检查屏式再热器与对流冷却管的接触部位。 （8）检查穿墙管和穿顶管。 （9）检查水平布置的蛇形管管夹和省煤器悬吊管附近的管子	（1）受热面管子表面光洁，无异常或严重的磨损痕迹。 （2）管子磨损后其减薄量小于管子壁厚的 30％
2	检查管子蠕胀和高温腐蚀。 （1）蠕胀检查应使用专用的各类管径胀粗极限卡规或游标卡尺。 （2）检查屏式再热器和高温再热器的外圈管段的胀粗。 （3）检查屏式再热器和高温再热器的管子表面，特别是外圈向火侧表面的高温腐蚀	管子蠕胀和高温腐蚀的检查质量要求按过热器管子的蠕胀和高温腐蚀质量的检查要求

6. 水压试验

（1）水压试验前准备工艺要点及质量要求见表 10-21。

表 10-21 水压试验前准备工艺要点及质量要求

序号	工艺要点	质量要求
1	制订水压试验的组织措施和安全措施	（1）组织措施严密。
2	进行水压试验的系统和设备应根据检修情况予以确定，单元制机组还须由汽轮机专业对试验的系统进行会审	（2）水压试验设备和范围明确。 （3）膨胀指示器齐全。
3	上水前后检查、校对并记录膨胀指示器及指示数值	（4）水压试验压力表应校验合格，且精度应大于 1.5 级。
4	试验前对试验范围内系统和设备进行检查，同时对不参加水压试验的设备和系统须做好隔离措施	（5）水压试验的水温、试验时的环境温度，均符合 DL 5190.2—2012《电力建设施工技术规范 第 2 部分：锅炉机组》的要求。
5	水压试验压力表应校验合格，且不少于 2 块，安装在就地和控制室内	（6）水压试验应符合 DL 612—1996 的要求

（2）水压试验检查工艺要点及质量要求见表 10-22。

表 10-22　　　　　　　　水压试验检查工艺要点及质量要求

序号	工艺要点	质量要求
1	检查各受热面管道的残余变形	（1）水压试验压力的升降速度应符合 DL 5190.2—2012 的要求。
2	检查各受热面管道焊缝	（2）试验设备管道无残余变形。
3	检查各受热面管道膨胀变形	（3）试验设备管道焊缝无渗漏，管子表面无渗漏。
4	检查和记录膨胀指示器的数值	（4）各膨胀测量点的膨胀量记录齐全。 （5）水压试验后应制订锅炉的防腐措施

第二节　锅炉四管泄漏原因及案例分析

一、磨损

1. 定义

磨损是锅炉受热面常见的缺陷之一，锅炉受热面布置在锅炉的炉膛及烟道内，尤其是锅炉尾部垂直烟道内的受热面，长期受烟气冲刷，烟气中的灰粒使受热面的管壁磨损、减薄，这种由烟气冲刷使受热面管壁减薄现象称为磨损。锅炉受热面的磨损速度与烟气的流速、烟气中灰粒的浓度及硬度、管束的布置方式等因素有关，其中烟气的流速对受热面的磨损影响最大。

实验测得，受热面管子的磨损速度与烟气流速的三次方成正比，因此必须有效地对烟气流速进行严格控制。

炉墙的漏风、烟道的局部堵灰、对流受热面局部严重结渣，都会使烟道的局部烟气流速过大，使受热面管子局部磨损加剧；煤质差、高负荷运行时、循环流化床浇注层损坏时也会使受热面管子局部磨损加剧；另外，当吹灰器工作不良时，高压蒸汽会受热面的管子吹蚀，使管壁减薄。

受热面管子磨损经常发生的区域是冷灰斗、燃烧器、折焰角、人孔门以及吹灰孔附近的水冷壁管子；烟气转向室前立式受热面的下部管子；尾部竖直烟道布置的卧式受热面管排上部第二、三根管子，下部第二、三根管子，管子支撑卡子边缘部位，靠近炉墙的边排管子及个别突出管排的管子等。

减少受热面磨损的方法主要有降低锅炉负荷，减少烟气流速；燃用优质煤种，降低锅炉烟气中飞灰含量；改变管束布置方式，由错列布置改为顺列布置；清除烟道结渣及堵灰，增加烟气流通面积；减少炉墙漏风；加装阻流板或防磨装置等。

2. 案例分析

锅炉受热面的磨损一般可以分为飞灰磨损和机械磨损两类，尾部受热面以飞灰磨损为主，机械磨损次之。机械磨损一般是过热器、再热器定位管（卡）松动或不到位，使之发生相互机械摩擦，蒸汽吹灰对受热面也会造成很大磨损。锅炉受热面管壁金属的飞灰磨损，是由于高温烟气携带的飞灰颗粒具有的动能引起，飞灰颗粒冲击受热面时，消耗了动

图 10-1 省煤器翅片根部磨损实物图

能并对金属表面产生冲击和切削作用。

某电厂 2007 年 5 月 22 日省煤器泄漏，停机检修。检查发现省煤器下段从炉左向炉右数第 8 屏自上向下第 3 根外螺旋翅片管（规格为 $\phi45\times4.4mm$，材质为 SA210-C）的翅片根部发生泄漏。省煤器翅片根部磨损实物图如图 10-1 所示。

通过对省煤器进行全面检查，泄漏原因与结构上的特点、燃用劣质煤导致磨损加剧等因素有关，分析如下：

（1）外螺旋翅片管结构导致局部磨损加剧。外螺旋翅片管是由整条刚带竖向缠绕、高频点焊而成，刚带宽 19mm、厚 1.4mm，翅片间距 12.7mm。绕制过程在内圆弧形成约 10mm 等距的波纹皱褶，气流冲刷后在波纹皱褶突出位置形成"八字胡状"凹槽。

（2）顺列布置的省煤器结构特点导致局部磨损加剧。对于顺列布置的省煤器，烟气进入顺列管时，其流速增大，由于灰粒的惯性，一般到第 5 排才可获得全速，因而此处造成的磨损最大。此后几排由于流场均匀，按两相流的原理，灰粒多集中在流道的中心，两侧形成相对清洁的气流附面层，因而磨损较轻。

（3）气流偏斜导致局部磨损加剧。尾部烟道存在固有的由炉后向炉前方向的气流偏斜现象，在导流板或弯管处偏斜力更强，加速螺旋翅片根部磨损。

图 10-2 管卡机械磨损实物图

（4）长期燃用劣质煤导致尾部受热面磨损加剧。由于锅炉燃用煤质差、灰分高，因而灰的颗粒大、惯性大，对尾部受热面造成一定程度的磨损。管卡机械磨损实物图如图 10-2 所示。

二、腐蚀

（一）定义

腐蚀是锅炉另一种常见缺陷，它的实质是表面的金属与其他物质发生化学反应使金属原子脱离金属表面，这种现象称为腐蚀。按发生的部位可分为外部腐蚀与内部腐蚀两种。

1. 外部腐蚀

锅炉受热面长期处于高温烟气中，受高温烟气的熏烤，由于烟气中含有一定量的多元腐蚀性气体，它们在高温条件下与受热面管子表面的金属发生化学反应，使受热面管子的表面发生腐蚀。因为这种腐蚀发生在受热面管子的外表面且又是在高温条件下发生的，所以称为外部腐蚀或高温腐蚀。

外部腐蚀经常发生的区域是锅炉炉膛上方及炉膛出口布置的屏式过热器；炉膛出口及水平烟道入口布置的立式对流受热面；水冷壁的高负荷区域，如燃烧器附近的水冷壁管子等。

减少锅炉外部腐蚀的方法主要有运行时调整好燃烧，降低炉膛火焰中心高度，减少热偏差；燃用优质煤种，降低锅炉烟气中腐蚀性气体的含量；在易发生外部腐蚀的区域更换优质耐腐蚀钢管。

2. 内部腐蚀

锅炉汽包、受热面管内发生的腐蚀称为内部腐蚀，内部腐蚀主要是由于受热面管内水中含有 O_2、CO_2 等气体，这些气体在高温条件下与管子内表面的金属发生化学反应，使管子内表面发生腐蚀。另外，当锅炉停止运行时，立式受热面由于疏水不彻底，使立式受热面下部的 U 形管内存有一定量的水，这些长期存在于管子内部的水对受热面的管子造成腐蚀。长期停用的锅炉，防腐工作做得不好也会使汽包内壁和受热面的管子发生腐蚀。

（二）案例分析

【案例 10-1】　某电厂 2004 年 9 月机组检修中，进行炉内检查发现水冷壁前后墙 2号、4 号角 C 层淡粉喷燃器至 B 层吹灰器之间（标高 22～32m）面积大约 $100m^2$ 有挂灰结焦现象，进一步检查发现该区域水冷壁有高温腐蚀现象，测厚结果为 2.4mm。

根据腐蚀区表面的宏观特征发现表面的覆盖层较厚，第一层为积灰；第二层为疏松积灰和氧化铁的混合物；第三层为褐色脆性烧结物；第四层为深灰兰色类似搪瓷状物，与水冷壁管基体金属结合较牢固。同时腐蚀沿向火面浸入，呈坑穴状。种种迹象表明为高温腐蚀。水冷壁高温腐蚀实物图如图 10-3所示。

图 10-3　水冷壁高温腐蚀实物图

水冷壁高温腐蚀的纠正措施如下：

（1）将腐蚀产物和样管送往热工研究院进行光谱分析和 X 衍射分析及金属分析，确定腐蚀的形式及产物。

（2）利用检修机会将磨煤机分离器挡板、一次风调整挡板、AA 风摆角调整机构进行彻底的检修，保证动作灵活、可靠，为调整打好基础。

（3）将 AA 风上、下摆的逻辑控制进行进一步的研究确认。

（4）记录好了摆角的初始位置等相关数据，确定检修结束后要调整的摆角的初始位置，在机组启动后对可能出现的异常情况（如两侧烟气温度偏差大、金属超温等）要制订相应的调整办法。

（5）重点对前墙及右墙 A～C 层靠近 4 号角吹灰器区域水冷壁进行了防腐喷涂。

【案例 10-2】　某电厂 1 号锅炉三级再热器第 62 排迎火面第 1 根，标高约 48.5m 处异种钢焊口（$\phi 63.5 \times 3.4mm$，CASE2199-T91）上约 25mm 处有约 50mm×50mm 的剥皮

图 10-4　氧化腐蚀实物图

现象，剥皮中心有一约 35mm×5mm 的泄漏点。根据西安热工研究院调研试验结果、计算结果及综合分析认为引起三级再热器从左向右数第 62 排 1 圈管子爆漏的主要原因为管子外壁氧化腐蚀减薄所致，管子材料的组织老化和性能劣化对管子爆漏起促进作用。氧化腐蚀实物图如图 10-4 所示。

氧化腐蚀的纠正措施如下：

（1）控制炉膛三级再热器右侧烟气温度和管壁温度，避免管子长期过热及复合硫酸盐熔融。

（2）在易氧化腐蚀区加金属防护套，以减轻氧化腐蚀。

（3）加强检修，发现壁厚明显减薄的管子及时进行更换。

（4）必要时可考虑将炉右侧该部位的管段更换为抗氧化性能相对更好的材料，如 T91，即适当缩短 T23 长度。

三、裂纹

1. 定义

裂纹是锅炉受热面最常见的最危险的缺陷之一，它可以发生在锅炉任何受热面上，主要发生在受热面的焊口及其热影响区域，也可发生在管子的弯头、减温器联箱内部等热应力较大的区域。裂纹是由于金属内部冷热不均、金属内部存在较大的热应力，在受到内部较大的压力或受到外的影响，长时间作用的结果造成金属内部结构发生破坏而形成的。裂纹能引起热面泄漏，严重时甚至可能发生爆破事故。

防止裂纹的发生可采取以下措施：

（1）加强焊接质量管理，严格按焊接工艺进行施焊，正确进行焊前预热及焊后热处理，有效地消除焊接热应力。

（2）严把管子进货质量关，加强对有弯头或焊口管件的检查力度，最大限度地减少备件质量缺陷。

（3）加强检查现场设备，加固各种管道的支吊装置，防止管道发生振动。

（4）消除减温器的各种故障，合理使用减温器，防止低负荷时减温水直接喷溅在减温器联箱内壁上。

2. 案例分析

某电厂 2 号炉水冷壁吹灰器让位管泄漏的原因是吹灰器孔结构和保温缺陷造成开孔部位周围水冷壁管周向受/散热面积大、温度平衡能力差，使得开孔部位周围水冷壁与正常部位水冷壁之间产生温度偏差，该温度偏差导致的热应力在孔口让位管密封板割缝根部集中造成较高的峰值应力，此应力随着锅炉的启停和吹灰过程而循环交替，再加上让位管弯折处密封板割缝根部本身就存在应力集中，这就使让位管弯折部位割缝根部发生低周疲劳开裂。漏泄位置如图 10-5 所示。

漏泄的纠正措施如下：

（1）对其他让位管弯折处密封板割缝开孔的根部进行检验，发现裂纹及时进行更换处理。

（2）对让位管处密封板开小孔尽量齐整，并按照图纸进行，减少应力集中。

（3）对吹灰器孔处的保温进行修复与改善，减少让位管与正常水冷壁管的温差。

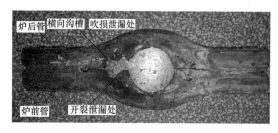

图 10-5　泄漏位置图

（4）检查吹灰器运行是否有造成温度偏差的可能性，如果有，尽快进行整改。

让位管处设计图如图 10-6 所示。

四、焊接缺陷

安装、检修焊接质量问题造成焊接部位产生集中和接头机械性能下降等，如焊口的咬边、满溢、焊瘤、内凹（塌腰）、未焊透、夹渣、气孔、裂纹等，致使焊口处成为薄弱部位而造成爆管。异种管焊接部位也是焊接接头处因热胀差发生环向裂纹。焊缝着色检查结果实物图如图 10-7 所示。

某电厂 1 号炉防磨防爆检查中发现，二级再热器自炉左向右数第 15 屏迎火面第 1 根管异种钢焊口（SA213-TP347H/SA213-T12）出现裂纹。此焊口是在制造厂完成的，再热器管沿 T12 熔合线开裂，开裂的过程可能为：在内壁焊缝根部 T12 熔合线产生氧化小裂纹，而后在蠕变、疲劳、热应力等综合作用下发生裂纹扩展。焊接工艺、焊接接头形式不当可能是造成异种钢接头早期失效的重要原因。

通过对泄漏处焊接接头进行光谱分析，焊缝填充材料为 TG-347，根据国内外的统计，以铬镍奥氏体为填充材料的异种钢接

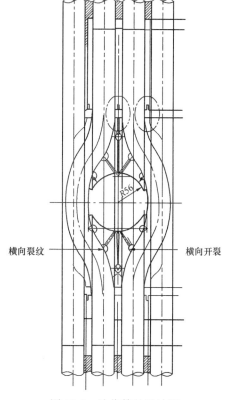

图 10-6　让位管处设计图

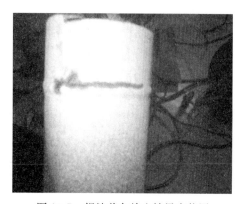

图 10-7　焊缝着色检查结果实物图

头，开始发生失效的平均时间约为 5 万 h（该厂 1 号炉运行已达 5 万 h）。更换焊接填充材料，建议用 ERNiCr-3 焊丝替代 TG347（ER347）焊丝，镍基合金填充材料的异种钢接头的开始失效时间平均约为 10 万 h。

五、母材缺陷

母材缺陷是指管材在轧制、运输、安装过程中存在内在缺陷或外部机械损伤。

某电厂 2009 年 7 月 21 日锅炉末级过热器泄漏，停机处理。检查发现从炉左向炉右数 85 屏第 12 根管（标高 58.5m，规格为 $\phi51\times7mm$，材质为 SA-213T91）发生泄漏，并造成周围管排管壁局部减薄。

末级过热器爆管处的管子内壁处一开始就有较深的原始缺陷，在运行过程中此缺陷及管内壁同时被氧化，使两者的氧化层厚度相同。由于缺陷较深，裂纹边缘处承受较大的应力作用，在高应力的作用下，导致裂纹边缘处产生蠕变空洞及蠕变裂纹，最终开裂。泄漏管内、外壁裂纹形貌实物图如图 10-8 所示。

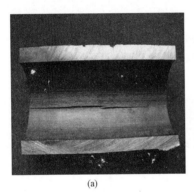
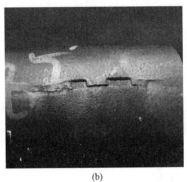

(a) (b)

图 10-8 泄漏管内、外壁裂纹形貌实物图

(a) 内壁；(b) 外壁

裂纹的纠正措施如下：

对 4 号炉末级过热器管开裂进行失效分析，初步结论为管材质量问题。联系生产厂家，确定同一批次的管子的数量和安装部位，进行抽样检查。

六、疲劳

疲劳是指锅炉受热面承受交变应力长期运行，致使锅炉受热面局部出现永久性损伤的缺陷。锅炉受热面最易发生疲劳的部位是受热面联箱与受热面管子相连接的角焊口处等热应力较集中的区域，锅炉机组的频繁启停是造成该区域疲劳的重要原因之一。另外，频繁发生晃动或振动的锅炉受热面管子也易于发生疲劳。减少锅炉机组的启停次数，防止锅炉受热面管子发生晃动或振动，可以减少锅炉受热面发生疲劳的概率。

某电厂 1 号炉一级再热器出口联箱左前侧弯头上从炉左数第 3 排最外侧管座根部整体断开。其原因正是联箱与受热面管子相连接的角焊口处热应力较集中，疲劳所致。泄漏管座实物图如图 10-9 所示。

七、胀粗

锅炉受热面管子既要承受高温，又要承受很高的压力，长时间的运行，管子的金相组织会发生变化，使管子的外径超出原设计管子的外径，这一现象称为胀粗。受热面管子发生胀粗是在一定条件下发生的，当受热面管子的壁温在允许温度以下时，管子发生胀粗的趋势很小，用普通测量仪器几乎测不出来；当受热面管子的壁温超过允许温度时，管子发生胀粗的趋势明显增大。

图 10-9　泄漏管座实物图

管子发生胀粗是由于管子壁温超过该材质管子的最高允许温度而造成的，降低管子壁温就能有效地防止管子发生胀粗现象。主要措施有降低锅炉负荷，调整好燃烧，防止过热器、再热器管壁温度超过最高允许温度，严格禁止超温运行；在过热器或再热器管壁温度最高区域更换耐热温度更高的管子。

管道、联箱的胀粗是由于壁温超过该材质的最高允许温度而造成的。

八、过热

1. 定义

受热面在运行中，由于没有很好地冷却，控制好管壁温度，使受热面在超温状态下长时间运行，就会使热面管子壁温超过允许温度，管子表面严重氧化，甚至出现脱碳现象，这种现象称为管子过热。管子过热现象的出现与管子胀粗现象同时发生，管子严重过热时会发生爆管事故。锅炉启动过程中低水位燃烧，自然循环不良，管子严重过热时也会发生爆管事故。

锅炉受热面管子过热与胀粗发生的部位相同。在事故情况下如锅炉水冷壁水循环破坏、锅炉尾部烟道发生再燃烧或立式过热器、再热器管中堵有杂物等，都会使受热面管子发生过热。防止锅炉受热面管子发生过热应采取的措施如下：

（1）降低锅炉负荷，调整好燃烧，防止锅炉受热面管子超温运行。

（2）保证水冷壁的水循环，防止水循环被破坏。

（3）合理使用省煤器再循环管，防止省煤器管中的水停止流动或流动不畅。

（4）加强尾部受热面的除尘工作，防止发生尾部烟道再燃烧事故。

（5）加强检修管理，防止受热面换管时管中落入杂物。

（6）过热器和再热器易于过热的区域更换耐热钢管。

金属超过其额定温度运行时，有短期超温和长期超温两种情况，因此造成受热面爆管有短期过热和长期过热两类现象，受热面过热后，管材金属超过允许使用的极限温度，内部组织发生变化，降低了许用应力，管子在内应力作用下产生塑性变形，最后导致超温爆管。

2. 短期过热

锅炉受热面内部工质短时间内换热状况严重恶化时，壁温急剧上升，使材料强度大幅度下降，会在短时间内造成金属过热，引起爆管。导致短期过热的原因有管内汽水流量严重分配不均、炉内局部热负荷过热、管子内部严重结垢、异物严重堵塞管子、错用钢材等。

【**案例 10-3**】　某电厂 3 号机组投产半年后，锅炉后屏过热器从炉左向炉右数第 4 屏与分隔屏从炉左向炉右数第 1 屏公用夹紧管的弯头发生爆破，是因为联箱制造或安装期间金属异物进入该夹屏管流程中，在启炉过程中，异物受介质的冲击，转至某角度时严重堵塞该夹屏管，造成短时超温爆管。爆管形状实物图如图 10-10 所示，爆管位置示意图如图 10-11 所示。

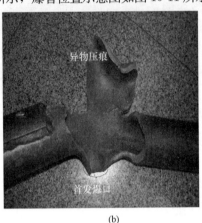

(a)　　　　　　　　　　　　　　　(b)

图 10-10　爆管形状实物图

(a) 形状 1；(b) 形状 2

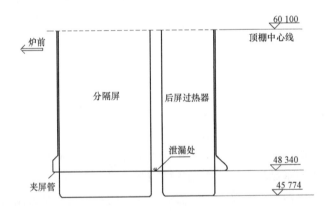

图 10-11　爆管位置示意图

3. 长期过热

锅炉受热面管子由于热偏差、水动力偏差或积垢、堵塞、错用钢材或选材裕度不够等原因，管内工质换热较差，金属长期处于幅度不是很大的超温状态下运行，管子金属在应力作用下发生蠕变（胀粗）直到破裂。

【**案例 10-4**】　某电厂 2009 年 8 月 2 日屏式再热器泄漏。检查发现屏式再热器第 26 屏迎火面第三根下弯头起弧处（标高 47m）有两道明显的纵向裂纹，发生泄漏。泄漏管段材质为 12Cr1MoV，规格为 $\phi63\times4mm$。屏式再热器泄漏管实物图如图 10-12 所示。

该厂屏式再热器设计时管材裕度不足，烟气在炉宽方向分布不均，造成了右侧屏式再热器长期过热所致。纠正措施如下：

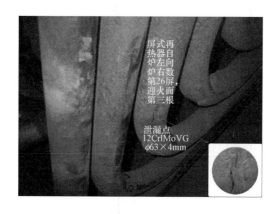

图 10-12　屏式再热器泄漏管实物图

（1）将后屏式再热器热器管排底部弯管更换为长度约 4m，原材质 12Cr1MoV，全部更换为材质 SA213-TP304H 耐热等级较高的管材。

（2）锅炉右侧沿炉宽度方向 10 排，背火面管段（材质 12Cr1MoV）更换为耐热等级较高的管段（材质 SA213-T91）。后屏再改造示意图如图 10-13 所示。

九、损伤

损伤是受热面受外力或电火焊所伤，特征是管子的外表面有明显的伤痕。损伤可以发生在任何受热面上。锅炉受热面在运输、安装及检修过程中都有可能发生这样或那样的损伤。这就要求在施工中，加强管理，严格按施工工艺进行，杜绝野蛮施工，防止发生受热面管子损伤。同时，要加强防磨防爆检查，发现隐患及时进行处理，避免受热面管子带伤运行。

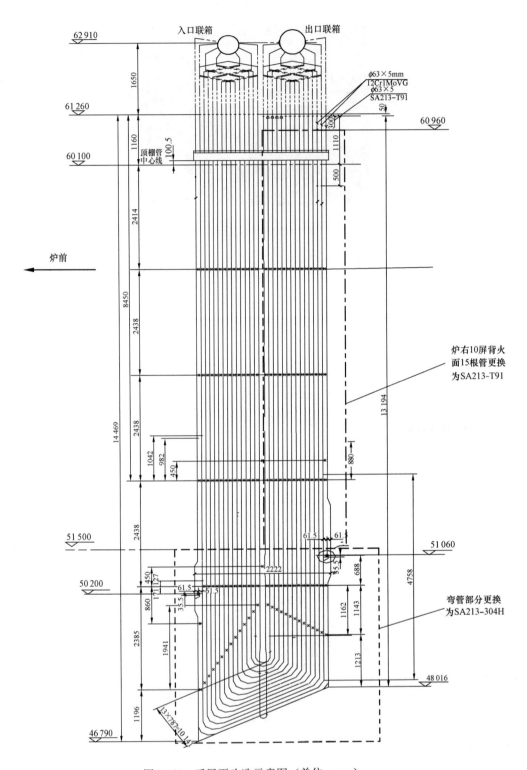

图 10-13　后屏再改造示意图（单位：mm）

第十一章
金属材料基础知识

第一节 材料基础知识

一、金属材料的性能

金属材料的性能包括使用性能和加工工艺性能两个方面。

1. 使用性能

使用性能是指金属材料在使用条件下所表现的性能。它包括材料的物理、化学性能和力学性能。

（1）物理、化学性能。密度、熔点、导热性、导电性、热膨胀性、磁性、抗氧化性、耐腐蚀性等。

（2）力学性能。是指金属在外力作用下所显示与弹性和非弹性反应相关或涉及应力-应变关系的性能，或金属在外力作用时表现出来的性能。它是反映金属抵抗各种损伤作用能力的大小，是衡量金属材料使用性能的重要指标。力学性能指标主要包括强度、塑性、韧性、硬度和断裂力学等。

2. 加工工艺性能

材料承受各种冷、热加工的能力。

（1）冷加工。是指切削性能等。达到规定的几何形状和尺寸、公差配合、表面粗糙度等的要求。

（2）热加工。是指铸造性能、压力加工性能、焊接性能、热处理等。

二、影响金属材料性能的因素

化学成分、组织结构及加工工艺对组织性能的影响等。

1. 化学成分

（1）含碳量增加，则强度、硬度提高，而塑性、韧性下降。

（2）合金元素各有不同的作用。Mn增加可提高强度（但应小于1.9%），强化元素；V、Ti、Nb等元素可以细化晶粒，提高韧性及材料致密度；Mo提高钢的热强性能、在高温时保持足够强度、细化晶粒，防止钢的过热倾向；Cr、Ni提高钢的热强性能、高温氧化性和耐腐蚀性。

（3）有害元素。P、S易形成低熔点化学物，导致热脆性和冷脆性，使塑性、韧性下降。

（4）含微量元素 Re、稀土元素，综合力学性能有所提高。

2. 组织结构、晶粒度及供货状态等

（1）常见的显微组织。

1）奥氏体（A）。强度硬度不高，塑性韧性很好，无磁性。

2）铁素体（F）。强度硬度低，塑性韧性好。

3）渗碳体（Fe_3C）。硬而脆，随 C% 增加，强度硬度提高，而塑性韧性下降。

4）珠光体（P）。性能介于 F 与 Fe_3C 之间。

5）马氏体（M）。具有很高的强度和硬度，但很脆；延展性差，易导致裂纹。

6）魏氏组织。粗大的过热组织，塑性韧性下降，使钢变脆。

7）带状组织。双相共存的金属材料在热变形时沿主伸长方向呈带状或层状分布的组织。

（2）晶粒度。常见 1～8 级。8 级细小而均匀、综合力学性能好。

（3）热轧、调质、正火状态供货，以正火状态组织性能最好。

3. 加工工艺对组织性能的影响

（1）冷作变形会带来纤维组织、加工硬化及残余内应力。

（2）热变形会提高材料塑性变形能力，降低变形抗力。

三、金属材料性能方面的名词术语

（1）强度。金属抵抗永久变形和断裂的能力。常用的强度判据有屈服强度、抗拉强度。

（2）屈服强度。当金属材料呈屈服现象时，在试验期间达到塑性变形发生而力不增加的应力点。上屈服强度为 R_{eH}、下屈服强度为 R_{eL}。

（3）抗拉强度。试样在屈服阶段之后所能抵抗的最大应力。

（4）塑性。断裂前材料发生不可逆永久变形的能力。常用的塑性判据是伸长率 A 和断面收缩率 Z。

（5）伸长率。原始标距的伸长与原始标距之比的百分率。

（6）断面收缩率。断裂后试样横断面积的最大缩减量与原始横截面积之比的百分率。

（7）冷弯性能。用于衡量材料在室温时的塑性。

是焊接接头常用的一种工艺性能试验方法，它不仅可以考核焊接接头的塑性，还可以检查受拉面的缺陷，分面弯、背弯、侧弯三种。

（8）韧性。是指金属在断裂前吸收变形能量的能力。

金属的韧性通常随加载速度提高、温度降低、应力集中程度加剧而减小。

（9）冲击韧度（冲击值）。是指冲击试样缺口底部单位横截面积上的冲击吸收功。

（10）蠕变。是指在规定温度及恒定力作用下，材料塑性变形随时间而增加的现象。

（11）蠕变极限。是指在规定温度下，引起试样在一定时间内蠕动总伸长率或恒定蠕变速率不超过规定值的最大应力。

（12）持久强度。是指在规定温度及恒定力作用下，试样至断裂持续时间的强度。

（13）疲劳。是指材料在循环应力和应变作用下，在一处或几处产生局部永久性累积性损伤，经一定循环次数后产生裂纹或突然发生完全断裂的过程。

（14）高周疲劳。是指材料在低于其屈服强度的循环应力作用下，经 10^5 以上循环次数而产生的疲劳。

（15）低周疲劳。是指材料在接近或超过其屈服强度的循环应力作用下，经 $10^2 \sim 10^5$ 塑性应变循环次数而产生的疲劳。

（16）热疲劳。是指温度循环变化产生的循环热应力所导致的疲劳。

（17）腐蚀疲劳。是指腐蚀环境和循环应力（应变）的复合作用所导致的疲劳。

四、金属材料分类

1. 按化学成分分

（1）碳素钢。简称碳钢。除铁、碳外主要含有少量 Si、Mn 及 P、S 等杂质，但总含量不超过 2%，按含碳量不同分如下：

1）低碳钢。含碳量小于 0.25%。

2）中碳钢。含碳量为 0.25%～0.6%。

3）高碳钢。含碳量大于 0.6%。

（2）合金钢。除碳钢所含元素外，还含有其他一些合金元素，如 Cr、Ni、Mo、W、V、B 等，按合金元素含量不同分类如下：

1）低合金钢。合金元素含量小于 5%。

2）中合金钢。合金元素含量为 5%～10%。

3）高合金钢。合金元素含量大于 10%。

2. 按用途分

（1）结构钢。如碳钢、低合金钢等。

（2）特殊用途用钢。如不锈钢、耐候钢、耐热钢、磁钢等。

3. 按冶炼中的脱氧方式分

（1）沸腾钢（F）。

（2）镇静钢（Z）。

（3）半镇静钢（B）。

（4）特殊镇静钢（TZ）。

4. 按品质分（P、S 杂质含量分类）

（1）普通钢。

（2）优质钢。

（3）高级优质钢（A）。

（4）特级优质钢（E）。

五、特种设备对材料方面的要求

特种设备材料主要包括低碳钢、低合金钢、耐热钢、低温钢、不锈钢等。

（1）使用条件（服役条件）。包括设计温度、设计压力、介质特性和操作要点等。

1）设计温度。包括选材类别及允许温度。

2）设计压力。包括受压元件厚度。

3）介质特性。包括选材类别。

4）操作要点。包括频繁启动，疲劳作用等选材类别及状态。

（2）材料的焊接性能。要求焊接性良好。

（3）制造工艺要求。包括冷、热加工能力，设备、设施、热处理能力等。

（4）经济合理性。

六、特种设备常用材料标准

1. 钢板

（1）GB/T 699—1999《优质碳素结构钢》。

（2）GB/T 700—2006《碳素结构钢》。

（3）GB/T 3274—2007《碳素结构钢和低合金结构钢热轧厚钢板及钢带》。

（4）GB/T 710—2008《优质碳素结构钢热轧薄钢板和钢带》。

（5）GB/T 711—2008《优质碳素结构钢热轧厚钢板和钢带》。

（6）GB 912—2008《碳素结构钢和低合金结构钢热轧薄钢板和钢带》。

（7）GB/T 713—2008《锅炉和压力容器用钢板》。

（8）GB/T 13237—2013《优质碳素结构钢冷轧钢板和钢带》。

（9）GB/T 4237—2007《不锈钢热轧钢板和钢带》。

（10）GB/T 3280—2007《不锈钢冷轧钢板和钢带》。

（11）GB/T 4238—2007《耐热钢钢板和钢带》。

（12）GB/T 3531—2008《低温压力容器用低合金钢钢板》。

2. 钢管

（1）GB/T 8163—2008《输送流体用无缝钢管》。

（2）GB 3087—2008《低中压锅炉用无缝钢管》。

（3）GB 5310—2008《高压锅炉用无缝钢管》。

（4）GB 6479—2013《高压化肥设备用无缝钢管》。

（5）GB 9948—2013《石油裂化用无缝钢管》。

（6）GB 13296—2013《锅炉、热交换器用不锈钢无缝钢管》。

3. 焊接材料

（1）GB/T 983—2012《不锈钢焊条》。

（2）GB/T 984—2001《堆焊焊条》。

（3）GB/T 5117—2012《非合金钢及细晶粒钢焊条》。

（4）GB/T 5118—2012《热强钢焊条》。

（5）GB/T 14957—1994《熔化焊用钢丝》。

（6）GB/T 5293—1999《埋弧焊用碳钢焊丝和焊剂》。

（7）GB/T 8110—2008《气体保护电弧焊用碳钢　低合金钢焊丝》。

（8）GB/T 12470—2003《埋弧用低合金钢焊丝和焊剂》。

（9）GB/T 17854—1999《埋弧焊用不锈钢焊丝和焊剂》。

（10）GB/T 10045—2001《碳钢药芯焊丝》。

（11）GB/T 17493—2008《低合金钢药芯焊丝》。

4. 锻件

（1）NB/T 47008～NB/T 47010—2010《承压设备用碳素钢和合金钢锻件［合订本］》。

（2）NB/T 47009—2010《低温承压设备用低合金钢锻件》。

（3）NB/T 47010—2010《承压设备用不锈钢和耐热钢锻件》。

第二节　焊接基础知识

一、常用的焊接方法分类

1. 按工艺特点分

（1）熔焊。是指将待焊处的母材金属熔化以形成焊缝的焊接方法。

（2）压焊。是指焊接过程中必须对焊件施加压力（加热或不加热）以完成焊接的方法。

（3）钎焊。是指采用比母材熔点低的金属材料做钎料，将焊件和钎料加热到高于钎料熔点，低于母材熔化温度，利用液体钎料润湿母材，填充接头间隙并与母材相互扩散实现连接焊件的方法。

1）软钎焊。用熔点低于450℃的钎料进行焊接。

2）硬钎焊。用熔点高于450℃的钎料进行焊接。

焊接分类图如图11-1所示。

2. 焊接方法

（1）焊条电弧焊、手弧焊。是指手持焊炬、焊枪或焊钳进行操作的焊接方法。

1）焊条电弧焊的特点。

a. 能源：电加热、电能、热能；

b. 保护方式：气渣联合保护；

c. 适用位置：任意焊缝空间位置；

d. 施焊材料：大部分钢材及部分有色金属。

2）缺点。生产率低，劳动强度大，劳动条件恶劣，对焊工操作技能水平要求高。

（2）埋弧焊。是指电弧在焊剂层下燃烧进行焊接的方法。

埋弧焊特点是焊接过程中引弧、熄弧，送进焊丝，移动焊缝或工件。由机械自动完成的为自动焊。

1）与手弧焊相比有如下优点。

a. 生产率提高2～5倍，热量集中，熔深提高，连续送给。

b. 焊接接头组织与性能好，熔渣保护，保护效果好，焊接质量稳定，焊缝成分均匀，成形美观；节约金属与电能，工艺损失少，不开坡口；改善劳动条件，无弧光，烟尘少，

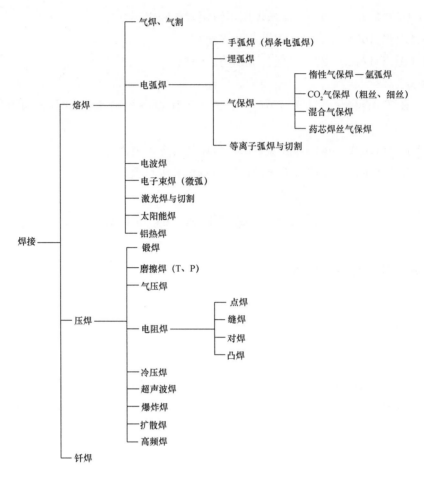

图 11-1　焊接分类图

机械操作。

2）缺点。设备昂贵，辅助设备、设施要求高；装配要求严格；焊接位置受限制。

（3）氩弧焊。是指用氩气做保护气体的气保焊。

1）优点。保护效果好，焊缝质量好；电弧稳定，易实现单面焊、双面成形；可全位置焊；设备简单，操作灵活。

2）缺点。生产率较低、适用薄板、成本较高。

二、常见焊接接头形式及坡口形式

1. 焊接接头

焊接接头是指两个或两个以上零件要用焊接组合或已经焊合的接点。检验焊接接头性能时应考虑焊缝、熔合区及热影响区甚至母材等不同部位的相互影响（GB/T 3375—1994《焊接术语》）。

（1）焊缝。是指焊件经焊接后所形成的结合部分。

（2）熔合区。是指焊缝与母材交接的过渡区，即熔合线处微观显示的母材半熔化区。

（3）热影响区。是指焊接与切割过程中，材料因受热影响（但未熔化）而发生的金相组织与力学性能变化的区域。

2. 常见焊接接头形式

（1）对接接头形式示意图如图 11-2 所示。

两件表面构成大于或等于 135°、小于或等于 180°夹角的接头。

（2）角接接头形式示意图如图 11-3 所示。

两件表面构成大于 30°、小于 135°夹角的接头。

（3）搭接接头形式示意图如图 11-4 所示。

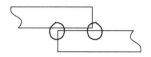

图 11-2　对接接头　　　　图 11-3　角接接头　　　　图 11-4　搭接接头
　　形式示意图　　　　　　　形式示意图　　　　　　　形式示意图

两部件重叠构成的接头。

（4）丁字接头形式示意图如图 11-5 所示。

一件端面与另一件表面构成直角或近似直角的接头。

（5）塞焊结构形式示意图如图 11-6 所示。

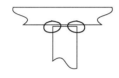
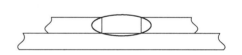

图 11-5　丁字接头形式示意图　　　　图 11-6　塞焊结构形式示意图

焊缝形式为对接焊缝或角焊缝。

3. 常见坡口形式

坡口是指根据设计或工艺需要，在焊件的待焊部位加工并装配成的一定几何形状的沟槽。

（1）I 形坡口（不开坡口）：壁厚 $\delta \leqslant 6$mm。

（2）V 形坡口（Y）：$\delta = 6 \sim 26$mm。

（3）X 形坡口（X、K）：$\delta = 12 \sim 60$mm。

（4）U 形坡口（U）：$\delta = 20 \sim 60$mm。

（5）组合坡口（U）：$\delta \geqslant 30$mm。

4. 坡口选用原则

（1）板厚。

（2）保证焊透。

（3）节约金属，填充金属尽量少，提高效率。

（4）便于施焊，改善劳动条件。

（5）不同焊接工艺方法。

（6）加工条件。U、X 形坡口加工对设备要求高（气割、等离子切割、刨边机、车削、碳弧气刨等），减少焊后变形量，双面坡口对称焊接。

5. 常用对焊接接头

常用对接焊缝，结构连续平稳，承载后应力分布均匀，但接头截面改变时余高造成应力集中，焊缝过渡处的应力集中。

6. 焊接接头的弱点

(1) 焊缝金属存在缺陷，破坏金属的连续性和致密性。

(2) 接头区性能下降（塑性、韧性下降）导致脆性破坏。

(3) 结构应力水平提高。焊后残余拉伸应力、局部应力集中，使应力水平提高，导致断裂。

7. 焊接接头强度系数

焊接接头强度系数 Φ 根据接头形式及无损探伤长度确定。

(1) 双面对接接头或相当于双面焊（单面焊）的焊透对接接头。

1) 100% 无损检测：$\Phi = 1$。

2) 20% 无损检测：$\Phi = 0.85$。

(2) 单面焊对接接头（沿焊缝根部有紧贴基本金属的垫板）。

1) 100% 无损检测：$\Phi = 0.9$。

2) 20% 无损检测：$\Phi = 0.8$。

三、焊接热循环及焊接接头的组织与性能

1. 焊接热循环

焊接热循环是指在焊接热源作用下，焊件上某点的温度随时间变化的过程。主要特点如下：

(1) 急剧加热且温度高，发生过热，热影响区晶粒长大。

(2) 急速冷却且速度快，易发生淬硬，形成淬硬组织，导致冷裂纹。

(3) 影响焊接热循环的因素。焊接方法、焊接工艺参数、预热、层间温度、焊件厚度、接头形式和材料导热性等。

2. 焊接接头的组织与性能及其影响因素

对焊缝金属有害的元素包括 H_2、N_2、O_2（有害气体），P、S（杂质）。

焊缝金属结晶时冷却速度大，过热状态及运动状态下结晶，形成晶粒长大和柱状晶的特点。

一次结晶是指焊接溶池从液相向固相的转变过程。

二次结晶是指焊缝金属的固态相变过程。

金属的性能取决于化学成分和组织结构。

(1) 不完全熔化区：液相线至固相线，极窄，熔合区。

(2) 过热区：固相线至 1100℃，粗大 A（奥氏体）过热组织使塑性下降，韧性下降，是接头中最危险的区域。

(3) 正火区：1100℃至 A_3（相变转变开始线），细小而均匀的晶粒，正火组织，综合力学性能好。

(4) 部分相变区（不完全结晶区）：$A_3 \sim A_1$ 线，晶粒大小与分布不均匀使强度稍

减小。

（5）再结晶区：A_1（相变转变结果线）～500℃，进行再结晶，力学性能影响不大。

（6）蓝脆区（热应变脆化区）：500～200℃强度稍增大，塑性稍降低，发生蓝脆现象。

四、焊接应力与变形

1. 焊接应力与变形的概念

焊接应力：是指焊接构件由焊接而产生的内应力。

焊接变形：是指焊接构件由焊接而产生的变形。

（1）焊接应力分类。

1）热应力：是指温度分布不均匀。

2）组织应力：是指组织结构变化。

（2）应力存在时间。

1）瞬间应力：是指在一定的温度及刚性条件下，某一瞬间存在的应力。

2）残余应力：是指焊接结束后和完全冷却后仍然存在的应力。

（3）应力作用方向。

1）纵向应力：与焊缝轴线相平行。

2）横向应力：与焊缝轴线相垂直。

（4）应力在空间的方向。

1）单向应力：在焊件上沿一个方向存在。

2）双向应力：应力作用在一个平面内不同方向上，也称平面应力。

3）三向应力：应力沿空间所有方向存在，也称体积应力。

2. 焊接变形分类

（1）收缩变形：纵向收缩、横向收缩。

（2）弯曲变形：纵向变形、横向变形叠加而成。

（3）扭曲变形：纵向收缩、横向收缩无规律。

（4）角变形：厚度方向上，横向收缩不一致。

（5）波浪形变形：薄板 $\delta < 10mm$。

3. 焊接应力与变形的形成

（1）焊接接头不均匀加热与冷却：温度分布不均匀（热应力）。

（2）焊接结构本身或外加刚性拘束条件（拘束应力）。

（3）拘束度：衡量焊接接头刚性大小的一个定量指标。

（4）通过力、温度和组织结构等因素变化（相变应力）。

4. 焊接应力的防止措施

主要措施是温度分布均匀、焊缝能自由收缩。

（1）合理装配焊接顺序：自由收缩。

（2）焊前预热：减小温差，降低焊后冷却速度。

（3）结构设计：对称分布，小坡口空间，短焊缝，减应法，小热输入等。

5. 消除焊接应力的方法

（1）热处理法：高温回火—消除应力退火（焊后热处理）。

（2）加载法（机械法）：产生塑变。

1）机械拉伸法：加载使塑变区拉伸。

2）温差拉伸法：低温消除应力法。

（3）振动法：低频振动。

6. 控制焊接变形的措施

（1）设计措施。

（2）预留收缩余量法：收缩变形。

（3）反变形法：角变形。

（4）合理装配焊接顺序：先纵后环、先短后长。

（5）刚性固定法：外加刚性拘束。

（6）热调整法：热输入降低。

（7）锤击法：补偿收缩、锤击伸长。

7. 矫正焊接变形的措施

（1）机械矫正措施：冷加工。

（2）火焰矫正措施：热加工。

8. 焊接应力与变形带来的危害

（1）降低装配的焊接质量。

（2）降低接头性能及结构承载能力，缩短设备使用寿命。

（3）增加制造成本。

（4）导致裂纹和低应力脆性破坏事故的发生。

五、焊接工艺、预热、后热和热处理的作用

（1）焊接工艺：是指与制造焊件有关的加工方法和实施要求，包括焊接准备、材料选用、焊接方法选定，焊接参数、操作要求等。

（2）焊接工艺规范（程）：是指与制造焊件有关的加工和实践要求的细则文件，可保证由熟练焊工或操作工操作时质量的再现性。

（3）预热：是指焊接开始前，对焊件的全部（或局部）进行加热的工艺措施。降低焊后冷却速度，防止裂纹产生。

（4）后热：是指焊接后立即对焊件的全部（或局部）进行加热或保温，使其缓冷的工艺措施，消除应力。

（5）焊后热处理：是指焊后，为改善焊接接头的组织和性能或消除残余应力而进行的热处理。

六、常见焊接缺陷的产生原因、危害和防止措施

焊接缺陷是指焊接过程中在焊接接头中产生的不连续性、不致密性或连接不良的现象。

根据在接头中所处的位置不同，可分为外部缺陷和内部缺陷。

将焊接缺陷分为六类：

第一类：裂纹，包括热裂、冷裂、再热裂纹、层状撕裂。

第二类：孔穴，包括气孔，缩孔等。

第三类：固态夹渣，包括夹渣、氧化物、金属夹杂。

第四类：未焊透，未熔合。

第五类：形状缺陷，包括咬边、缩沟、超标余高、焊缝外表形状不良、错边、焊瘤、烧穿、未焊满、焊脚不对称、根部收缩、接头处结合不良等。

第六类：其他缺陷，包括电弧擦伤、飞溅、表面撕裂、打磨过量、定位焊缺陷等。

1. 外观缺陷

外观缺陷包括表面缺陷和形状缺陷。

（1）咬边。由于焊接参数选择不当或操作方法不正确，沿焊趾的母材部位产生的沟槽或凹陷。

产生原因如下：

1）电流过大。

2）运条速度不当。

3）焊条角度及运条不当。

4）电弧过长。

（2）焊瘤。焊接过程中，熔化金属流淌到焊缝之外未熔合的母材上所形成的金属瘤。

产生原因如下：

1）操作技能差。

2）运条不当。

3）电弧过长。

4）速度慢。

5）电流过大。

6）单面焊钝边小、间隙大。

（3）未焊满。由于填充金属不足，在焊缝表面形成的连续或断续的沟槽。

产生原因如下：

1）热输入小。

2）焊条过细。

3）运条不当。

4）层次安排不合理。

（4）凹坑。焊后在焊缝表面或焊缝背面形成的位于母材表面的局部低洼部分。

产生原因如下：

1）操作技能差。

2）电流过大。

3）运条不当。

4）层次安排不合理。

（5）烧穿。焊接过程中，熔化金属自坡口背面流出形成穿孔的缺陷。

产生原因如下：

1）电流过大。

2）焊速过慢。

3）坡口间隙大，钝边小。

4）操作技能差。

（6）成型不良。

1）对接焊缝。余高超标，成型高、低、宽、窄不均匀，圆滑过度不良。

2）角焊缝。焊脚高不均匀。

（7）错边。两工件在厚度方向上错开一定的距离。

（8）下塌（塌陷）。单面熔化焊时，由于焊接工艺不当，造成焊缝金属过量，透过背面而使焊缝正面塌陷，背面凸起的现象。

（9）各种焊接变形。收缩（纵向、横向）、角变形、弯曲、扭曲、波浪变形等。

（10）表面气孔。

（11）弧坑缩孔等。

2. 气孔

焊接时，溶池中的气体未在金属凝固前逸出，残留于焊缝中所形成的空穴。

（1）气体来源。周围大气或冶金反应产生；坡口不干净，铁锈、油污、水分等；焊条受潮没洪干。

（2）气孔分类。

1）按形状分类：球状、条虫状。

2）按数量分类：单个、群状（均匀分布、密集状、链状之分）。

3）按气孔内气体成分分类：N_2、H_2、CO、CO_2 等。

（3）形成机理。液体金属的凝固速度大于气体逸出速度。

（4）产生原因。

1）坡口未清理。

2）焊条受潮没烘干，气体纯度不够，焊丝表面不干净。

3）保护条件不好。

4）操作运条不当，电弧偏吹。

5）电流过大、过小，焊速过快，电弧过长等。

（5）防止措施。包括工艺和冶金措施两方面。

3. 夹渣

夹渣是指焊后残余在焊缝中的焊渣。

（1）分类。金属夹渣、非金属夹渣。

（2）形状与分布。单个点状、条状、链状和密集状。

（3）产生原因。

1）坡口形式和尺寸不合理。

2）坡口面不干净，多层焊清渣不干净。

3）电流小，焊速快，运条不当，操作技能差。

4）溶渣黏度大。

4. 未焊透、未熔合

（1）未焊透。是指焊接时接头根部未完全熔透的现象。

（2）未熔合。是指熔焊时，焊道与母材之间或焊道与焊道之间未完全熔化结合的部分。

（3）产生原因。

1）坡口未清理，尺寸形状不合格，钝边过大角度小、间隙小。

2）磁偏吹，焊条偏心度大。

3）热输入小。

4）操作技能差。

5）层间及焊根清理不彻底。

5. 裂纹

裂纹是指在焊接应力及其他致脆因素共同作用下，焊接接头中局部地区的金属原子结合力遭到破坏而形成新界面所产生的缝隙。

（1）裂纹特征。尖锐缺口、大的长宽比。

（2）按产生的原因及温度不同分类。

1）热裂纹。焊接过程中，焊缝和热影响区金属冷却到固相线附近的高温区产生的焊接裂纹。

a. 特点。断面有高温氧化色彩、晶间裂纹。

b. 产生原因。低熔点化合物，在拉伸应力作用下开裂。

c. 防止措施。P、S控制。C%（含碳量）限制，加入金属元素；合适的焊接规范。预热缓冷；碱性焊条及焊；剂；多层多焊道添满弧坑；合理装配焊接顺序。

2）冷裂纹。焊接接头冷却到较低温度下（马氏体转变温度开始点以下）（200～300℃）时产生的裂纹。

3）延迟裂纹。焊接接头冷却到室温后并在一定时间（几小时、几天、甚至十几天）才会出现的冷裂纹。

a. 特点。断口白色、穿晶裂纹。

b. 产生原因。焊接残余拉伸应力、淬硬组织形成、扩散氢的存在与聚集。

c. 防止措施。焊前预热，焊后缓冷；减少氢含量；碱性焊条、焊剂；低氢型；制订合理的焊接工艺及规范；焊后进行热处理、消氢处理、消应处理；合理装配焊接顺序，改善应力状态。

4）再热裂纹。在焊后消除应力、热处理等重新加热过程中，在焊接热影响区的粗晶区产生的裂纹。

5）层状撕裂。焊接时，在焊接构件中沿钢板轧层形成的呈阶梯状的一种裂纹。

6）应力腐蚀裂纹（冷裂纹）。服役过程中，焊接应力在工作应力和腐蚀介质作用下产生的裂纹。

6. 其他缺陷

（1）电弧擦伤。在邻近焊缝的母材上，由于随意引弧所造成的金属表面局部损伤，它影响焊缝外观质量及使用性能。

（2）打磨过量。由于打磨引起的外伤或焊缝减薄过量。

（3）定位焊缺陷。焊材选用、质量、烘干、成形尺寸不符合要求。

7. 焊接缺陷危害

（1）引起应力集中。

（2）造成脆断。

（3）减少焊缝有效受力截面及缩短设备使用寿命。

七、焊接工艺评定

焊接工艺评定是指为验证所拟定的焊件焊接工艺的正确性而进行的试验过程及结果评价。

焊接工艺指导书是指为验证性试验所拟订的经评定合格的用于指导生产的焊接工艺文件（WPS）。

焊接工艺评定报告是指按规定的格式记载验证性试验结果，对拟订的焊接工艺的正确性进行评价的记录报告（PQR）。

（1）焊接工艺评定过程。

1）拟订焊接工艺指导书。

2）施焊试件和检验试件（外观、无损探伤）。

3）制取试样和检验试样（力学性能、宏观金相等）。

4）测定焊接接头是否具有所要求的使用性能。

5）提出焊接工艺评定报告，对拟订的焊接工艺指导书进行评定和验证。

（2）焊接工艺评定验证施焊单位拟订焊接工艺的正确性，并评定施焊单位的能力。

（3）焊接工艺评定所用设备、仪表处于正常状态。

（4）需要进行焊接工艺评定的焊缝。

1）受压元件焊缝。

2）与受压元件相焊的焊缝。

3）上述焊缝的定位焊。

4）受压元件母材表面堆焊、补焊焊缝。

5）焊接工艺评定的重要因素改变时需重新进行评定，影响接头屈服强度及断面收缩率性能。补加因素—影响 α_k（冲击性能），补做 α_k。

6）焊接工艺评定包括对接焊缝和角接焊缝两种。对接焊缝在焊件的坡口面间或一零件的坡口与另一零件表面间焊接的焊缝。角接焊缝沿两直交或近直交零件的交线所焊接的焊缝。

八、焊接材料的选用原则

焊接材料包括焊条、焊丝（实芯和药芯）、钢带、焊剂、气体、电极和衬垫等。

应根据母材的化学成分、力学性能、焊接性能，并结合承压设备结构特点、使用条件及焊接方法综合考虑选用焊接材料，必要时通过试验确定。

焊接材料的选用原则如下：

（1）结构钢（碳素钢、低合金钢）选择焊条采用等强度。

（2）耐热钢、低温钢、不锈钢采用化学成分相似的焊条。

（3）低温条件运行、承载动载荷，结构本身刚性拘束度大，重要结构等采用碱性焊条。

第三节 热处理基础知识

一、钢的热处理

钢的热处理是指通过加热、保温、冷却的操作方法，使钢的组织结构发生变化，以获得所需性能的一种加工工艺方法。热处理分类如图 11-7 所示。

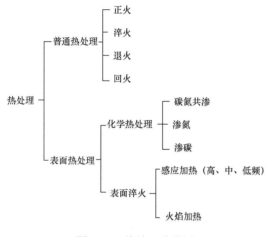

图 11-7 热处理分类图

（1）正火。是指将钢材加热到临界点 A_3 或 A_{cm} 以上 30～50℃保温，进行完全 A（奥氏体）化，空冷。

正火的目的如下：

1）使晶粒细小而均匀，综合力学性能好。

2）消除残余应力。

3）降低硬度，提高塑性。

（2）退火。是指将钢材加热至临界点 A_3 或 A_1 左右一定范围温度，保温一段时间，缓冷。

退火的目的如下：

1）消除残余应力。

2）细化晶粒，改善组织。

3）降低硬度，提高塑性。

（3）焊后热处理。是指低温退火－加热 600～640℃，保温一段时间，缓冷或空冷。主要是消除焊后残余应力。

1）回火是指钢淬火后，再加热到 A_1 以下某一温度，保温后冷却到室温。

a. 低温回火：150～250℃。

b. 中温回火：350～500℃。

c. 高温回火：500～650℃。

其中 250～350℃回火时会产生回火脆性，应避免。

2）调质处理。是指淬火后再进行高温回火的复合热处理工艺。综合力学性能良好。

（4）淬火。是指将高、中碳钢加热到 A_1 或 A_3 以上 30～70℃，保温后快速冷却得到

M组织，提高钢的硬度和耐磨性。

二、热处理设备设施

（1）加热炉。要求按GB/T 9452—2012《热处理炉有效加热区测定方法》。

（2）热电偶。数量及分布。

（3）温控自动记录仪表及定期检定等。

三、承压设备焊后热处理类别

（1）除不锈钢以外的材料。

（2）不进行焊后热处理。

（3）低于转变温度焊后热处理。

（4）高于上转变温度焊后热处理。

（5）先高于上转变温度，随后在低于下转变温度进行焊后热处理。

（6）在上、下转变温度之间进行焊后处理。

四、不锈钢焊后热处理

（1）固溶处理。加热至1050～1100℃保温后急冷，可提高耐腐蚀性，消除晶间腐蚀，软化钢。

（2）稳定化处理。Ti、Nb不锈钢加热至850～900℃保温后空冷，消除应力腐蚀及晶间腐蚀。

五、热处理作业方案

（一）施工作业程序

施工作业程序框图如图11-8所示。

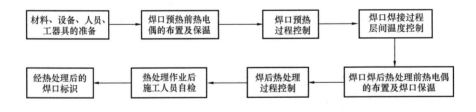

图11-8　施工作业程序框图

每道作业程序都要严格控制，上一道工序不合格，不允许进行下一道工序，各种准备工作必须能保证施工的连续性。

（二）施工作业方案

1. 热电偶的安装

（1）热电偶的安装应注意两个问题，一是与工件接触良好，二是测温点布置在工件加热范围的适当位置。采用金属线将热电偶的热端固定在工件上，要求紧密接触，固定良好。

（2）热电偶测温点的布置和数量应满足下列要求：

热电偶布置示意图如图 11-9 所示。

1）监测加热中心的最高温度点。

2）监控均热（温）带边缘的最低温度点。

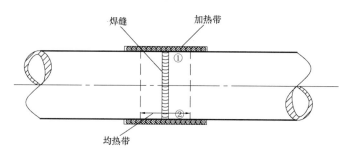

图 11-9　热电偶布置示意图

（3）规格小于或等于 φ219 的管道焊口，考虑设备和加热器的因素，故采取一点测温和多个焊口串联。

2．加热器的安装

（1）热处理加热宽度，从焊缝中心算起，每侧不小于管壁厚度的 3 倍，且不小于 60mm。

心线应与焊缝的中心线重合，加热器应紧贴管壁。

（2）垂直管。使用绳状加热器时，线圈轴向中心线应向下移，使之与焊缝中心线相距 10～30mm。

（3）异型管接头。工程上常常会遇到管子与法兰、管子与联箱短管以及管子与铸件等相连接的焊接接头，处理这些接头时，应根据情况布设加热器，以保证加热过程顺利进行和接头范围内温度均匀。

3．保温材料的敷设

对焊接接头进行热处理时做适当保温，其目的是减少热损失，降低加热范围（管子轴向和壁厚方向）的温度梯度，减缓冷却速度，确保热处理效果和质量。

（1）保温材料的材质。适用于局部热处理用的保温材料有无尘电解石棉布、硅酸铝针刺毡等。

（2）保温材料的敷设厚度。保温层的厚度不小于 50mm。

对于水平管道，可以通过改变保温层厚度来减小管道上、下部分的温差。

（3）保温材料敷设的宽度。保温宽度应从焊缝坡口边缘算起，每侧不得少于管子壁厚的 5 倍，且每侧应比加热器的安装宽度增加不少于 100mm，保温时应紧贴管壁（加热器），用金属丝扎紧，减少热损失。

4．焊口焊前预热

焊口焊前应根据管路材质选定预热温度，预热时加温速度与焊口焊后热处理升降温速度相同，对于壁厚超过 30mm 的管路焊口，当达到预热温度后应再恒温一段时间后方可进行焊接。

5．焊后热处理

（1）升降温速度计算公式为 $250 \times 25/$壁厚（℃/h），且不大于 300℃/h。

（2）恒温。

（3）热电偶之间的温差不应超过 50℃。

（4）补偿导线。必须使用和热电偶、记录仪器相配套的补偿导线。

（5）曲线记录。热处理曲线记录应有预热、焊接过程及热处理全过程。

第四节　锅炉受热面用钢

一、锅炉钢材的工作条件

（1）受热面工作条件：高温、高压、腐蚀介质、长期运行。

要求包括热强性、抗氧化耐腐蚀性、组织稳定性、工艺性。

（2）选材原则：技术性、经济性。

（3）受热面用钢：

1）铁素体耐热钢（2%Cr）包括 12Cr1MoV、T22、T23、T24。

2）马氏体耐热钢（9%Cr）包括 T91、T92、T93。

3）奥氏体耐热钢包括

$$\begin{cases} 12\%Cr：HCM12A（T122）、TB12、NF12、SAVE12。 \\ 18\%Cr：TP304H、TP347H、TP316H、Super304H、TP347HFG。 \\ 20\%\sim25\%Cr：800H、NF709、HR3C。 \end{cases}$$

二、典型钢种介绍

1. 12Cr1MoV

12Cr1MoV 属 P 体热强钢，综合性能良好，有较高的热强性和持久塑性，组织稳定性好，抗氧化性、焊接性良好，生产工艺简单，是使用最多的耐热钢之一。（使用经验很成熟的钢种）。

（1）强化机理。

1）Cr、Mo：固溶强化（溶入基体）。

2）Cr：抗氧化、耐腐蚀性。

3）Mo：蠕变强度。

4）V：弥散强化（形成 VC 小颗粒），提高热强性。

（2）典型组织。组织共有 12 类，常见的推荐组织是 F（铁素体）＋P（珠光体）和 F＋B（贝氏体）。

（3）性能特征。

1）12Cr1MoV 钢对正火冷却速度和回火温度比较敏感，会造成多种状态的原始组织。

2）不同的组织对应的性能不同，最佳为 F＋B。

3）高温长期运行后的老化特征：P 球化及 C 物聚集长大（目前使用 5 级球化标准），Me（马氏体）再分配。从固溶体到 C 物（相成分、相结构变化），蠕变损伤（孔洞或楔形裂纹）。

4）使用温度：＜580℃。

580℃年氧化速度 0.05；＞580℃ 抗氧化性、组织稳定性能迅速降低。

2. CASE2199

CASE2199 钢号为 12Cr2MoWVTiB，属低 C、低合金贝氏体热强钢，具有优良的综合力学性能和抗氧化性能（焊接性稍差、易裂、敏感、难掌握）。

（1）强化机理。主要采用 W-Mo 复合固溶强化，V-Ti 复合弥散强化，B 晶界强化。

（2）典型组织。102 钢的合格组织是完全回火 B。

（3）性能特征。

1）对热处理敏感，组织种类多，性能差异大。

2）化学性能与持久性能匹配不好，单就热强性来讲，102 钢在 620℃下都是非常高的，但由于抗氧化性能不足，只能用在 600℃以下、590℃左右。

3）老化特征。回火 B 特征逐渐消失，然后 C 物析出聚集长大。

4）使用温度为 590℃。

5）类似钢种为 T23、T24。

3. T91

T91 是一种高强度的马氏体耐热钢，不仅具有高的抗氧化性和耐腐蚀性，而且具有高而稳定的热强性和持久塑性，在 620℃以下，T91 的许用应力高于 A 体钢，有良好的冲击韧性，焊接性能较好，特别是和 A 体的异种接头，热强性可以达到同种钢接头的水平。

（1）强化机理（10Cr9Mo1VNb，含 N）。主要采用：Cr、Mo 固溶强化，V、Nb 弥散强化，M 体强化（包括防错强化），细晶强化（＋N 阻止晶粒长大，使韧性变大）。

（2）典型组织。T91 最好的组织状态是完全回火 M。

（3）性能特性。

1）对热处理敏感：1040～1060℃正火，760～780℃回火。正火温度偏高，出现晶粒粗化（或部分晶粒粗化）；正火温度偏低，Me 元素固溶不充分，Me 起不到应有的作用。

2）回火温度过高（炉温失控）：超过相变点 A_1，则出现 F 块和未回火 M。

3）老化特征：在长期高温运行中，仍然会有组织的老化和性能的下降。出现 C 物聚集长大、Me 的迁移、Laves 相产生（金属间化合物 AB2：MoFe2、NbFe2）、位错密度降低、亚晶粒长大。

4）使用温度 625℃。

4. A 体钢

（1）A 体钢由于高合金元素的匹配，使其在抗氧化、抗腐蚀及热强性上有至高无上的地位，是温度级别最高的耐热钢。

（2）A 体钢存在的问题。价格贵；可焊性差；热膨胀系数大，接头（特别是异种接头）早期失效；应力腐蚀敏感，对水质要求高。

（3）典型组织。单一的 A 体组织。

（4）性能特征。有晶间腐蚀倾向、长期高温运行后，老化、C 物析出、σ相产生（σ相金属间化物 FeCr，FeMo，FeTi 等）。金相图谱如图 11-10 所示。

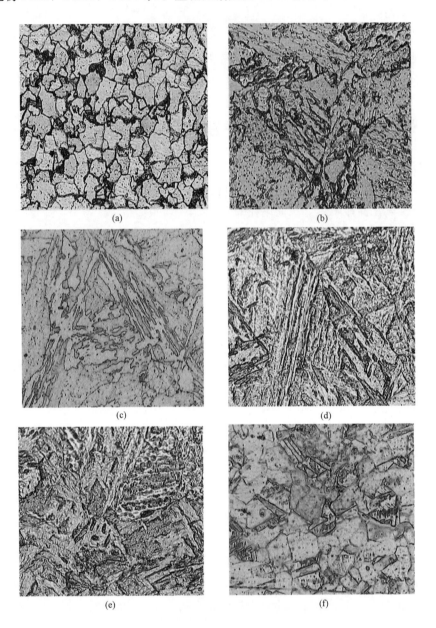

图 11-10　金相图谱

(a) 10CrMo910（T22）；(b) 12CrMoV；(c) T23；(d) T91（高温正火）；

(e) T91（高温回火＋退火）；(f) TP347H

第五节　受热面常见缺陷、产生原因、分布范围及预防措施

受热面常见缺陷、产生原因、分布范围及预防措施见表 11-1。

表 11-1　　　　　　　　　　　　受热面常见缺陷、产生原因、分布范围及预防措施

序号	常见缺陷	产生原因	分布范围	预防措施
1	磨损	烟气中灰粒冲刷（灰粒浓度、硬度、烟气流速）。炉墙漏风。烟道局部堵灰结渣（烟气流速增大）。吹灰器用高压蒸汽吹蚀	冷灰斗、燃烧器、折焰角、人孔门以及吹灰孔附近水冷壁；烟气转向室前立式受热面的下部管（末级过热器）；水平低温过热器、省煤器上下部二、三根管子，悬吊管支撑卡子边缘部位，靠近炉墙边排管子和蛇行弯；乱排出列管子	控制烟气流速；燃用优质煤种，降低烟气飞灰含量；清除烟道结渣及堵灰，增加烟气流通面积；减少炉墙漏风；加装阻流均流装置或防磨装置
2	外部腐蚀	烟气中多元腐蚀性气体，高温条件下与受热面管子表面金属发生化学反应，使金属原子脱离金属表面而腐蚀	过热器、再热器，燃烧器附近水冷壁管	运行时调整好燃烧，降低炉膛火焰中心高度，减少热偏差；燃用优质煤种，降低锅炉烟气中腐蚀性气体含量
3	内部腐蚀	受热面管内水中 O_2、CO_2 等气体，高温条件下与管子内表面金属发生化学反应而腐蚀；管屏下部 U 形管内积水腐蚀	水冷壁或省煤器循环不好的区域，如前后墙布置燃烧器的炉膛四角水冷壁管子，省煤器边排管子；低温烟气区域立式受热面下部 U 形管	提高除氧器除氧效果，减少炉水中 O_2 含量；加强炉水循环，保证一定的水流速度，使气体依附在管子内表面的机会减少；锅炉停用时带压放水，加强立式受热面疏水，利用锅炉余热将存水蒸发掉，减少管屏内积水；进行充氮防腐保护
4	裂纹	金属内部冷热不均，存在较大热应力，在受到内部较大压力或外力影响，长时间作用使金属内部结构发生破坏而形成裂纹	受热面焊口及其热影响区，管子弯头，减温器集箱内部热应力较大区域	加强焊接管理，严格按焊接工艺施焊，正确进行焊前预热及焊后热处理，有效消除焊接热应力；加强弯头或焊口管件检查力度；加固管道支吊装置，防止管道发生振动；及时消除减温器故障
5	疲劳	受热面承受交变热应力长期运行，致使局部出现永久性损伤的缺陷（微型裂纹）；锅炉启停时，受热面管子发生晃动或振动	受热面联箱与受热面管子相连接的角焊缝处等热应力较集中区域	减少锅炉机组的启停次数，防止受热面管子发生晃动或振动
6	蠕胀	高温高压下，管子金相组织发生变化，管子外径超出原设计管子的外径	炉膛上方及炉膛出口的屏式过热器、炉膛出口及水平烟道的立式受热面、燃烧器附近水冷壁	调整燃烧，防止过热器、再热器管壁超温

序号	常见缺陷	产生原因	分布范围	预防措施
7	过热	受热面在超温状态下长时间运行，管子壁温超过允许温度，管子表面严重氧化，甚至出现脱碳现象（水冷壁水循环破坏、尾部烟道再燃烧、管子结垢堵塞）	受热面	调整燃烧，防止超温；防止水循环被破坏；合理使用省煤器再循环管，防止省煤器管中水滞流或不畅；加强尾部受热面的除尘工作，防止发生尾部烟道再燃烧
8	爆管	受热面磨损，腐蚀管壁，减薄超标；过热蠕胀，造成管子强度急剧下降；管子焊口产生裂纹	过热器、再热器和水冷壁过热区域，省煤器磨损区域	调整燃烧，减少热偏差，防止锅炉结渣，降低受热面壁温，防止过热；及时发现并消除磨损、腐蚀、裂纹、胀粗等缺陷
9	损伤	表面受外力或电火焊所伤	受热面	严格按照施工工艺安装与检修
10	鼓包	管子过热或原始缺陷，外表面在高温烟气下出现水泡状突出物	水冷壁热负荷最强区域、水平烟道中部垂直受热面	严格控制管壁温度
11	蠕变	高温高压下，管道联箱金属内部逐渐形成塑性变形	管壁温度较高且管道较长的主蒸汽管道和再热蒸汽管道	—

第六节　锅炉受热面用钢及编号的意义

一、热处理、组织性能特点焊接及应用

锅炉受热面用钢的热处理、组织性能特点、焊接及应用见表 11-2。

表 11-2　　　　锅炉受热面用钢的热处理、组织性能特点、焊接及应用

钢号	热处理	组织性能特点	焊接	应用
低合金结构钢				
16Mn A333-6（美）	热轧状态使用，对中厚钢板，可进行 900～920℃ 正火，铸件正火＋回火处理，600～650℃ 回火	抗疲劳（低周、高温热应力）和焊接性能稳定、可靠，−40～450℃ 下使用，缺口敏感性比碳钢大	$\delta<38mm$ 时不预热；$\delta>20mm$ 时，焊后进行（600～650℃）消应力处理。使用 J502（E5003）、J506（E50.6）、J507（E5015）焊条	高压锅炉汽包
A299（美）	焊前预热 100℃，焊后 620℃ 回火	碳锰钢板，塑性、韧性和焊接性较好	E7018	锅炉汽包
低碳珠光体热强钢				
15CrMo P12、T12（美）	930～960℃ 正火，680～720℃ 回火	在 500～550℃ 具有较高热强性，长期运行会产生碳化物球化及合金元素脱溶，450℃ 时松弛稳定性良好	焊接性能好，热 307（E5515-B2），厚壁管 200～250℃ 焊前预热，焊后 650～680℃ 回火	管壁温度 550℃ 过热器管及锻件

续表

钢号	热处理	组织性能特点	焊接	应用
12Cr1MoV	980～1020℃正火，720～750℃回火，$\delta>$40mm进行调质处理	珠光体钢，对热处理敏感，组织稳定性好	焊接性能好，热317（E5515-B2-V）、150～300℃焊前预热，焊后700～730℃回火。钢的淬硬性倾向较大，焊接时要避免在焊缝和热影响区产生淬硬组织，否则，就会使焊缝金属塑性降低，脆性加大，易产生裂纹	540℃联箱、主蒸汽导管、过热器管及锻件
铬镍奥氏体钢				
1Cr18Ni9 TP304H（美）	不小于1040℃固溶处理。焊前不预热，焊后不热处理，否则会破坏其耐腐蚀性	良好耐腐蚀性和焊接性，热强性较好，冷变形能力高。相当于1Cr18Ni9Ti	ER308H，奥氏体不锈钢管子，采用奥氏体材料焊接，其焊接接头不推荐进行焊后热处理	锅炉过热再热和蒸汽管道、锅炉管子，允许抗氧化温度为705℃
0Cr18Ni11 Nb TP347H（美）	1050℃固溶处理，850～900℃稳定化处理。焊前不预热，焊后不热处理，否则会破坏其耐腐蚀性	良好的热强性、抗晶间腐蚀性与焊接性，相当于1Cr18Ni10	H0Cr18Ni9Ti、ER347	锅炉过热再热和蒸汽管道、焊接构件、锅炉管子，允许抗氧化温度705℃
高强度马氏体耐热钢				
T91、P91（1Cr9Mo1V Nb 美）	焊接预热200℃，加热750～770℃，保温2.5min/mm。（焊后12h内必须对焊缝进行热处理）	高抗氧化性能、抗蠕变性能和抗高温蒸汽腐蚀性能，良好冲击韧性和稳定持久塑性及热强性。在使用温度低于620℃时，许用应力高于奥氏体不锈钢，与奥氏体不锈钢焊制的异种钢接头，其热强性能与本体接头水平相当。具有良好的导热系数和较小的线膨胀系数。P91属于空冷马氏体钢，有组织敏感性	P91焊接性差，焊接时应防止冷裂纹和再热裂纹，该钢在723℃的焊后热处理不存在再热裂纹问题。H06Cr9MoV、E60-B9、T91用TGS-9Cb焊接完成后必须将材料缓慢冷却至100～150℃；$\delta<$12.5mm时，可以冷却至室温，然后升温进行回火处理	亚临界、超临界锅炉壁温不大于625℃的高温过热器、壁温不大于650℃的高温再热器钢管，以及壁温不大于600℃的高温联箱和蒸汽管道
P22（美）（12Cr2MoG 和 10Cr Mo910 德）	对热处理不太敏感，能在大截面上得到较均匀性能。焊接预热150℃，热处理加热690℃，保温2.5min/mm	良好的加工工艺性能，持久塑性好，运行开始阶段蠕变速度较快，运行1万～2万h后才能进入正常蠕变。热强性比12Cr1MoVG低	焊接性能好，淬透性大，有一定焊接冷裂倾向。使用ER90S-BH04CrMnMo、R407	壁温不大于580℃的高温过热器、壁温不大于570℃的高温联箱和蒸汽管道

钢号	热处理	组织性能特点	焊接	应用
优质碳素结构钢				
20G SA-106B SA-210A1 （美）	焊接时预热 100℃，热处理时加热 600℃，2.5min/mm	塑性、韧性及焊接性能优良，530℃下抗氧化性能较好。无回火脆性，长期在 450℃ 以上运行会发生珠光体球化和石墨化	使用 H08Mn2Si、E5015	用作受热面管件，壁温不大于 450℃；用作联箱和蒸汽管道，壁温不大于 425℃。SA210A 制作水冷壁、过热器和再热器管，SA106B 制造联箱和管道

二、常用钢编号的意义

电厂常用钢编号的意义如下。

（一）碳素钢

1. 普通碳素结构钢

碳素结构钢的牌号按 GB/T 700—2006《碳素结构钢》规定，有 Q195、Q215、Q235、Q255、Q275 五个牌号，牌号由钢材的屈服点的"屈"字汉语拼音字母、屈服点强度值、质量等级符号、脱氧方法符号四个部分组成。

2. 优质碳素结构钢

优质碳素结构钢的牌号只用两位数字表示，这两位数字表示钢中平均含碳量，如 10 钢表示钢中平均含碳量为 0.1%，优质碳素结构钢有 08F、08、10、15、20、25、30、35、…、80、85 等钢号，F 表示沸腾钢。在优质碳素结构钢中，还有含锰量较高的钢组（Mn 达到 1.2%），其牌号分别以 15Mn、20Mn、…、70Mn 表示，具有较高的强度和耐磨性，但韧性、塑性较差。

3. 碳素工具钢

碳素工具钢属于高碳钢，牌号用碳字或"T"字代表，在"T"字后面标写数字表示平均含碳量，如 T7 表示平均含碳量为 0.7%。钢号后不带 A 的是优质钢、带 A 的是高级优质钢。有 T7、T8、T9、T10、T11 等类型。

（二）合金钢

按照 GB/T 3077—1999《合金结构钢》规定，合金钢编号采用合金元素符号和数字表示。最前面的表示钢的平均含碳量，对于低合金钢、合金结构钢、珠光体耐热钢及合金弹簧钢等用两位数字表示平均含碳量（万分之几），如 12Cr1MoV 的 12 表示平均含碳量为 0.12%。不锈耐酸钢、高合金耐热钢等，一般用一位数字表示平均含碳量（千分之几），平均含碳量小于千分之一的用"0"表示；含碳量不大于 0.03% 的用"00"表示。对于含碳量大于或等于 1% 的合金工具钢、高速工具钢等，含碳量不标注；含碳量小于 1% 时，则以一位数字表示含碳量（千分之几）。

第七节　电厂常用钢材的化学成分和力学性能

电厂常用钢材牌号及化学成分见表 11-3，电厂常用钢材的化学成分和常温力学性能见表 11-4，常用焊接材料性能一览表见表 11-5～表 11-7。

表11-3　电厂常用钢材牌号及化学成分

序号	牌号		化学成分（质量分数，%）								
	钢号	标准号	C	Mn	Si	Cr	Mo	V	Ni	Ti	B
1	A3	GB700	0.14~0.22	0.30~0.65	≤0.30	—	—	—	—	—	—
2	20	GB3087	0.17~0.24	0.35~0.65	0.17~0.37	≤0.25	—	—	≤0.25	—	—
3	20G	GB5310	0.17~0.24	0.35~0.65	0.17~0.37	—	—	—	—	—	—
4	St45.8	DIN7175	≤0.21	0.40~1.20	0.10~0.30	—	—	—	—	—	—
5	SA210C	ASTMA210	≤0.27	≤0.93	≥1.10	—	—	—	—	—	—
6	SA106B	ASTMA106	≤0.30	0.29~1.06	≥0.10	—	—	—	—	—	—
7	SA106C	ASTMA106	≤0.35	0.29~1.06	≥0.10	—	—	—	—	—	—
8	SA182-F12	ASTMA182	0.05~0.15	0.30~0.60	≤0.50	0.8~1.25	0.44~0.65	—	—	—	—
9	WB-36	—	≤0.17	0.8~1.20	0.25~0.60	—	0.25~0.50	—	1.00~1.30	—	—
10	15CrMo	GB5310	0.12~0.18	0.40~0.70	0.17~0.37	0.8~1.10	0.40~0.55	—	—	—	—
11	12Cr1MoV	GB5310	0.08~0.15	0.40~0.70	0.17~0.37	0.90~1.20	0.25~0.35	0.15~0.30	—	—	—
12	10CrMo910	DIN17175	0.08~0.15	0.40~0.70	≤0.50	2.00~2.50	0.90~1.20	—	—	—	—
13	12Cr2MoVTiB	GB5310	0.08~0.15	0.45~0.65	0.45~0.75	1.60~2.10	0.50~0.65	0.28~0.42	—	0.08~0.18	≤0.008
14	T23	ASTMA213	0.04~0.10	0.10~0.60	≤0.50	1.90~2.60	0.05~0.30	0.20~0.30	—	—	0.000 5~0.006 0
15	P12	ASTMA335	≤0.15	0.30~0.60	0.50	0.80~1.25	0.44~0.65	—	—	—	—
16	P22	ASTMA335	≤0.15	0.30~0.60	0.50	1.90~2.60	0.87~1.13	—	—	—	—
17	T91	ASTMA213	0.08~0.12	0.30~0.60	0.20~0.50	8.00~9.50	0.85~1.05	0.18~0.25	≤0.4	N: 0.03~0.07	Cb: 0.06~0.10
18	P91	ASTMA335	0.08~0.12	0.30~0.60	0.20~0.50	8.00~9.50	0.85~1.05	0.18~0.25	≤0.4	0.03~0.07	Cb: 0.06~0.10
19	T92	ASTMA213	0.07~0.13	0.30~0.60	≤0.50	8.50~9.50	0.30~0.60	0.15~0.25	≤0.4	N: 0.03~0.07	0.001~0.006
20	P92	ASTMA335	0.07~0.13	0.30~0.60	≤0.50	8.50~9.50	0.30~0.60	0.15~0.25	≤0.4	N: 0.03~0.07	0.001~0.006
21	SA312-TP304	ASME	≤0.08	≤2.00	≤0.75	18.00~20.00	—	—	8.00~11.00	—	—
22	SA213-TP347	ASME	0.04~0.10	≤2.00	≤0.75	17.00~20.00	—	—	9.00~13.00	—	—
23	1Cr18Ni9	Gb1220	≤0.15	≤2.00	≤1.00	17.00~19.00	—	—	8~10	—	—
24	1Cr13	GB1220	≤0.15	≤1.00	≤1.00	11.50~13.50	—	—	≤0.60	—	—
25	SA312-TP316	ASME	≤0.08	≤2.00	≤0.75	16.00~18.00	2.00~3.00	—	11.00~14.00	—	—

表 11-4　电厂常用钢材的化学成分和常温力学性能

序号	钢号	标准号	化学成分（质量分数，%）					常温力学性能				
			W	Nb	Cu	S	P	Re (MPa)	Rm (MPa)	A (%)	AKV	HBW
1	A3	GB 700	—	—	—	≤0.050	≤0.045	185~235	375~460	21~26	27	—
2	20	GB 3087	—	—	≤0.25	≤0.035	≤0.035	226	392~588	20	—	—
3	20G	GB 5310	—	—	—	≤0.035	≤0.035	245	412~549	24	49	—
4	St45.8	DIN7175	—	—	—	≤0.040	≤0.040	235~255	410~520	—	—	—
5	SA210C	ASTMA210	—	—	—	≤0.035	≤0.035	≥275	≥485	≥30	—	≤179
6	SA106B	ASTMA106	—	—	—	≤0.058	≤0.048	≥240	≥415	≥22	—	—
7	SA106C	ASTMA106	—	—	—	≤0.058	≤0.048	≥275	≥485	≥20	—	—
8	SA182-F12	ASTMA182	—	—	—	≤0.045	0.045≤	≥205	≥415	≥20	—	121~174
9	WB-36	厚度<50mm	—	≤0.025	0.50~0.80	≤0.020	≤0.025	≥440	610~780	≥18	≥31	—
10	15CrMo	GB 5310	—	—	—	≤0.035	≤0.035	235	415~585	≥22	—	—
11	12Cr1MoV	GB 5310	—	—	—	≤0.035	≤0.035	255	471~638	21	—	—
12	10CrMo910	DIN17175	—	—	—	≤0.035	≤0.035	268~280	450~600	—	—	—
13	12Cr2MoWVTiB	GB 5310	0.30~0.55	—	—	≤0.035	≤0.035	343	540~736	18	—	—
14	T23	ASTMA213	1.45~1.75	Cb:0.02~0.08	N≤0.03	≤0.010	≤0.030	400	510	20	—	220
15	P12	ASTMA335	—	—	—	≤0.045	≤0.045	207	413	22	—	—
16	P22	ASTMA335	—	—	—	≤0.030	≤0.030	207	413	22	—	—
17	T91	ASTMA213	—	—	Al≤0.04	≤0.010	≤0.020	≥415	≥585	≥20	—	≤250
18	P91	ASTMA335	—	—	Al≤0.04	≤0.010	≤0.020	≥415	≥585	纵≥20	—	—
19	T92	ASTMA213	1.50~2.00	Cb:0.04~0.09	Al≤0.04	≤0.010	≤0.020	≥440	≥620	纵≥20	—	≤250
20	P92	ASTMA335	1.50~2.00	≤0.04~0.09	Al≤0.04	≤0.010	≤0.020	≥440	≥620	纵≥20	—	—
21	SA312-TP304	ASME	—	—	—	≤0.030	≤0.040	≥205	≥515	纵≥35	—	—
22	SA213-TP347	ASME	—	—	—	≤0.030	≤0.040	≥205	≥515	纵≥35	—	—
23	1Cr18Ni9	Gb1220	—	—	—	≤0.030	≤0.035	206	≥520	≥40	—	≤187
24	1Cr13	GB 1220	—	—	—	≤0.030	≤0.030	≥434	≥539	98.1	—	≤159
25	SA312-TP316	ASME	—	—	—	≤0.030	≤0.040	≥205	≥515	纵≥35	—	—

表11-5　常用焊接材料性能一览表（一）

序号	焊条型号 型号	焊条型号 标准号	焊条型号 原牌号	化学成分 C	Mn	Si	Cr	Mo	V	Nb	B
1	E5515B2	GB 5118	R307	0.05~0.12	0.90	0.60	1.00~1.50	0.40~0.65	—	—	—
2	E5515B2V	GB 5118	R317	0.05~0.12	0.90	0.60	1.00~1.50	0.40~1.65	0.10~0.35	—	—
3	E6015B3	GB 5118	R407	0.05~0.12	0.90	0.60	2.00~2.50	0.90~1.20	—	—	—
4	E5015	GB 5117	J507	≤0.12	0.80~1.40	≤0.70	—	—	—	—	—
5	AL CROMOCORD9M	—	—	0.100	0.97	0.39	9.45	1.00	—	—	—

表11-6　常用焊接材料性能一览表（二）

序号	焊条型号 型号	焊条型号 标准号	焊条型号 原牌号	化学成分 Ni	W	Re	其他	常温力学性能 Re (MPa)	A (%)	A_k (J/cm²)
1	E5515B2	GB 5118	R307	—	—	—	S≤0.035，P≤0.035	540	≥17	—
2	E5515B2V	GB 5118	R317	—	—	—	S≤0.035，P≤0.035	540	≥17	—
3	E6015B3	GB 5118	R407	—	—	—	S≤0.035，P≤0.035	590	≥14	—
4	E5015	GB 5117	J507	—	—	—	S≤0.035，P≤0.040	490	≥20	127.4

表11-7　常用焊接材料性能一览表（三）

序号	钢号	标准号	化学成分 C	Mn	Si	Cr	Mo	V	Ti	Nb	Ni	其他	S（不大于）	P（不大于）
1	TIG-J50	—	—	1.20~1.50	0.60~0.85	—	—	—	—	—	—	—	—	—
2	TIG-R30	—	—	—	—	—	—	—	—	—	—	—	—	—
3	TIG-R31	—	0.05~0.12	0.75~1.50	0.45~0.70	1.10~1.40	0.45~0.65	0.20~0.35	—	—	—	Cu ≤0.30	0.025	0.025
4	TIG-R40	—	0.05~0.12	0.75~1.50	0.45~0.70	2.20~2.50	0.95~1.25	0.20~0.35	—	—	—	Cu ≤0.30	0.025	0.025
5	H1Cr19Ni9	GB 1300	≤0.14	1.00~2.00	0.50~1.00	18.0~20.0	—	0.15~0.25	—	0.02~0.07	8.0~10.0	—	0.020	0.030
6	MTS-3	—	0.07~0.13	1.25	0.15~0.3	8~9.5	0.8~1.1	—	—	—	1.0	—	0.01	0.01

第十二章

锅炉事故分析及预防

第一节 锅炉尾部烟道再燃烧

锅炉燃烧室内未完全燃烧的燃料，在锅炉尾部受热面［如 SCR（选择性催化还原）催化剂层、省煤器、空气预热器等］及烟道区域不断积聚，积聚物重新燃烧的现象叫尾部烟道再燃烧。尾部烟道再燃烧会使尾部受热面遭到允许升温的热强度，使空气预热器和省煤器等过热变形或者烧坏，SCR 催化剂失效，燃烧产生的高温烟气，可以使引风机壳变形或烧坏报废。如果烟气爆炸，会造成炉膛、烟道和炉墙损坏，被迫停炉；严重时会使炉墙炸毁倒塌，造成重大伤亡事故。防止锅炉尾部烟道再燃烧事故是电力生产重点控制的恶性事故。以下重点对锅炉尾部烟道再燃烧的发生原因、现象、控制措施及事故处置预案进行阐述，并对同类型电厂出现的尾部烟道再燃烧事故案例进行分析。

一、锅炉尾部烟道再燃烧发生机理

锅炉尾部各受热面及烟道本体本身不会发生燃烧，发生燃烧其实是黏附在尾部各受热面上可燃物引起的。尾部各受热面发生再燃烧必须具备以下三个基本条件：有可燃物附着、尾部各受热面及烟道达到着火温度、尾部各受热面及烟道附着可燃物部位空气含氧气充足。只有同时满足这三个基本条件才会引起尾部各受热面及烟道的再燃烧。因此，正常运行的锅炉，即使尾部各受热面及烟道表面附着可燃物，但是由于烟气含氧量很低，不会引发再燃烧。

锅炉尾部烟道再燃烧的原因一般有设计、制造、安装、检修等，同时机组启停过程或低负荷运行时，由于操作调整不当，均会发生尾部烟道再燃烧事故。

二、锅炉尾部烟道再燃烧的现象

发生锅炉尾部烟道再燃烧时，空气预热器入口烟气温度或排烟温度、热风温度急剧升高超过正常值，着火部位发火灾报警；炉膛负压急剧波动；SCR 催化剂、省煤器处再燃烧时，SCR 反应器出口、省煤器出口烟气温度不正常升高；发生再燃烧部位附近人孔、检查孔、吹灰孔等不严密处向外冒烟和火星，烟道、省煤器或空气预热器灰斗、空气预热器壳体可能会过热烧红，再燃烧点附近有较强热辐射感。

三、锅炉尾部受热面着火应急处置

（一）应急处置基本原则

以人身安全为首要前提，不要盲目、慌乱，造成事故扩大化。进入现场时必须佩戴相应的安全防护用品，并及时汇报领导和寻求救援。应急处置过程中把握消除事故根源、限制事故发展、保证事故现场与正常设备相隔离的三个原则。

（二）事故应急处置程序

（1）当值班员发现锅炉尾部烟道再燃烧现象后，立即汇报值长，值长立即通知应急总指挥，总指挥立即赶往现场协调指挥应急。

（2）应急总指挥根据应急情况，通知相关专业组人员到场。

（3）应急救援总指挥未到达现场时，由当班值长负责应急方案的启动和全面协调指挥，应急救援小组总指挥未能到场，临时依次由到场职务最高者担任现场总指挥或应急组组长，履行相应的应急指挥职责，人员到位后移交指挥权。

（三）现场应急处置措施

（1）当发现尾部烟道烟气温度不正常升高时，应立即查明原因，检查仪表的准确性，检查锅炉尾部烟道各处，将检查结果汇报值长。

（2）立即采取调整燃烧、调整负荷，投入尾部烟道长吹、中长吹蒸汽吹灰等措施（严禁投入尾部烟道或空气预热器入口水平烟道的声波吹灰），降低烟道内烟气温度。

（3）当检查确认单侧着火时，应隔离着火侧风烟系统，着火部位无法隔离或双侧着火，应紧急停炉进行处理。停止两台送风机、引风机运行，严密关闭所有风门挡板和烟气挡板，严禁通风，密闭炉膛和烟道。

（4）利用尾部烟道蒸汽吹灰装置进行灭火，待火熄灭，方可停止灭火。

（5）若省煤器处发生再燃烧，停炉后应保持少量进水，冷却省煤器。

（6）如空气预热器处发生再燃烧时，停炉后，可小心打开空气预热器处检查孔，用消防水进行灭火，应保证灭火水量充足。

（7）引风机处发现有火星或烟气温度过高时应连续盘车，以防叶轮及大轴弯曲。

（8）检查尾部烟道各段烟温正常后，方可小心打开检查孔门进行检查，确认燃烧已熄灭，并无火源后，应谨慎启动引风机进行通风，并加强监视有无覆燃现象。

（9）经充分通风后，再次检查烟道及尾部受热面，确认烟道正常无再燃烧，设备未遭到损坏时，方可请示值长重新点火。

四、防止尾部烟道再燃烧管理、技术措施

（一）对新建机组设计选型的要求

（1）新建锅炉机组在设计选型阶段，必须按国能安全〔2014〕161号《防止电力生产事故的二十五项重点要求》的相关要求，保证回转式空气预热器本身及辅助系统如吹灰系统、水冲洗系统、消防系统、停转保护系统、火灾报警系统及烟气隔离挡板设计合理、配套齐全。

（2）新建机组脱硝系统设计选型阶段，必须保证脱硝反应器的蒸汽、声波吹灰装置、反应器底部输排灰装置及消防报警、消防系统齐全。

（3）新建锅炉机组在设计选型阶段，必须高度重视常规油枪、小油枪、等离子燃烧器等锅炉点火、助燃系统设备的适应性和完整性，相关技术设计必须保证锅炉点火的可靠性和锅炉启动初期的燃尽率以及整体性能。

(4) 新建机组脱硝系统设计选型阶段，应在 SCR 反应塔前方增设烟气关断挡板，以满足 SCR 反应器及下游空气预热器运行中或着火时单侧隔离的需要。

（二）锅炉检修期间的管理要求

(1) 锅炉停运 1 周以上，必须对空气预热器受热面进行检查，发现存挂油垢和积灰堵塞，应及时进行冲洗并进行正确的通风干燥。

(2) 锅炉风压试验期间，如锅炉内有脚手架未拆除完毕，在风压试验结束拆除脚手架后，应重新开启 SCR 反应塔、空气预热器热端人孔门检查是否有杂物积存。

(3) 停炉时如钢球磨煤机大罐内积粉末清除完毕，必须采用大罐甩球的方法清除罐内积粉，否则不得进行一次风调平试验。

(4) 检修期间应进入烟道内部，就地检查、调试空气预热器各烟风挡板，确保远方就地显示一致，就地位置指示与实际位置一致，以确保事故情况下能有效隔离。

（三）对锅炉启停过程的管理要求

1. 锅炉点火启动前的管理要求

(1) 锅炉点火启动前，应确认空气预热器的吹灰系统、水冲洗系统、消防系统、停转保护、火灾报警系统及烟气隔离系统的调试工作结束，试运合格，具备投运条件。

(2) 锅炉点火启动前，应确认脱硝 SCR 的吹灰系统、底部输排灰系统、消防报警及消防系统调试工作结束，试运合格，具备投运条件。

(3) 锅炉点火启动前应严格执行验收和检查工作，保证炉膛、烟风道各部、脱硝 SCR 反应塔催化剂顶部、空气预热器热端传热元件顶部重点部位区域干净无杂物、无堵塞。

(4) 锅炉点火启动前应重视燃油、燃煤系统设备的准备、调试工作，重点加强油枪、微油点火系统、等离子点火系统的调试，投运前必须进行正确整定和冷态调试合格。

(5) 采用微油燃烧器、等离子点火器点火前应对燃用煤种的挥发分、热值、煤粉细度等指标进行化验，确保各项指标满足需要。

2. 锅炉启动点火时的管理要求

(1) 锅炉点火前，对炉膛和烟道进行充分吹扫。点火不成功灭火，重新点火前必须对锅炉进行充分吹扫。

(2) 锅炉点火前，空气预热器及 SCR 反应塔应投入连续蒸汽吹灰。

(3) 锅炉点火后，应通过火焰检测强度、火焰电视、就地看火孔观火、飞灰大渣可燃物化验、烟囱烟气排放观测、升温升压速率监视等手段，加强燃烧工况好坏的判断，如发现着火不好，应通过一次风速控制、风粉浓度及煤粉细度调整、二次配风调整等手段进行调整，调整无效应及时灭火，进行通风吹扫。查明原因后方可重新进行点火。

(4) 采用少油或无油点火方式启动过程中，应注意检查、分析燃烧情况和锅炉沿程温度、阻力的变化情况。

(5) 采用少油或无油点火方式启动过程中，应加强空气预热器监控、脱硝反应器、省煤器前后阻力及烟气温度变化，防止有未燃尽的可燃质在以上区域积存。输灰系统保持运行，加强脱硝反应器及省煤器灰斗的输灰。

(6) 采用少油或无油点火方式启动过程中，要重点防止干排渣的钢带由于未燃尽的物质落入造成二次燃烧。电除尘投入时应降低二次电压电流运行，防止积尘极和放电极之间燃烧。

（四）防止尾部烟道再燃烧的日常管理要求

（1）运行中应加强省煤器、脱硝装置、回转式空气预热器进出口压力、烟气温度变化趋势的监视，当发现烟气温度异常变化超过规定值，经分析判断有再燃烧前兆时，应果断采取隔离措施，如无法有效隔离应果断停炉，并及时采取消防措施。

（2）省煤器、脱硝装置、回转式空气预热器的消防设备应定期进行检查、试验，具备随时投入条件，如消防设施需要检修，应做好补救消防措施方可进行。

（3）重视回转式空气预热器卡涩跳闸的处理工作。运行中应做好空气预热器卡涩跳闸处理的事故预想，发现空气预热器停转，应立即将其隔绝，投入消防蒸汽和手动盘车装置，如发现隔绝挡板不严或盘不动，应立即停炉处理。

五、锅炉尾部烟道再燃烧事故案例分析

【案例 12-1】 以某电厂 4 号锅炉为例说明空气预热器受热面煤粉积存引起的空气预热器着火事故。

（一）设备简介

某电厂 4 号锅炉为亚临界、一次中间再热、平衡通风、全钢架悬吊结构、全露天布置（运转层以下封闭）、固态排渣、自然循环汽包燃烟煤型锅炉，单炉膛"Ⅱ"型布置。在锅炉尾部竖井后烟道下部，布置有顺列布置省煤器，配有两台 60% BMCR 容量、三分仓受热面转子转动的空气预热器。

（二）事故发生前状态

4 号锅炉冷态启动升温、升压过程中，4A、4B 送风机、引风机运行，4A、4B 空气预热器运行，空气预热器运行电流分别为 9.5、9.6A，4A、4B 侧空气预热器入口烟气温度分别为 230、230℃，出口烟气温度分别为 70、69℃，AB 层四支、CD 层一支，共五支常规油枪投入运行。

（三）事故过程

2010 年 8 月 24 日，4 号锅炉在冷态启动升温、升压过程中，09:25 4 号锅炉监视画面发 4B 空气预热器"火灾"报警，检查 4B 空气预热器入口烟气温度 241℃，出口烟气温度 75℃，就地检查 4B 空气预热器未见异常现象，立即通知热工人员检查火灾报警信号。

09:35，集控监盘人员再次发现 4 号锅炉 4B 空气预热器"火灾"报警，空气预热器出口烟气温度开始快速上升，同时伴有 4B 空气预热器电流摆动现象，就地检查发现 4B 空气预热器一次风侧有冒烟现象。立即开始实施单侧风烟系统停运隔离措施。

09:45，当值机长将 4B 侧风烟系统停止运行，隔离 4B 空气预热器，空气预热器出口温度由 158℃开始下降。就地投入自动消防水，发现自动消防水无法正常投入。

10:18，机长投入 4B 空气预热器蒸汽吹灰正常，4B 空气预热器出口温度降至 101℃，维持稳定。同时检修人员打开 4B 空气预热器一次风侧人孔门，发现有空气预热器换热元件烧熔。

10:40，4B 空气预热器出口烟气温度有再次上涨趋势，发现 12.5m 一次风侧人孔门

内再次出现明火，现场人员投入常规消防水进行灭火，并通知消防队。

10：50，4B 空气预热器火情扑灭。

12：30，投 4B 空气预热器冲洗水正常，空气预热器保持连续转动，用空气预热器冲洗水及常规消防水从空气预热器的烟气侧、二次风侧对空气预热器的传热原件进行强制冷却。

16：30，4B 空气预热器传热元件抢修工作开始，4B 空气预热器换热元件共有 48 个分仓，每个分仓共有 5 组换热元件，每组有三层，总计共有 720 件换热元件。此次损坏的上层换热元件 15 件，下层换热元件 9 件，共 24 件。

8 月 25 日 02：35，空气预热器抢修工作结束，检修人员对换热元件仓室通道进行密封焊接。

2：40，4B 空气预热器启动正常。

（四）事故原因分析

本次停机检修前，锅炉 MFT（总燃料跳闸）后没有恢复启动，直接转检修，钢球磨煤机大罐中的积粉没有彻底吹空，等级检修时也没有进行磨煤机钢球筛选工作。修后在进行锅炉冷态通风试验时，对磨煤机罐体内煤粉直接吹入炉膛内的危害认识不足，未采取有效的预防、补救措施，且在锅炉投油启动过程中，未严格执行《锅炉运行规程》和国能安全〔2014〕161 号的规定，未能及时投入空气预热器蒸汽吹灰，造成空气预热器传热元件受热面可燃物积存，在高温烟气加热下发生燃烧是本次事件的直接原因。

（五）事故暴露的问题

（1）锅炉冷态通风试验时相关人员危险源分析不到位，对磨煤机罐体内积粉吹入炉膛内可能造成空气预热器着火的危险因素辨识不清。

（2）制订的防止尾部烟道再燃烧技术措施不完整。

（3）对国能安全〔2014〕161 号、《锅炉运行规程》关于机组启动期间空气预热器的吹灰规定执行不到位。

（4）空气预热器消防系统、自动冲洗水系统的备用状态无法满足空气预热器着火时的灭火需要。

（5）常规油枪管理不到位，存在雾化蒸汽管路疏水不畅，燃油雾化效果不佳，点火初期燃烧不完全的现象。

（6）空气预热器出、入口烟风挡板不严密，事故情况下空气预热器的无法有效隔离。

（7）事故预想不到位，紧急情况下无法及时对空气预热器进行手动盘车。

（8）检修、运行双方的沟通不到位，对发现锅炉内有较多积粉的异常情况不能及时交流，错失弥补过错的机会。

（六）采取的整改措施

（1）推行重大操作危险源辨识活动，操作前组织专业人员进行分析论证，制订完善的技术、安全措施并严格执行。

（2）对国能安全〔2014〕161 号中关于"防止尾部再燃烧事故"规定进行学习，完善相关反事故技术、管理措施，在锅炉启动过程及日常运行中严格执行相关技术措施，杜绝同类型事件发生。

（3）加强油枪的管理，锅炉点火前，联系热工人员对雾化蒸汽管路进行充分疏水。油枪投入期间，在就地加强油枪着火情况的检查，发现油枪着火不好、燃烧不完全立即将该油枪停运并进行处理。油枪投入期间保持空气预热器吹灰连续投入。

（4）每季度对启动空气预热器火灾报警回路的十个温度测点校验一次，并进行一次自动消防水隔膜阀的动作试验，确保空气预热器火灾报警回路、自动消防水系统正常备用。利用检修机会定期检查和清理空气预热器冲洗水喷头，对空气预热器热端冲洗水管路堵板的位置进行变更，并改为易拆卸堵板。

（5）锅炉检修期间未对磨煤机大罐甩球，不允许进行磨煤机通风试验。

（6）利用检修机会对空气预热器的入口烟气挡板，出口一、二次风挡板进行检查、检修，确保相关挡板动作可靠，关闭严密。

（7）封闭空气预热器人孔门前，运行、检修人员共同验收、确认空气预热器受热面的清理情况，确保空气预热器各部受热面清洁、无遗留物方可封闭人孔门。设备部要修改"空气预热器检修文件包"和"锅炉本体受热面检修文件包"，将人孔门封闭前内部检查设为 H（停工待检）点。

（8）从本次空气预热器着火事件，举一反三，深刻剖析生产环节中存在的重大隐患、漏洞，特别是违反国能安全〔2014〕161 号的重大事故隐患，逐一分析原因并制订反事故预案，加强反事故演练，做到重大危险源的可控、在控。

【案例 12-2】 某电厂 1 号锅炉等离子点火装置异常，造成大量未燃尽煤粉积存，引起 SCR 催化剂、空气预热器传热元件烧损事故。

（一）设备简介

1 号锅炉为亚临界、一次中间再热、自然循环汽包锅炉，平衡通风、四角切圆燃烧方式，锅炉额定蒸发量为 1032.6t/h。锅炉尾部烟道布置有 SCR 反应器、省煤器、两台回转式空气预热器。

（二）事故发生前状态

1 号锅炉双侧风烟系统运行，B 一次风机运行，A 磨煤机等离子点火模式运行，等离子燃烧器处于调试过程，1 号锅炉升温升压，事故前主蒸汽压力为 0.57MPa，主蒸汽温度为 162℃。

（三）事故过程

2013 年 8 月 28 日，1 号机组启动，安排安全门整定和等离子点火装置调试两项主要工作。

16：56，启动 1 号锅炉 A、B 引风机、送风机。

17：10，锅炉炉膛吹扫完成，MFT 复位，启动 B 一次风机、A 密封风机。

18：41，投入 1 号锅炉等离子点火装置，四角均拉弧成功。

19：30，投入 1 号锅炉空气预热器连续吹灰。

19：55，A 磨煤机出口温度升至 80℃，启动 A 磨煤机。

20：00，启动给煤机开始投粉，给煤量控制在 18.2t/h，投粉后从火焰电视观察着火正常。

20：45，等离子点火装置 2 号角断弧，2 号角火焰检测信号消失，A 磨煤机风量低跳闸，冷、热风挡板及出口一次风挡板连锁关闭，锅炉灭火，未触发 MFT。

20：48，调整风量，加强锅炉通风吹扫。

21：00，四支等离子点火装置重新拉弧成功，重新启动 A 磨投煤点火。

8 月 29 日 02：02，主蒸汽压力升至 0.17MPa，主蒸汽温升至 107℃。

03：00，主蒸汽压升至 0.5MPa，开大 A 层燃烧器相关二次风门，SCR 入口烟气温度开始迅速升高。

03：27，运行监盘人员发现空气预热器入口烟气温度由 300℃ 迅速上升至 470℃，立即汇报调试单位主调，主调令执行紧急停炉操作。

03：37，锅炉总风量低于 30%，触发 MFT。

03：38，双侧空气预热器主辅马达均跳闸，空气预热器停转。

03：40，执行紧急停炉后的相关操作：关闭风烟系统所有挡板；关闭干排渣液压关断门；退出火焰电视及火焰检测探头，停火焰检测冷却风机；维持空气预热器连续吹灰；就地变频柜启动空气预热器主、副马达均未成功，将空气预热器主副马达停电，通知值班员对空气预热器进行手动试盘车，无法盘动。

04：00，监视风烟系统各温度测点变化，A、B 空气预热器入口烟气温度由 620、590℃ 开始下降。

04：20，A、B 空气预热器入口烟气温度均降至 470℃ 左右，之后又回升，调试单位主调令值班员对空气预热器入口烟气挡板进行复紧。

04：40，空气预热器入口烟气温度又开始下降，之后周期性的上升、下降。

05：10，巡检发现右侧空气预热器入口水平烟道外部着火，立即组织扑救。

05：35，运行人员发现右侧脱硝区域外部保温烧红，立即联系各相关单位处理。

经检查确认，1 号锅炉尾部烟道部分钢梁受损、A 侧 SCR 区域烟道局部坍塌，催化剂部分烧损，两侧空气预热器热端部分传热元件烧损。

（四）事故原因分析

等离子点火装置调试期间，煤粉燃尽率严重偏低，加之调试过程持续时间较长，导致煤粉在尾部烟道大量积存，而整个过程相关人员均未就预防 1 号锅炉尾部再燃烧事故采取任何措施，当烟气温度升高后，发生锅炉尾部烟道积粉二次燃烧。

（五）事故暴露的问题

（1）参与各方安全防范意识淡薄。虽然在等离子和空气预热器厂家说明书、《等离子点火系统调试措施》的安全注意事项、《锅炉运行规程》中均涉及由于燃烧不完全有可能引起锅炉尾部烟道二次燃烧的危险因素，但在本次启动调试过程中，参与各方均没有预防锅炉尾部烟道二次燃烧的意识。

（2）参加试运各单位机组整套启动前，重要设备的完整性不够，如 SCR 催化剂层的吹灰装置、空气预热器高压冲洗水系统均未安装到位。

（3）等离子厂家资料"等离子体点火安全注意事项"中虽明确提出了防止锅炉尾部二次燃烧相关措施，但在本工程使用的"等离子点火系统调试措施"中未制订详细的防止锅炉尾部二次燃烧的措施。在锅炉等离子点火调试期间，调试单位及等离子厂家均未严格执行相关预防措施，当发现飞灰和大渣中含有大量煤粉时，简单地认为属于正常现象，且在整个调试过程中，对此异常现象未再给予足够重视。

（4）SCR催化剂层的差压指示不准确，无法有效监视SCR催化剂层的阻力变化情况；空气预热器火灾报警探头安装及报警定值设置不合理，不能起到预警作用。

（5）动态分离器分部调试时，仅对动态分离器转速指令与实际反馈进行了核对，未对各转速下对应的煤粉细度进行测定，点火过程中也未在煤粉管道取样口等速采样化验煤粉细度，无法为等离子点火的调整提供依据。

（6）锅炉点火后煤粉燃尽率严重偏低，在较长时间内升温、升压速率明显偏低，相关人员未认真分析原因并采取有效措施提高煤粉燃尽率或停炉消除积粉。

（7）锅炉点火期间，未履行相关手续，退出炉膛全火焰丧失和全燃料丧失两项重要保护，导致磨煤机跳闸后，未能触发MFT。

（8）燃烧器火焰检测信号消失，连锁关闭分离器出口门的延时时间为10s，当火焰检测信号消失时不能及时切断燃料。

（9）机组整套启动前应联合对空气预热器热段传热原件顶部、水平烟道等重点区域进行专项检查，但各方不能提供检查记录。

（10）锅炉点火前未能及时提供准确的煤质化验分析报告，在整个升温、升压过程中没有化验煤粉细度、飞灰及大渣含碳量。

（六）采取的整改措施

（1）严格落实调试期间的安全主体责任，明确各参建方的管理界面，保证调试工作的安全、有序推进。

（2）调试期间在预防人身伤害、设备损坏、重大火灾等事故方面，要严格落实国能安全〔2014〕161号的相关要求，严防事故的发生。

（3）调试作业前，制订的安全技术措施要符合系统、设备的实际情况，提高针对性及可操作性，并严格加以落实。

（4）针对本次事件暴露的问题，各参建单位要认真汲取事故教训。各参建单位对试运管理、技术方案、安全设施等进行一次全面的安全隐患排查治理工作。

（5）对暴露问题的整改措施。

1）在脱硝SCR催化剂层增加蒸汽吹灰装置，在SCR反应器底部增设输灰装置。等离子点火期间，保证吹灰装置连续投入，并加强排灰，防止沉积。

2）对该工程采用的等离子燃烧器存在喷口易结焦、筒体超温、煤粉燃尽率低的原因进行深入分析，未有效解决该问题前，锅炉禁止点火启动。

3）锅炉点火前，应有燃用煤种的化验报告。升温、升压过程中应定期化验煤粉细度、飞灰及大渣含碳量。

4）锅炉点火前，对烟风道各部积粉进行认真检查、清理，锅炉点火前对系统进行彻底通风吹扫。

5）优化燃烧器火焰检测信号与对应分离器出口门联锁延时设置，充分考虑防止锅炉爆燃的安全需要。

6）等离子点火升温、升压期间，应加强检查、分析锅炉燃烧情况及烟道沿程温度、阻力变化情况，重点加强主蒸汽压力、温度变化速率的监视，发现异常及时分析原因，采取措施。

7）根据设备、系统特点，制订等离子点火期间防止锅炉爆燃、尾部烟道再燃烧的具体措施，严格落实。

8）加强热工保护信号投退管理，保护投退应严格履行审批手续。

9）锅炉上水时应投入锅炉底加热及二次风侧暖风器，提高锅炉内温度，促进煤粉燃烧。

10）因水平烟道发生二次燃烧，各部受热面下弯头管段存在过热可能，应对相应管段进行抽检。

11）空气预热器火灾报警温度测点安装位置不合理，建议加长烟气侧温度探头，并在二次风侧加装测点，适当降低现有火灾报警的温度设定值。

12）在省煤器出口加装烟气挡板，或将空气预热器入口挡板移位至 SCR 装置前，满足单侧 SCR、空气预热器的隔离需要。

第二节　水冷壁高温腐蚀

水冷壁高温腐蚀是指锅炉内水冷壁在高温烟气环境里所发生的锈蚀现象。锅炉水冷壁管高温腐蚀一直是电力系统普遍存在的严重问题，它的直接危害是水冷壁管壁减薄，形成严重的安全隐患，腐蚀严重时会使水冷壁发生突发性爆管事故，造成紧急停炉抢修。

一、水冷壁高温腐蚀的现象和机理

水冷壁高温腐蚀通常发生在燃烧器中心线位置标高上下，与是否结渣无关。向火侧的正面腐蚀最快，背火侧则几乎不减薄。从位置上看，燃烧器下游邻角炉墙的管子腐蚀最重。

高温腐蚀主要分为硫酸盐型和硫化物型两种，硫酸盐型多发生于过热器和再热器，硫化物型多发生于炉膛水冷壁，运行分析发现，凡腐蚀严重的锅炉水冷壁，都在相应腐蚀区域的烟气成分中发现还原性气氛和含量很高的 H_2S 气体。资料证明，腐蚀速度与烟气中的 H_2S 浓度几乎成正比。硫化物型高温腐蚀的机理是当锅炉内供风不足时，煤中的 S 除了生成 SO_2、SO_3，还会由于缺氧而生成 H_2S。H_2S 与水冷壁中的纯金属发生反应，生成 FeS，也会与水冷壁表面的 Fe_3O_4 氧化层中所复合的 FeO 反应生成 FeS，FeS 的熔点为 1195℃，在温度较低的腐蚀前沿可以稳定存在。但当沾灰层温度较高时，FeS 会再次与介质中的氧作用，转变为 Fe_3O_4，从而使氧腐蚀进一步进行。

贴壁气氛中的 CO 也是发生高温腐浊的必要条件。含灰气流的冲刷可加剧高温腐蚀的发展。气流中的大灰粒会使旧的腐蚀产物不断去除而将纯金属暴露于腐蚀介质下，从而加速上述腐蚀过程。

二、水冷壁高温腐蚀的形态分析

水冷壁高温腐蚀一般有两种外貌特征，一种腐蚀形态为管外币有较厚的沉积物，外观颜色为灰白色，下层为回收结积物，比外层结构致密。机械剥落时，外层呈颗粒状，粉状脱落，与黑色结积物结合不是很牢固，分离时呈小片状，较脆，有磁性。黑色结积物也呈层状，剥落后的管表面呈台阶状，这种管腐蚀较轻。另一种腐蚀形态为水冷壁管外面有较厚的黑色结积物，厚度为 0.5mm，这种形式的腐蚀一般较为严重，与管壁面结合较松散。有大片自行脱落趋势，质地坚硬，脱离后壁面存在黑色的结积物，与管壁基本结合牢固。两种结积物均含有较高的硫含量。

三、影响高温腐蚀的因素分析

1. 高参数、大容量带来的问题

（1）高壁温带来的影响。亚临界压力锅炉饱和水温约为 360℃，水冷壁管的外壁温度可达 400℃ 或更高。壁温越高，高温腐蚀将越严重。在相同的 H_2S 浓度下，当管子壁温低于 300℃ 时，腐蚀速度很慢或不腐蚀。而壁温在 400～500℃ 范围内，则壁面温度的影响呈指数关系。

（2）壁面热负荷的影响。运行中管壁温度与水冷壁热负荷有直接关系。在相同的工质饱和温度下，热负荷越大，壁温越高、腐蚀越快。升高后的管壁温度，又会促进 FeS 与 O_2 的反应，加剧水冷壁的高温腐蚀。

（3）单只燃烧器的功率增大的影响。随着锅炉容量的增大，锅炉单只喷嘴的热功率也逐步增大，这一方面使锅炉内局部区域的燃烧强度增加，另一方面也使煤粉气流直接冲刷水冷壁的可能性增大。如果锅炉内燃烧工况组织不好，易发生高温腐蚀。

2. 煤质

煤种是造成水冷壁高温腐蚀的主要原因之一。国内大型机组的调查表明，发生较严重高温腐蚀的锅炉，绝大部分为燃用贫煤锅炉，而燃用烟煤的锅炉发现高温腐蚀的几率较小，说明煤种与高温腐蚀的关系极大。同烟煤相比，贫煤挥发分低，着火和燃烧困难。燃尽度差，表现在对高温腐蚀的影响则是煤粉火焰拖长，大量煤粉粒子在到达水冷壁附近才开始燃烧和燃尽，未燃尽的碳进一步燃烧时又形成缺氧区，因而在那里形成还原性气氛和高的 H_2S 浓度，使高温腐蚀加剧。此外，煤中含硫量的高低对高温腐蚀也有显著影响。

煤粉细度对高温腐蚀的影响与煤质相似，煤粉颗粒太粗将导致火焰拖长，影响煤粉燃尽，使大量煤粉颗粒集中在水冷壁表面附近，冲刷并腐蚀水冷壁。较差的煤种，灰分大，热值降低，锅炉燃煤量增加，磨煤机出力会有不足，在此情况下，往往不得不增大煤粉细度以满足制粉出力的要求，也会使得燃烧推迟及刷墙现象加剧。

3. 锅炉内燃烧的风粉分离影响

四角切圆燃烧锅炉普遍存在的锅炉内一、二次风气流的分离现象是导致高温腐蚀的空气动力因素。目前，锅炉普遍采用集束射流的方式，一、二次风间隔布置，平行射入炉膛。理想的着火过程应是一次风喷出后不久即被动量较大的二次风所卷吸，着火后的煤粉气流被卷入二次风射流中燃烧。由于一次风气流混入动量大的二次风中，使火炬射流刚性加强，不易受干扰，从而在整个燃烧器区域内形成一个燃料与空气强烈混合的稳定燃烧的旋转火炬。

但为了保证稳定燃烧，一次风出口风速往往控制得较低（贫煤锅炉一般为 20～25m/s），而二次风风速一般为 40～45m/s，一、二次风的射流刚性相差较大。一、二次风射流喷出燃烧器后，由于受到游邻角气流的挤压作用及左、右两侧不同补气条件的影响，使气流向背火侧偏转，此时刚性较弱的一次风射流将比二次风偏离更大的角度，从而使一、二次风分离。一、二次风射流的刚性差别越大，这种分离现象越明显。由于部分一次风射流偏离了二次风，煤粉在缺氧状态下燃烧，在射流下游水冷壁附近形成局部还原性气氛，这是引发高温腐蚀的一个重要原因。

4. 锅炉内氧量及温度波动影响

运行中若操作不当或锅炉负荷变动过大，锅炉内氧量及温度波动过于剧烈，使水冷壁附近氧化气氛和还原气氛交替出现，导致壁面处于氧化气氛和还原气氛的交替作用下，氧化层变成海绵状，给腐蚀介质提供大量的反应表面。

5. 主燃烧区运行氧量的影响

运行中为控制炉膛出口烟气 NO_x 排放，降低排烟温度，采用低氧运行方式，过分增大顶部燃尽风的分级配风比例，造成主燃烧区缺氧燃烧，水冷壁区域处于强还原性气氛，引起水冷壁的高温腐蚀。

四、水冷壁高温腐蚀的监测

高温腐蚀通常用 O_2、CO、H_2S 含量进行监测，当贴壁烟气中氧含量高于 2％时，烟气呈相对氧化性，此时 CO、H_2S 的含量都非常低，此种工况下一般不会发生高温腐蚀。当贴壁烟气中含氧量低于该值时，可能出现缺氧燃烧，烟气呈现强烈的还原性，存在大量的未燃尽煤粉及 CO、H_2S 还原气体，此时极容易造成水冷壁的高温腐蚀。但也可能处于燃烧临界状态，此时氧量虽不能满足完全燃烧的需要，但可以使大部分的 CO、H_2S、H_2 等气体发生氧化反应，使烟气呈中性或弱氧化性氛围，不会造成水冷壁的高温腐蚀。

实际运行中水冷壁区域大部分工况下处于还原性或弱氧化性氛围。主要因一、二次风速存在偏差，一次风射流偏离二次风，煤粉在缺氧状态下燃烧，在射流下游水冷壁附近形成局部还原性气氛。同时，近年来为降低氮氧化物排放量，二次风喷口多采用分级配风布置，都会使主燃烧器区域处于相对缺氧状态。

为准确评价水冷壁区域高温腐蚀倾向，通常需要加强 CO、H_2S 气体浓度的监测，一般 CO 浓度小于 1％，O_2 大于 1％，水冷壁发生高温腐蚀的可能性较小。在低氧燃烧情况下，CO 含量的高低反映了烟气还原性的强弱，同时 CO 和 H_2S 之间也存在一定的线性关系，当 CO 含量较低时，此时 H_2S 的含量也相对较低，虽然氧量不足，但水冷壁发生高温腐蚀的可能性较小。当贴壁区域 CO 含量较高，如大于 3％时，烟气具有强还原性，存在大量的 H_2S 气体，极易造成水冷壁的高温腐蚀。因此，水冷壁还原性气氛的监测，用 O_2 作为常规性监测数据，而用 CO 含量作为更全面准确的测试数据。

五、减轻和防止水冷壁高温腐蚀的措施

（1）采用侧边风技术。所谓侧边风就是在高温腐蚀区域的上游水冷壁或在高温腐蚀水冷壁上安装喷口，向锅炉内通入一定数量的二次风，以改变水冷壁高温腐蚀区域的还原性气氛，增加局部含氧量，降低烟气中的 H_2S 浓度。根据侧边风的布置方式可分为贴壁型和射流型两种。贴壁型侧边风一般是在高温腐蚀区域水冷壁管的鳍片开孔，开孔的数目依腐蚀面积的大小而定。二次风由小孔进入炉膛后，受锅炉内烟气贴壁运动的影响很快偏转附着于水冷壁上，在高温腐蚀区域的水冷壁上形成一层空气保护膜。贴壁型二次风的优点是结构简单，不必改动水冷壁。

射流型侧边风是在高温腐蚀区域上游位置安装侧边风喷口，喷口的高度、入射角度和刚性对燃烧及高温腐蚀均有影响，当入射角射流与对角线间的夹角较小、射流刚性较大时，会与上游高温烟气相遇产生强烈的混合扰动，使烟气中的还原性气体成分氧化，同时有助于煤粉颗粒的迅速燃烧。随后由于烟气运动的影响，侧边风与烟气混合气体在下游偏向水冷壁，但此时已呈弱氧化性或中性状态，不会形成高温腐蚀。当入射角较大、射流刚性较弱时，侧边风刚一射出即发生偏转，在其下游区域形成一层覆盖水冷壁表面的空气幕，这种作用方式与贴壁型侧边风相似。

（2）一次风反切。对于切圆燃烧的锅炉腐蚀问题，使部分一次风气流反切（即与主气流反向旋转）也可减缓高温腐蚀问题。反切喷嘴的层数视腐蚀区域的高度而定，在确定反切角度时，必须兼顾燃烧稳定的要求。若入锅炉煤的着火性能较差，则一、二次风间的夹角不可过大，层数不可过多，以减小旋转切圆的影响。因一次风动量小，二次风动量大，故反切后不会影响锅炉内主气流的旋转方向。一次风射出喷口之后，受到下游主气流的阻滞和扰动，使煤粉气流速度迅速衰减，从而延长了煤粉颗粒在着火初期的停留时间。之后受主气流的冲击和推动，其运动方向逐渐转向主气流方向，而射流中的空气由于惯性小，先于煤粉转向，从而使大量煤粉颗粒被分离在靠近炉膛中心的区域，实现"风包粉"的燃烧方式，达到防止炉管腐蚀的口的目的。

（3）合理配风及强化锅炉内气流扰动混合。为减轻高温腐蚀，合理配风的原则是保持不致太小的炉膛过量空气系数，避免炉壁附近出现局部过量空气系数太低，还原性气体过多。尽可能使煤粉颗粒的激烈燃烧在喷嘴出口附近或炉膛中心附近进行，因为在这些区域，激烈燃烧所伴随的强还原性气氛并不与水冷壁管直接接触，因而不会形成腐蚀，但若激烈燃烧区移到水冷壁附近，高温腐蚀就会较快发生。燃烧调整时可采取如下措施：

1）直流式燃烧器应适当开大燃料风挡板，使一次风粉被高速的周界风包围起来，增加其刚性，避免大的偏转。

2）合理调整一次风风速。适当增加直流燃烧器一次风风速有利于防止气流偏转。

3）适当减小燃烧切圆直径，使激烈燃烧区域移向炉膛中心。调整燃烧使锅炉内火焰均匀地充满炉膛，避免火焰长期固定地偏向一边。

4）合理分配控制各燃烧器负荷，以控制燃烧器区域的壁面热流密度和单只火嘴的热功率，降低炉膛内局部火焰最高温度。

5）降低煤粉细度，减轻火焰冲墙和壁面附近的燃烧强度。

（4）正常投运吹灰器并加强化学监督。吹灰器的正常投用，可以减轻管子表面灰的催化作用。在运行中加强化学监督，避免锅内结垢，控制壁温在正常范围之内，可以避免结垢而使水冷壁壁温升高造成的腐蚀。

（5）对腐蚀严重的水冷壁管壁进行高温喷涂防磨，减缓水冷壁的高温腐蚀。

六、水冷壁高温腐蚀案例分析

【案例12 3】 某电厂锅炉因分级比例不合理造成高温腐蚀。

（一）设备简介

该 350MW 机组配置的锅炉为亚临界、一次中间再热、单炉膛、平衡通风、固态排渣、控制循环汽包型燃煤露天锅炉，型号为 MB-FRR。炉膛截面积为 14 442mm×12 430mm，假想切圆直径为 ϕ1470（1、3 号角）、ϕ1327（2、4 号角）。

燃烧器采用四角切圆燃烧方式，整组燃烧器为一、二次风间隔布置。为降低 NO_x 的生成，该机组采用了 PM 煤粉燃烧器，对煤粉进行浓淡分离，在燃烧器顶部分别布置了一层 OFA 风喷口、一层角 AA 风喷口和一层墙 AA 风喷口，形成分级燃烧。整组燃烧器可上、下摆动 30°，用以调节再热蒸汽温度。为消除炉膛出口的残余旋转，降低烟气温度偏差，AA 风喷口可以左、右摆动 5°。

（二）锅炉内检查发现的问题

2004 年 9 月进行的 C 级检修过程中，发现 2 号锅炉水冷壁区域有高温腐蚀现象，根据腐蚀区表面的宏观特征发现表面的覆盖层较厚，第一层为积灰；第二层为疏松积灰和氧化铁的混合物；第三层为褐色脆性烧结物；第四层为深灰蓝色类似陶瓷状物，与水冷壁管基体金属结合较牢固。同时腐蚀沿向火面浸入，呈坑穴状。具体腐蚀部位为炉膛前墙、后墙偏近 2、4 号角 C 层淡粉喷燃器至 B 层墙式吹灰器之间，标高 22～32m，面积大约为 100m²，测厚结果最严重部位为 4.2mm，已经减薄 1.0mm（设计壁厚为 4.9mm，实际安装壁厚为 5.2mm）。

（三）高温腐蚀原因分析

腐蚀的管壁在向火面较为严重，在腐蚀区域均有不同程度的结焦积灰现象。因此，火焰冲刷水冷壁是产生高温腐蚀的最直接原因。在进行贴壁气氛试验分析的基础上，对 1、2 号锅炉近年来的运行情况进行了摸底，对腐蚀部位进行了分析，同时以两台锅炉作为对比，发现以下一些特点：

（1）1、2 号锅炉长期以来燃用煤种大大偏离设计煤种，煤质较差，造成入锅炉煤量偏大，设计入锅炉煤量为 140t/h，而长期保持在 170～190t/h，最大甚至出现 200t/h 以上的情况；同时，入锅炉煤硫分偏高，设计煤种收到基含硫量为 0.55，而实际煤种硫含量长期大于 1.0 甚至 2.0。

（2）由于负荷调度的要求，两台锅炉长期保持较高负荷运行。

（3）2 号锅炉发生高温腐蚀的部位大部分位于 22～32m 前后墙（14 442mm×12 430mm的长边）2 号、4 号角即风粉射流下游，并形成大致以燃烧器向上摆角引出线和上部 AA 风为界的范围区域。

（4）两台锅炉虽为同型号锅炉，但在配风方面存在着很大的差异，表现在：炉膛顶部的角 AA 风、墙 AA 风的水平及上下摆角以及开度有着较大的差别；2 号锅炉角 AA 风挡板开度大于 1 号锅炉角 AA 风挡板开度 30% 左右，2 号锅炉主燃烧器区二次风和炉膛的差压（二次风箱差压）在同样负荷下低于 1 号锅炉大约 0.2kPa。

（5）对 1、2 号锅炉进行贴壁气氛测量工作，发现同样的负荷下 1 号锅炉贴壁气氛中还原性气体 CO 的氛围远远低于 2 号锅炉，并且以 CO 浓度 3% 作为强还原性气氛的分界点，2 号锅炉的强还原气氛点的数量远远大于 1 号锅炉。

（6）两台锅炉在 300MW 负荷以下，测点区域还原性气氛水平大大降低，强还原性气氛点数量大大减少。

通过以上分析，2 号锅炉高温腐蚀的主要原因是锅炉长期高负荷、大煤量运行的工况下，主燃烧器区二次风和上部 AA 风配比不合理，造成主燃烧器区二次风不足，使得煤粉气流进入锅炉内后与二次风气流不能充分掺混，从而风粉射流在锅炉内上升过程中，由于煤粉射流刚性相对较弱，受到刚性较强的上游二次风射流的挤压和下游二次风射流的牵引，造成风粉脱离，含粉气流贴壁冲刷，在水冷壁贴壁区域形成局部 CO 还原性气氛造成的。给煤量大大偏离设计值造成的入锅炉煤粉浓度加大，以及含硫量的增高加剧了腐蚀的进度。

（四）采取的对策

（1）对上部墙 AA 风和角 AA 风的摆角进行了部分调整。

（2）进行贴壁气氛测量试验，找出在不同负荷下贴壁气氛中还原性气体成分的大小，为调整提供依据。试验负荷为 350、300、250MW。同时在 1 号锅炉上进行了 350、300MW 负荷下的对比性试验。

在锅炉 27m 和 32m 燃烧区域前、后墙共 16 只吹灰器孔作为测点，安装内径 $\phi14$ 的钢管，将外径为 $\phi12$ 的陶瓷管插入其间进行水冷壁贴壁气流成分的测试分析。以 CO 浓度 3％作为强还原性气氛的分界点，大于 3％的作为明显的坏点，2 号锅炉 350MW 负荷下共有 8 个坏点，大部分集中于前墙，与腐蚀严重部位相符；300MW 负荷下共有 3 个点，250MW 负荷下共有 2 个点。而 1 号锅炉 350MW 负荷下共有 3 个点，大于 3％；300MW 负荷下有 1 个点，且 1 号锅炉整体还原性气氛要比 2 号锅炉弱得多。

在上述测量数据的基础上，有针对性地进行二次风调整试验。

在 350MW 下通过改变底部二次风和 AA 风分配挡板开度及关小角 AA 风挡板开度憋风两种方式提高底部主燃烧器区域二次风，并进行了调整前后的贴壁性气氛测量。

调整方式为二次风和 AA 风分配挡板开度由正常运行逻辑值 50％增大到 65％以及角 AA 风挡板开度就地强制关小到 60％（表盘显示开度 85％），发现两种调整方式下的坏点数目分别为 3 和 4，当二次风和 AA 风分配挡板开度由 65％恢复到 50％，工况立即恶化，坏点数增加到 6 个。

可见，两种方式都能有效地改善贴壁还原性气氛，为方便运行调整，确定采用增大二次风和 AA 风分配挡板开度的方式。

320MW 负荷下，二次风和 AA 风分配挡板开度逻辑设定值 47.9％下进行的贴壁气氛试验发现，还原性气氛也比较强烈，坏点数达到 5 个，当二次风和 AA 风分配挡板开度由逻辑设定值 47.9％增大到 56.4％后，整体还原性气氛有了明显改善，坏点数仅为 1 个。

300MW 负荷下，二次风和 AA 风分配挡板开度由 46.4％增大到 57％；250MW 负荷下，二次风和 AA 风分配挡板开度由 43.6％增大到 50.6％，发现坏点水平与未调整前基本相当。

【案例 12-4】　某厂低氮燃烧器改造后水冷壁发生高温腐蚀。

（一）设备情况及背景介绍

某厂 300MW 燃煤机组配套为亚临界、一次中间再热、平衡通风、全钢架悬吊结构、固态排渣、自然循环汽包燃烟煤型锅炉。该锅炉为单炉膛"Ⅱ"型布置，型号为 HG-1056/17.5-YM21。为了降低锅炉 NO_x 排放浓度，在 2013 年 B 级检修中，进行低 NO_x 燃烧技术改造。改造后机组于 2013 年 9 月 27 日启动并网运行，并于 2013 年 11 月中旬完成改造后的热态调整试验。2014 年 2 月 9 日，利用机组停机消缺机会，在锅炉内检查发现主燃烧区水冷壁发生较为严重的高温腐蚀现象。

（二）锅炉内检查发现的问题

主燃烧区水冷壁四墙发生明显的煤粉刷墙与高温腐蚀。

（1）高温腐蚀面积较大，四面水冷壁均存在明显的高温腐蚀与煤粉刷墙现象，且煤粉刷墙与高温腐蚀区域基本重合，位置均发生在最下层一次风至最上层贴壁风之间区段的燃烧器背火侧，向火侧无明显高温腐蚀与刷墙现象。前墙发生在中线靠锅炉右方向最下层一次风至最上层贴壁风之间，右墙发生在靠锅炉后侧最下层一次风至最上层贴壁风之间约 1/3 面积区域，后墙发生在靠锅炉左侧最下层一次风至最上层贴壁风之间约 1/3 面积范围，且为水冷壁腐蚀最严重区域。水冷壁左墙整墙从最下层一次风至壁式再热器受热面下部区域全部挂灰，主燃烧区域也有高温腐蚀现象。

图 12-1　水冷壁腐蚀积灰情况实物图

（2）现场检查发现，主燃烧区域（最下层一次风至最上层贴壁风之间）刷墙部位黏附有明显的未燃尽黑色煤粉颗粒，刮除黏附物后，能够观察到明显的管壁高温腐蚀现象，初步判断为煤粉先刷墙后燃烧，表面淤积灰层，贴壁侧黏附煤粉。四层高位燃尽风及以上区域基本没有高温腐蚀情况，左侧墙沾污较右侧墙明显，经过仔细查看，左侧墙黏附物为灰白色完全燃尽的松散灰颗粒。水冷壁腐蚀积灰情况如图 12-1 所示。

（三）低氮燃烧器改造前设备状况及运行情况

1. 改造前设备状况

燃烧器采用四角切圆燃烧方式，逆时针旋转的假想切圆直径为 $\phi880$。整组燃烧器为一、二次风间隔布置，四角均等配风。为降低 NO_x 的生成、减少烟气温度偏差、防止炉膛结焦，采用了水平浓淡煤粉燃烧器，对煤粉进行浓淡分离。在燃烧器顶部分别布置了两层 OFA 喷嘴反向切入，实现分级送风和减弱烟气残余旋转。整组燃烧器可上下摆动 30°（除两层 OFA 喷嘴外）。锅炉采用三台双进双出钢球磨煤机，锅炉自下而上共布置有 AA、AB、BC、BD、CE、CF 六层（每台磨煤机带两层一次风喷口）共 24 只煤粉燃烧器及 AB、CD、EF 三层共 12 只油枪，每只燃烧器（油和煤）均装有独立的火焰检测器。整个炉膛布置 60 只墙式吹灰器。

2. 低 NO_x 改造锅炉边界条件分析

（1）煤质。锅炉常用煤质挥发分 $V_{daf}=26.84\%$，灰分 $A_{ar}=38\%$。锅炉燃用煤质与锅炉原设计煤质偏差很大，一方面，要考虑煤质变化对锅炉稳燃效果、燃尽率和制粉系统造成的影响，另一方面，要考虑煤质中灰分偏高对锅炉整体燃烧器的磨损的影响。在此基础上考虑降低 NO_x 的含量，全面实现稳燃、高效、低 NO_x、无结渣的低氮改造目标。

（2）燃烧系统分析。改造前锅炉燃烧系统的设计特点如下：

1）煤粉燃烧器采用浓淡燃烧器，一定程度上抑制了 NO_x 的生成，但效果有限。

2）顶部虽然采用端部二次风、紧凑燃尽风 OFA，有一定的降氮效果，但没有分离燃尽风系统，且燃烧器采用均等配风方式，NO_x 降低的程度有限。

3）为了保证煤粉着火和燃尽，二次风采用了均等配风方式，中间空气风室风量大，数量较多，不利于抑制 NO_x 的生成。

4）炉膛空间较为充裕，改造可充分利用炉膛空间优势，结合双尺度燃烧技术，实现强防渣、防腐蚀、高效燃烧、低 NO_x 排放多功能一体化。

因此，重新更换现有燃烧器一、二次风组件，封堵部分二次风喷口，加装贴壁风。上部加装高位燃尽风系统，对锅炉内射流进行重新布局，使其较大的燃尽空间及还原空间。整体改变一次风组件、二次风喷口及组件形式，在主燃烧器上部加装燃尽风系统。主燃烧器风门执行器、风箱采用利旧方案，同时增加一层微油燃烧器。

为配合燃尽风系统取风，在两侧墙二次风风道上取风，新增燃尽风风箱实现燃烧器改造后精确配风需要。

3. 改造前运行情况

改造前摸底实验结果显示：在 300、240MW 及 180MW 三个负荷下锅炉 NO_x 排量分别为 844、577、705mg/m³（标准状态下）；实测锅炉热效率分别为 92.92％、91.85％和 92.57％。

（四）低 NO_x 改造方案

采用双尺度燃烧技术对锅炉燃烧器进行较大规模的改造，燃烧器改造后采用双尺度分区优化调试方法对锅炉进行优化调试。总体方案如下：

所有一次风喷口标高维持不变，更换一次风喷口（原为水平浓淡）、喷嘴体及弯头，除 A 层（微油层），其余一次风喷口全部更换为上下浓淡中间带稳燃钝体的燃烧器，其中 BC、DE 二次风为浓相汇集区，即 B、C 层靠近 BC 二次风喷口侧的为浓相，D、E 层靠近 DE 二次风喷口侧的为浓相，反之为淡相；F 层喷口为下浓上淡。

在主燃烧器上方 6.5m、屏底下部 12m，即标高 33 701mm 处新增加四层高位燃尽风，分配足够的燃尽风量，高位燃尽风喷口可同时做上下（±20°）、左右（±10°）摆动。

采用新的二次风喷口布局，第二层燃尽风全部封堵（堵板开孔），原二次风 BC、DE、FF 上半部封堵（堵板开孔），在第一层燃尽风两侧加装贴壁风。

一次风切圆直径为 ϕ880、逆时针旋转方向不变，高位燃尽风与一次风射流方向相同，2、4 号角二次风与一次风射流方向相同，1、3 号角 AA、FF、OFA（燃尽风）二次风与一次风射方向相同，1、3 号角 AB、BC、CD、DE、EF 二次风与一次风 7°偏置，顺时针反向切入。

主燃烧器区 AA、OFA 喷口不参与摆动，其余二次风喷口可±30°摆动；A 层一次风喷口不参与摆动，其余一次风喷口可±20°摆动。

通过低氮燃烧器改造，实现锅炉出口 NO_x 排放值不大于 400mg/m³（标准状态下）。

（五）260MW 负荷下高位燃尽风配风调整贴壁气氛测试情况

260MW 工况下，对各层高位燃尽风进行变开度试验，测量主燃烧区还原性气体，发现 3 号锅炉高位燃尽风开度超过两层时，F 层燃烧器区域后墙靠近 2 号测点处、后墙中间测点处、前墙靠近 4 号测点处 CO 浓度均超过 100 000mg/m³（标准状态下），H_2S 浓度均超过 1000mg/m³，处于强还原性气氛，加剧腐蚀；OFA 上方区域左墙靠近 1 号测点、前墙靠近 4 号测点处、后墙靠近 2 号测点处 CO 浓度均超过 80 000mg/m³，H_2S 浓度均超过 800mg/m³（标准状态下），处于强还原性气氛。

（六）水冷壁高温腐蚀原因分析

（1）根据锅炉内水冷壁受热面高温腐蚀的部位及煤粉四面刷墙的现象分析，认为造成主燃烧区水冷壁高温腐蚀的直接原因是煤粉刷墙后燃烧引起，炉膛内部燃烧没有形成有效切圆。究其原因主要有以下几点：

1）此次改造方案设计不合理，1、3 号角 AB、BC、CD、DE、EF 二次风与一次风 7°偏置，顺时针反向切入的设计，造成了 1、3 号角一、二次风射流的对冲燃烧，破坏了锅炉内燃烧时的"风包粉"布局，破坏了正常切圆的形成。1、3 号角一次风射流发散，分别刷向锅炉前墙、后墙。2 号角射流受 3 号角射流挤压，往左侧水冷壁冲刷，4 号角射流受 1 号角射流挤压，往右侧水冷壁冲刷，由此造成含粉气流在背火侧均出现刷墙腐蚀现象。

2）此次改造未对一次风高度与一次风切圆进行调整，将上五层一次风改为上下浓淡布置，为兼顾降低 NO_x 与煤粉的着火与稳燃，采用浓浓侧相近，淡淡侧相邻的布置方式，但 C 层浓粉喷口、E 层浓粉喷口下部为原二次风喷口的封堵层，封堵层下部的 BC 层二次风喷口、DE 层二次风喷口距离对应浓粉喷口相对较远，不利于 C 层浓粉喷口、E 层浓粉喷口一次风射流的稳定，"风包粉"的效果有所减弱。

（2）锅炉内还原性气氛的存在是水冷壁发生高温腐蚀的又一重要原因。

锅炉分级配风比例设计不合理或运行中为控制 NO_x 排放浓度，过分开大顶部高位燃尽风开度，会造成水冷壁主燃烧区缺氧燃烧，加剧水冷壁受热面的高温腐蚀。

（3）四角一、二次风速的偏差造成火焰偏斜、含粉气流刷墙，是水冷壁发生高温腐蚀可能原因。

锅炉启动前进行了冷态通风试验，在锅炉内实测了一、二次风速，用标准靠背管测量了粉管一次风速，并利用煤粉管道出口可调缩孔进行了一次风调平，机组启动后因锅炉蒸汽温度、壁温正常，减温水量较小，未发生大量结焦现象，且从上至下沿炉膛宽度方向火焰温度偏差较小，因此，没有进行热一次风调平试验。但从最近的热态一次风速测量结果看还是存在较大的一次风速偏差，四角一次风速偏差的存在是含粉气流刷墙、火焰偏斜的又一原因。

（4）煤质较差，热值低、挥发高，挥发分低，着火和燃烧困难，燃尽度差。煤粉火焰拖长，大量煤粉粒子在到达水冷壁附近才开始燃烧和燃尽，未燃尽的碳进一步燃烧时又形成缺氧区，因而在那里形成还原性气氛和高的 H_2S 浓度，使高温腐蚀加剧。此外，煤中含硫量较高，对高温腐蚀也有显著影响。

（5）制粉系统一台磨煤机带二层喷口，一次风出口风速较低，一、二次风的射流刚性相差较大。一、二次风射流喷出燃烧器后，由于受到游邻角气流的挤压作用及左右两侧不同补气条件的影响，使气流向背火侧偏转，此时刚性较弱的一次风射流将比二次风偏离更大的角度，从而使一、二次风分离。由于部分一次风射流偏离了二次风，煤粉在缺氧状态下燃烧，在射流下游水冷壁附近形成局部还原性气氛，造成水冷壁腐蚀。

（七）采取的措施

第一次改造方案未认真结合电厂入锅炉煤质及设备的实际情况，造成锅炉内燃烧紊乱，四角刷墙，水冷壁发生严重高温腐蚀异常。针对此种情况进行了低氮燃烧器改造方案的优化设计。

1. 改造方案

（1）原燃尽风系统保留，相应燃尽风风箱、执行器等电控设备保留。

（2）恢复侧墙 18 台吹灰器，原燃尽风风箱开孔，炉墙水冷壁需重新让管，安装吹灰器后恢复风箱保温，相应增设吹灰器检修平台。

（3）主燃烧器原风门执行器保留；每角在原改造基础上增加两层二次风喷口，相应增加两台风门执行器。

（4）主燃烧器的水冷壁及壳体不动，一次风标高不变，除 A 层微油点火燃烧器，将其余 5 层共 20 只一次风全部更换为百叶窗水平浓淡装置。浓煤粉位于向火侧，淡煤粉侧位于背火侧。这样可以形成"风包粉"的结构，一方面可以提高燃烧的稳定性，另一方面可在水平方向实现水平分级，提高低氮改造效果，同时，可提高水冷壁附近氧浓度，防结焦及高温腐蚀。

（5）因采用 4D 多维低氮燃烧技术，所有主燃烧器区域的二次风喷嘴（除 AA 层利旧）全部重新设计更换。主燃烧器中高温区布置多层水平偏置辅助二次风（CFS）。一方面可保证主燃烧器区域有足够的二次风动量矩来带动燃烧切圆，另一方面可提高水冷壁附近氧浓度防结焦及高温腐蚀。

（6）优化燃烧器喷嘴设计，喷嘴出口端采用圆弧形设计，燃烧器一次风加装扩压器，可增加对高温烟气的卷吸，同时推迟了二次风与一次风混合，均有利于着火与稳燃，也可降低 NO_x 生成。

2. 改造效果

通过实施二次改造，目前 NO_x 排放控制在 $500mg/m^3$（标准状态下）左右，水冷壁区域还原性气体测量 CO 浓度在 1.5%，基本实现改造的预期目标。

参 考 文 献

［1］ 刘志敏，田子平. 电站锅炉原理. 北京：中国电力出版社，1997.

［2］ 华东六省一市电机工程（电力）学会. 锅炉设备及系统. 北京：中国电力出版社，2000.

［3］ 唐必光. 燃煤锅炉机组. 北京：中国电力出版社，2001.

［4］ 张磊，张立华. 燃煤锅炉机组. 北京：中国电力出版社，2006.

［5］ 朱全利. 锅炉设备及系统. 北京：中国电力出版社，2006.

［6］ 叶江明. 电厂锅炉原理及设备. 2 版. 北京：中国电力出版社，2007.

［7］ 周振丰，张文钺. 焊接冶金与金属焊接性. 北京：机械工业出版社，1987.

［8］ 宋琳生. 电厂金属材料. 北京：中国电力出版社，2006.

［9］ 范从振. 锅炉原理. 北京：中国电力出版社，2007.

［10］ 周如曼. 火力发电机组故障分析. 北京：中国电力出版社，2000.

［11］ 孙学信. 燃煤锅炉燃料试验技术与方法. 北京：中国电力出版社，2002.